嵌入式系统原理及技术

杨 峰 王 磊 主编

科学出版社
北京

内 容 简 介

本书系统介绍嵌入式系统的基本原理和实用技术。全书共 7 章，主要内容包括嵌入式系统基础、嵌入式处理器、中断服务机制、嵌入式总线与接口、嵌入式操作系统、嵌入式软件开发平台，以及嵌入式开发的重点——嵌入式 Linux 驱动开发。本书以教学与实用为出发点，配合相关实验指导书，可使读者加深对本书内容的理解。

本书突出理论联系实际的特点，可作为高等院校通信工程、电子信息工程、计算机应用等相关专业高年级本科生和研究生教材，也可作为从事嵌入式系统开发的科研人员和工程技术人员的参考用书。

图书在版编目(CIP)数据

嵌入式系统原理及技术/杨峰，王磊主编. —北京：科学出版社，2014.3
ISBN 978-7-03-039944-1

I. ①嵌⋯ II. ①杨⋯ ②王⋯ III. ①微型计算机–系统设计 IV. ①TP360.21

中国版本图书馆 CIP 数据核字(2014)第 040371 号

责任编辑：杨 岭 李小锐/责任校对：邹慧卿
责任印制：邝志强/封面设计：墨创文化

科学出版社 出版
北京东黄城根北街 16 号
邮政编码：100717
http://www.sciencep.com

成都创新包装印刷厂 印刷
科学出版社发行 各地新华书店经销
*

2014 年 3 月第 一 版 开本：787×1092 1/16
2015 年 6 月第二次印刷 印张：13 3/4
字数：317 000

定价：39.00 元
(如有印装质量问题，我社负责调换)

前　言

　　1971 年，Intel 公司推出了有史以来的第一个微处理器 4004，嵌入式系统的概念也随之出现。而近几年网络、通信、多媒体技术的发展为嵌入式系统应用开辟了广阔的天地，使嵌入式系统成为继 PC 和 Internet 之后信息技术界新的技术热点，嵌入式系统可以称为后 PC 时代和后网络时代的新秀。与传统的通用计算机、数字产品相比，嵌入式系统使用了嵌入式技术的产品，在体积、功耗、性能和可靠性方面都有其自身的特点。

　　以信息家电为代表的互联网时代嵌入式产品为嵌入式市场展现了美好的前景，同时也对嵌入式系统技术，特别是软件技术提出了新的挑战，这主要包括支持日益更新的功能、灵活的网络连接、轻便的移动应用和多媒体信息处理等。到目前为止，商业化嵌入式系统的发展主要受用户对嵌入式系统的功能需求、硬件资源以及操作系统自身灵活性的制约。

　　为了满足嵌入式系统的发展需要，嵌入式系统的开发者必须掌握嵌入式系统的硬件和软件相关基础知识，并有针对性地突破开发中可能遇到的技术难点。针对这种情况，本书从嵌入式系统所涉及的基本原理和关键技术入手，从硬件体系结构和软件开发平台两方面分别进行阐述。其中第 1~4 章主要介绍硬件体系结构，包括嵌入式 ARM 处理器的体系架构和基本组成，三星 S3C2440A 中断源构成、中断寄存器以及中断控制处理，嵌入式总线接口的基本规范和应用要点。软件开发基础部分由第 5~7 章组成，包括嵌入式操作系统的实时改造、嵌入式软件开发平台和开发工具以及嵌入式 Linux 驱动开发。

　　本书具有以下特色：①系统性强，内容全面，结合编者多年的教学经验，重点描述读者在学习过程中的关注点和基础点，从整体上把握嵌入式系统的概念和基础知识；②专注实际开发中的一些关键技术，如嵌入式总线接口，对目前流行的 I²C 总线、USB 总线和 CAN 总线的基本规范和应用要点都进行了详细说明；③内容深入，对关键点、重点内容进行描述，如嵌入式系统的中断处理，从原理到结构再到实现都一一展现。

　　本书的第 1~4 章由杨峰编写，第 5~7 章由王磊编写，最后由杨峰进行统稿。本书出版得到了电子科技大学"十二五"规划教材建设项目的资助，在此表示感谢。

　　由于嵌入式系统技术发展很快，加之作者水平有限，本书难免存在疏漏和不足之处，敬请读者批评指正。

编　者

2013 年 5 月于清水河

目 录

第1章 嵌入式系统基础 ... 1
- 1.1 嵌入式系统的概念 ... 1
- 1.2 嵌入式系统的特点 ... 2
- 1.3 嵌入式系统处理器 ... 3
- 1.4 嵌入式操作系统 ... 5

第2章 嵌入式处理器 ... 13
- 2.1 ARM 处理器 ... 13
  - 2.1.1 ARM 体系架构 ... 13
  - 2.1.2 ARM 处理器模式 ... 21
  - 2.1.3 ARM 内部寄存器 ... 24
  - 2.1.4 ARM 体系的异常处理 ... 30
- 2.2 三星 S3C2440A 微处理器 ... 33
  - 2.2.1 S3C2440A 微处理器简介 ... 34
  - 2.2.2 DMA 控制器 ... 39
  - 2.2.3 通用 I/O 口 ... 42
  - 2.2.4 定时器 ... 45
  - 2.2.5 LCD 控制 ... 50

第3章 中断服务机制 ... 54
- 3.1 中断的概念 ... 54
- 3.2 S3C2440 中断源 ... 55
- 3.3 S3C2440 中断寄存器 ... 57
- 3.4 S3C2440 中断控制处理 ... 71
- 3.5 中断响应 ... 72
- 3.6 S3C2440 外部中断实例 ... 74

第4章 嵌入式总线与接口 ... 79
- 4.1 UART 串口通信 ... 79
  - 4.1.1 同步通信与异步通信 ... 79
  - 4.1.2 串口通信的传输格式 ... 80
  - 4.1.3 RS-232 接口 ... 81
  - 4.1.4 RS-422 和 RS-485 ... 83
- 4.2 I²C 总线 ... 84
  - 4.2.1 I²C 总线概念 ... 85

第4章（续）

- 4.2.2 I²C 总线信号状态 ... 87
- 4.2.3 I²C 总线寻址操作 ... 91
- 4.2.4 I²G 总线时序参数 ... 93
- 4.2.5 I²C 总线完整通信过程 ... 93
- 4.3 USB 总线 ... 94
  - 4.3.1 USB 总线发展历史 ... 95
  - 4.3.2 USB 总线相关概念 ... 99
  - 4.3.3 USB 的数据传输模式 ... 104
  - 4.3.4 USB 的数据传输 ... 111
- 4.4 CAN 总线 ... 113
  - 4.4.1 CAN 的分层结构 ... 114
  - 4.4.2 CAN 数据帧格式 ... 117
  - 4.4.3 CAN 总线仲裁机制 ... 118
  - 4.4.4 错误处理 ... 120
  - 4.4.5 CAN 总线的特点 ... 121

第5章 嵌入式操作系统 ... 122

- 5.1 嵌入式操作系统概述 ... 122
  - 5.1.1 嵌入式操作系统的发展 ... 122
  - 5.1.2 嵌入式操作系统的作用 ... 123
  - 5.1.3 主流嵌入式操作系统 ... 123
- 5.2 Linux 操作系统 ... 124
  - 5.2.1 Linux 操作系统发展及特点 ... 124
  - 5.2.2 Linux 内核 ... 127
- 5.3 RTLinux 实时操作系统 ... 133
  - 5.3.1 RTLinux 简介 ... 135
  - 5.3.2 RTLinux 内核结构 ... 136
  - 5.3.3 中断模拟 ... 138
  - 5.3.4 实时调度 ... 139
  - 5.3.5 计时 ... 140

第6章 嵌入式软件开发平台 ... 142

- 6.1 嵌入式软件开发过程 ... 142
- 6.2 VI 编辑器 ... 147
  - 6.2.1 VI 简介 ... 148
  - 6.2.2 VI 的进入与退出 ... 149
  - 6.2.3 VI 的编辑操作命令 ... 151
  - 6.2.4 VIM 对 VI 的改进 ... 158
- 6.3 GCC 编译器 ... 158
  - 6.3.1 GCC 文件约定及总体编译选项 ... 158

目　录

- 6.3.2　GCC 的编译过程 ······ 159
- 6.3.3　警告提示功能 ······ 162
- 6.3.4　代码优化 ······ 165
- 6.3.5　库依赖 ······ 166
- 6.3.6　加速 ······ 167
- 6.4　GDB 调试器 ······ 168
  - 6.4.1　GCC 的 GDB 调试选项 ······ 168
  - 6.4.2　GDB 基本命令 ······ 169
  - 6.4.3　GDB 使用流程 ······ 173

第 7 章　嵌入式 Linux 驱动开发 ······ 178

- 7.1　Linux 设备驱动技术 ······ 178
  - 7.1.1　Linux 设备驱动的特点 ······ 178
  - 7.1.2　Linux 设备分类 ······ 179
  - 7.1.3　Linux 内核模块 ······ 180
  - 7.1.4　Linux 设备模型 ······ 181
  - 7.1.5　轮询和中断 ······ 182
  - 7.1.6　驱动程序中的并发控制 ······ 184
  - 7.1.7　外设 I/O 端口访问 ······ 185
- 7.2　Linux 设备驱动程序 ······ 186
  - 7.2.1　字符设备驱动程序 ······ 187
  - 7.2.2　块设备驱动程序 ······ 194
  - 7.2.3　网络驱动程序 ······ 202

参考文献 ······ 211

第 1 章　嵌入式系统基础

嵌入式系统是一种专用的计算机系统，通常涉及嵌入式微处理器、外围硬件设备、嵌入式操作系统和嵌入式应用程序等多个环节。

1.1　嵌入式系统的概念

20 世纪 70 年代发展起来的微型计算机，由于具有体积小、功耗低、结构简单、可靠性高、使用方便、性价比高等一系列优点，得到了广泛应用和迅速普及。微型机表现出的智能化水平引起了控制专业人士的兴趣，将微型机嵌入一个对象体系中，可实现对象体系的智能化控制。例如，将微型计算机经电气加固和机械加固，并配置各种外围接口电路，安装到大型舰船中构成自动驾驶仪或轮机状态监测系统。这样一来，计算机便失去了原来的形态和通用的计算机功能。为了区别原有的通用计算机系统，把嵌入对象体系中实现对象体系智能化控制的计算机称为嵌入式计算机系统。由此可见，嵌入式系统嵌入性的本质是将一个计算机嵌入一个对象体系中。

根据美国电气电子工程师学会(IEEE)的定义，嵌入式系统是控制、监视或者辅助设备、机器或工厂运行的装置(devices used to control, monitor or assist the operation of equipment, machinery or plants)。而国内普遍被认同的定义是：以应用为中心，以计算机技术为基础，软硬件可裁剪，适应应用系统对功能、可靠性、成本、体积、功耗严格要求的专用计算机系统。

具体可以从以下几方面来理解嵌入式系统。

(1) 嵌入式系统是面向用户、面向产品、面向应用的，它必须与具体应用相结合才会具有生命力，才更具有优势。因此可以这样理解上述 3 个面向的含义，即嵌入式系统是与应用紧密结合的，它具有很强的专用性，必须结合实际系统需求进行合理的裁剪利用。

(2) 嵌入式系统是将先进的计算机技术、半导体技术、电子技术和各个行业的具体应用相结合的产物，这决定了它必然是一个技术密集、资金密集、高度分散、不断创新的知识集成系统，所以介入嵌入式系统行业必须有一个基于应用的正确定位。例如，美国国家航空航天局喷气推进实验室(NASA Jet Propulsion Laboratory)采用风河(Wind River)技术为其最先进的好奇号(Curiosity)火星探测车(图 1-1)提供支持，就是因为其实时性和可靠性高。

(3) 嵌入式系统必须根据应用需求对软硬件进行裁剪，满足应用系统的功能、可靠性、成本、体积等要求。所以，如果能建立相对通用的软硬件基础，然后在其上开发出适应各种需要的系统，是一个比较好的发展模式。目前嵌入式系统的软件核心往往是一个只有几千字节到几十千字节的微内核,需要根据实际使用进行功能扩展或者裁剪,微内核的存在使得这种扩展能够非常顺利地进行。

图 1-1 好奇号火星探测车

实际上,嵌入式系统本身是一个外延极广的名词,凡是与产品结合在一起的具有嵌入式特点的控制系统都可以称为嵌入式系统,而且有时很难给它下一个准确的定义。现在人们谈到嵌入式系统时,某种程度上是指近些年比较热门的具有操作系统的嵌入式系统,而多数嵌入式设备的应用软件和操作系统都是紧密结合的,这也是嵌入式系统和 Windows 桌面系统最大的区别。

1.2 嵌入式系统的特点

嵌入式系统被广泛应用的原因主要有两方面:一方面是芯片技术的发展使得单个芯片具有更强的处理能力,而且使集成多种接口成为可能,众多芯片生产厂商已经将注意力集中在这方面;另一方面就是应用的需要,产品可靠性、成本、更新换代要求的提高,使得嵌入式系统逐渐从纯硬件实现和使用通用计算机实现的应用中脱颖而出,成为近年来人们关注的焦点。

总体而言,嵌入式系统具有以下几个重要特征。

(1) 系统内核小。由于嵌入式系统一般应用于小型电子装置,系统资源相对有限,所以内核较传统的操作系统要小得多。典型的有瑞典 Enea 公司的通信设备 OSE 实时操作系统,其内核大小可不超过 10KB。

(2) 专用性强。嵌入式系统的个性化很强,其中的软件系统和硬件的结合非常紧密,一般要针对硬件进行系统移植,即使在同一品牌同一系列的产品中也需要根据系统硬件的变化和增减不断进行修改。同时针对不同的任务,往往需要对系统进行较大程度的更改,程序的编译下载要和系统相结合,这种修改和通用 PC 软件的升级是两个完全不同的概念。

(3) 实时性。实时性是嵌入式软件的基本要求,软件通常要求固态存储,以提高运行速度,软件代码要求具有高质量和高可靠性。

(4) 多任务操作系统。嵌入式系统的应用程序可以没有操作系统而直接在芯片上运行,但为了合理地调度多任务、利用系统资源、系统函数以及库函数接口,用户通常选配 RTOS(real-time operating system)开发平台,这样才能保证程序执行的实时性、可靠性,并缩短开发时间,保障软件质量。

(5) 嵌入式系统开发需要开发工具和环境。由于其本身不具备自主开发能力,即使设计完成以后用户通常也不能对其中的程序功能进行修改,必须有一套开发工具和环境才能进行开发,这些工具和环境一般基于通用计算机上的软硬件设备以及各种逻辑分析仪、混合信号示波器等。开发时往往有主机和目标机的概念,主机用于程序的开发,目标机作为最后的执行机,开发时需要交替结合进行,如图 1-2 所示。

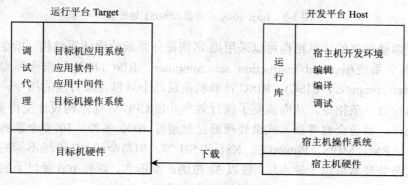

图 1-2 交叉开发环境

1.3 嵌入式系统处理器

尽管嵌入式系统起源于微型机时代,但微型计算机的体积、价位和可靠性都无法满足广大对象系统的嵌入式应用要求,因此,嵌入式系统走上了独立发展的道路,这条道路就是单芯片化道路,即将硬件做在一个芯片上,从而开创了嵌入式系统独立发展的单片机时代。

1976 年,Intel 公司推出了 MCS-48 单片机,这个只有 1KB ROM 和 64B RAM 的简单芯片是世界上第一个单片机,同时也开创了将微处理机系统的各种 CPU 外的资源(如 ROM、RAM、定时器、并行口、串行口及其他各种功能模块)集成到 CPU 硅片上的时代。1980 年,Intel 公司对 MCS-48 单片机进行了全面完善,推出了 8 位 MCS-51 单片机,并获得了巨大的成功,奠定了嵌入式系统的单片机应用模式。至今,MCS-51 单片机仍被大量使用。1984 年,Intel 公司又推出了 16 位 8096 系列,并将其称为嵌入式微控制器,这可能是"嵌入式"一词第一次在微处理机领域出现。8048 处理器和 8051 处理器外观见图 1-3。

在 30 年的历史中,各种改进的、面向具体应用的不同品牌单片机不断出现,并得到了广泛应用,但这些应用基本上是基于硬件底层的单线程程序的。20 世纪 90 年代后,伴随着网络时代的来临,网络、通信、多媒体技术得以发展,8/16位单片机在速度和内存容量上已经很难满足这些领域的应用需求。同时由于集成电路技术的发展,32位微处理器价格不断下降,综合竞争力已可以和8/16位单片机媲美。目前构成嵌入式系统的主流趋势是32位嵌入式微处理器加实时多任务操作系统,本书的嵌入式系统指的是包含这种资源的系统。

图1-3　Intel 8048处理器和8051处理器

嵌入式微处理器的体系结构可以采用冯·诺依曼体系或哈佛体系结构,指令系统可以选用精简指令系统(reduced instruction set computer,RISC)和复杂指令系统(complex instruction set computer,CISC)。RISC计算机在通道中只包含最有用的指令,确保数据通道快速执行每一条指令,从而提高了执行效率并使CPU硬件结构设计变得更为简单。据不完全统计,目前全世界嵌入式微处理器已经超过1000多种、30多个系列,其中主流的体系有ARM、MIPS、PowerPC、X86和SH等。但与全球PC市场不同的是,没有一种嵌入式微处理器可以主导市场,仅以32位的产品而言,就有100种以上的嵌入式微处理器,嵌入式微处理器的选择是根据具体的应用而决定的。

基于RISC技术的ARM处理器是32位嵌入式处理器的典型代表。ARM公司于1991年成立于英国剑桥,主要进行芯片设计技术的授权。目前,采用ARM技术知识产权(IP)核心的处理器,即通常所说的ARM处理器,已遍及工业控制、消费类电子产品、通信系统、网络系统、无线系统等各类产品市场,基于ARM技术的处理器约占据了32位RISC微处理器75%以上的市场。

目前市面上常见的ARM处理器架构可分为ARM7、ARM9、ARM11以及Cortex系列。ARM11核心发布于2002年10月,为了进一步提升效能,其管线长度扩展到8阶,处理单元则增加为预取、译码、发送、转换/MAC1、执行/MAC2、内存存取/MAC3和写入等8个单元,体系上属于ARM V6指令集架构。ARM11采用当时最先进的0.13μm制造技术,运行频率最高可达500~700MHz。如果采用90nm制造技术,ARM11核心的工作频率能够轻松达到1GHz以上,对于嵌入式处理器来说,这是相当惊人的程度。表1-1所示为ARM微处理器核心及其体系结构。

ARM首个多核心架构为ARM11 MPCore,架构于原先的ARM11处理器核心之上,ARM11 MPCore在架构上与ARM11同样属于V6指令体系。MPCore是标准的同质多核心处理器,根据不同应用的需要,MPCore可以被配置为1~4个处理器的组合方式,根据官方资料,其最高性能可达2600 Dhrystone MIPS。多核心设计的优点是,在频率不变的情况下让处理器的性能获得明显提升,因此可望在多任务应用中拥有良好的表现,这一点很适合未来家庭消费电子的需要。例如，机顶盒在录制多个频道电视节目的同时，还可通过互联网收看数字视频点播节目。车内导航系统在提供导航功能的同时，仍然有余力可以向后座乘客播放各类视频码流等。

表 1-1　ARM 微处理器核心及其体系结构

ARM 核心	体系结构
ARM1	V1
ARM2	V2
ARM2As, ARM3	V2a
ARM6, ARM600, ARM610, ARM7, ARM700, ARM710	V3
StrongARM, ARM8, ARM810	V4
ARM7TDMI, ARM710T, ARM720T, ARM740T, ARM9TDMI, ARM920T, ARM940T	V5T
ARM9E-S, ARM10TDMI, ARM1020E	V5TE
ARM1136J(F)-S, ARM1176JZ(F)-S, ARM11, MPCore	V6
ARM1156T2(F)-S	V6T2
ARM Cortex-M, ARM Cortex-R, ARM Cortex-A	V7

Cortex 系列属于 ARM V7 架构，这是 ARM 公司较新的指令集架构。ARM V7 架构是在 ARM V6 架构的基础上诞生的，该架构采用了 Thumb-2 技术，Thumb-2 技术是在 ARM 的 Thumb 代码压缩技术的基础上发展起来的，并且保持了对现存 ARM 解决方案的完整代码兼容性。Thumb-2 技术比纯 32 位代码少使用 31%的内存，减少了系统开销，同时能够提供比已有的基于 Thumb 技术的解决方案高出 38%的性能。ARM V7 架构还采用了 NEON 技术，将 DSP 和媒体处理能力提高了近 4 倍，并支持改良的浮点运算，满足下一代 3D 图形、游戏应用以及传统嵌入式控制应用的需求。此外，ARM V7 还支持改良的运行环境，以迎合不断增加的 JIT(just in time)和 DAC(dynamic adaptive compilation)技术的使用，对于早期的 ARM 处理器软件也提供了很好的兼容性。ARM V7 架构定义了三大分工明确的系列：A 系列面向尖端的基于虚拟内存的操作系统和用户应用；R 系列针对实时系统；M 系列对微控制器和低成本应用提供优化。基于 V7-A 的称为 Cortex-A 系列，基于 V7-R 的称为 Cortex-R 系列，基于 V7-M 的称为 Cortex-M 系列。

此外，为了高速、实时地处理数字信号，1982 年首枚数字信号处理芯片(digital signal processing, DSP)诞生了，DSP 是模拟信号转换成数字信号以后进行高速实时处理的专业处理器，其处理速度比当时最快的 CPU 快 10~50 倍。随着集成电路技术的发展，DSP 芯片的性能不断提高，目前已广泛用于通信、控制、计算机等领域。

1.4　嵌入式操作系统

从 20 世纪 80 年代开始，嵌入式系统的程序员开始用商业级的操作系统编写嵌入式应用软件，进而获取更短的开发周期、更低的开发资金和更高的开发效率，之后，嵌入式系统真正出现了。确切地说，这个时候的操作系统是一个实时核，这个实时核包含许多传统操作系统的特征，包括任务管理、任务间通信、同步与互斥、中断支持、内存管理等功能。其中比较著名的有 Ready System 公司的 VRTX、Integrated System Incorporation (ISI)的 PSOS 和 Wind River System(WRS)公司的 VxWorks、QNX 公司的 QNX 等。这些嵌入式操作系统都具有嵌入式的典型特点：它们均采用占先式的调度，响应时间很短，任务执行的时间可以确定；系统内核很小，具有可裁剪、可扩充和可移植性，可以移植到各种处理器上；较强的实时和可靠性，适合嵌入式应用。这些嵌入式实时操作系统的出现，使得应用开发人员得以从小范围的开发解放出来，同时也促使嵌入式系统有了更为广阔的应用空间。

20 世纪 90 年代以后，随着对实时性要求的提高，软件规模不断增大，实时核逐渐发展为实时多任务操作系统，并作为一种软件平台逐步成为目前国际嵌入式系统的主流。这时候更多的公司看到了嵌入式系统广阔的发展前景，开始大力发展自己的嵌入式操作系统。除了前面提到的几家老牌公司以外，还出现了 Palm OS、WinCE、嵌入式 Linux、Lynx、Nucleus、Symbian、Android、Hopen、Delta OS 等嵌入式系统。嵌入式系统开发应用需求越来越大，使其成为继 PC 和 Internet 之后信息技术的热点，而构成嵌入式系统的主流趋势是 32 位嵌入式微处理器和实时多任务操作系统，目前的嵌入式系统往往指的是包含这种资源的系统。常见智能手机使用的嵌入式操作系统如表 1-2 所示。

表 1-2 常见智能手机使用的嵌入式操作系统

手机操作系统	基于其他系统	内核类型	开源性	CPU 指令集	首次发布时间	开发公司或组织
Symbian	EPOC	微内核	是	ARM、X86	1994 年	Symbian Foundation
Windows phone	WinCE	混合型	否	ARM、MIPS X86、SuperH	2000 年	Microsoft
BlackBerry	无	未知	否	ARM	1999 年	RIM
iPhone OS	Darwin	混合	否	ARM	2007 年	Apple
Android	Linux	宏内核	是	ARM	2008 年	Google
Palm	无	未知	否	ARM	1996 年	Palm
WebOS	Linux	宏内核	部分	ARM	2009 年	HP
MeeGo	Linux	宏内核	是	X86、ARM	2010 年	Intel、Nokia

嵌入式操作系统(embedded operating system，EOS)也称为实时操作系统(real time operation system，RTOS)，是嵌入式系统(包括硬软件系统)极为重要的组成部分，通常包括与硬件相关的底层驱动软件、系统内核、设备驱动接口、通信协议、图形界面、标准化浏览器等。嵌入式操作系统具有通用操作系统的基本特点，如能够有效地管理越来越复杂的系统资源；能够把硬件虚拟化，使得开发人员从繁忙的驱动程序移植和维护中解脱出来；能够提供库函数、驱动程序、工具集以及应用程序。嵌入式操作系统负责嵌入式系统的全部软硬件资源的分配、调度、控制、协调并发活动，它必须体现其所在系统的特征，能够通过装卸某些模块来达到系统所要求的功能。

嵌入式操作系统除具备一般操作系统最基本的功能外，还具有以下特点。

(1) 可装卸性、开放性、可伸缩性的体系结构。

(2) 强实时性，EOS 的实时性一般较强，可用于各种设备控制。

(3) 统一的接口，提供各种设备驱动接口。

(4) 操作方便、简单，提供友好的图形用户界面，易学易用。

(5) 提供强大的网络功能，支持 TCP/IP 及其他协议，提供 TCP/UDP/IP/PPP 支持及统一的 MAC 层接口，为各种移动计算设备预留接口。

(6) 强稳定性，弱交互性。嵌入式系统一旦开始运行就不需要用户过多地干预，这就要求负责系统管理的 EOS 具有较强的稳定性。嵌入式操作系统的用户接口一般不提供操作命令，它通过系统的调用命令向用户程序提供服务。

(7) 固化代码。在嵌入式系统中，嵌入式操作系统和应用软件被固化在嵌入式系统计算机的 ROM 中。辅助存储器在嵌入式系统中很少使用，因此嵌入式操作系统的文件管理功能应该容易被拆卸。

(8) 更好的硬件适应性，也就是良好的移植性。

国际上各种嵌入式操作系统多达百余种，下面介绍市场上主流的嵌入式操作系统。

1. VxWorks

VxWorks 是目前嵌入式系统领域中使用最广泛的系统，它支持多种处理器，如 X86、i960、SUN Sparc、Motorola MC68XXX、MIPS RX000、PowerPC 等。大多数 VxWorks API(application programming interface)是专有的，采用 GNU 或 DIAB 的编译和调试器，良好的持续发展能力、高性能的内核以及友好的用户开发环境，使其在嵌入式实时操作系统领域占据一席之地。它以良好的可靠性和卓越的实时性被广泛地应用在通信、军事、航空、航天等高精尖技术及实时性要求极高的领域。VxWorks 嵌入式实时操作系统结构如图 1-4 所示。

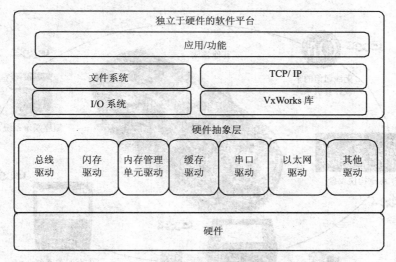

图 1-4　VxWorks 嵌入式实时操作系统结构

VxWorks 的实时性非常好，其系统本身的开销很小，进程调度、进程间通信、中断处理等系统公用程序精练而有效，它们造成的延迟很短。VxWorks 提供的多任务机制中对任务的控制采用了优先级抢占(preemptive priority scheduling)和轮转调度(round-robin scheduling)机制,也充分保证了可靠的实时性,使同样的硬件配置能满足更强的实时性要求,为应用的开发留下更大的余地。由于嵌入式操作系统具有高度灵活性,用户可以很容易地对这一操作系统进行定制或进行适当开发,来满足自己的实际应用需要。

2. QNX

QNX是一种商用的遵从POSIX规范的类UNIX实时操作系统,是最成功的微内核操作系统之一,由Quantum Software Systems公司开发。2004年10月27日,音响设备制造商哈曼国际工业集团购买了QNX,而2010年4月14日,黑莓(BlackBerry)手机制造商RIM又从哈曼国际工业集团收购了QNX软件公司,以获取其车载无线连接技术。

QNX是一个实时的、可扩充的操作系统,它提供了一个很小的微内核以及一些可选的配合进程,其内核仅提供4种服务——进程调度、进程间通信、底层网络通信和中断处理,其进程在独立的地址空间运行。所有其他OS服务都实现为协作的用户进程,因此QNX内核非常小巧(QNX4.X大约为12KB),而且运行速度极快。这种灵活的结构可以使用户根据实际需求,将系统配置成微小的嵌入式操作系统或是包含几百个处理器的超级虚拟机操作系统。

目前QNX市场占有率最高的是车用领域,据不完全资料显示,QNX在车用市场的占有率达到75%。目前全球有超过230种车型使用QNX系统,包括哈曼贝克、德尔福、大陆、日本电器、爱信等知名汽车电子平台都是在QNX系统上搭建的。几乎全球所有的主要汽车品牌(包括国内的吉利、长城、上汽等)都采用了QNX系统。图1-5所示为基于QNX的汽车电子平台。全球第一个全HTML5框架的汽车软件应用平台,是QNX和合作伙伴共同开发的满足下一代车用市场需求的产品。除汽车领域之外,QNX的最大客

图1-5 基于QNX的汽车电子平台

户订单来源于思科系统，其中高端路由设备几乎全部采用 QNX 操作系统，因此，网络通信是 QNX 第二大应用领域。此外，QNX 与通用电气、阿尔斯通、西门子、洛克希德·马丁和 NASA 等公司都有着密切合作，在轨道交通、医疗器械、智能电网及航空航天等领域都发挥着积极作用。

3. 嵌入式 Linux

嵌入式 Linux 是将日益流行的 Linux 操作系统进行裁剪修改，使之能在嵌入式计算机系统上运行的一种操作系统。嵌入式 Linux 既继承了 Internet 上无限的开放源代码资源，又具有嵌入式操作系统的特性，其主要特点如下。

(1) Linux 是层次结构且内核完全开放的系统。Linux 由很多体积小且性能高的内核模块组成。在内核代码完全开放的前提下，不同领域和不同层次的用户可以根据自己的应用需要方便地对内核进行改造，低成本地设计和开发出满足自己需要的嵌入式系统。

(2) 强大的网络支持功能。Linux 诞生于因特网时代且具有 UNIX 的特性，保证了它支持所有标准因特网协议，并且可以利用 Linux 的网络协议栈将其开发成为嵌入式的 TCP/IP 网络协议栈。此外，Linux 还支持 Ext2、FAT16、FAT32、ROMFS 等文件系统，为开发嵌入式系统应用打下了很好的基础。

(3) Linux 开发环境自成体系。Linux 具备一整套工具链(图 1-6)，容易自行建立嵌入式系统的开发环境和交叉运行环境，可以跨越嵌入式系统开发中仿真工具的障碍。传统的嵌入式开发的程序调试和调试工具是用在线仿真器(ICE)实现的，它通过取代目标板的微处理器，给目标程序提供一个完整的仿真环境，完成监视和调试程序，但价格比较昂贵，只适合作底层的调试。使用嵌入式 Linux，一旦软硬件能够支持正常的串口功能，即使不用仿真器，也可以很好地进行开发和调试工作，从而可节省一笔不小的开发费用。嵌入式 Linux 为开发者提供了一套完整的工具链(tool chain)，它利用 GNU 的 gcc 做编译器，用 gdb、kgdb、xgdb 做调试工具，能够很方便地实现从操作系统到应用软件各个级别的调试。

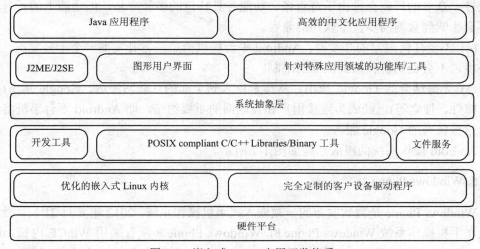

图 1-6　嵌入式 Linux 应用开发体系

(4) Linux 具有广泛的硬件支持特性。无论 RISC 还是 CISC、32 位还是 64 位等各种处理器，Linux 都能运行。Linux 通常使用的微处理器是 Intel X86 芯片家族，但它同样能运行于摩托罗拉公司的 68K 系列 CPU 和 IBM、苹果、摩托罗拉公司的 PowerPC CPU 以及英特尔公司的 StrongARM CPU 等处理器。Linux 支持各种主流硬件设备和最新硬件技术，甚至可以在没有存储管理单元(MMU)的处理器上运行。

嵌入式 Linux 的应用领域非常广泛，主要的应用领域有信息家电、PDA、机顶盒、数字电话、应答器、可视电话、数据网络、以太网交换机、路由器、网桥、集线器、远程访问服务器、异步传送(ATM)、帧中继、远程通信、医疗电子、交通运输计算机外设、工业控制、航空航天领域等。

4. Android 操作系统

Android 是一种基于 Linux 的自由及开放源代码的操作系统，主要用于智能手机和平板计算机等便携设备。Android 操作系统最初由 Andy Rubin 开发，主要支持手机。2005 年由 Google 公司收购注资，并组建开放手机联盟开发改良，随后逐渐扩展到 PDA 及其他领域。第一部 Android 智能手机发布于 2008 年 10 月。2012 年 11 月统计数据显示，Android 占据全球智能手机操作系统市场 76%的份额，其中中国市场占有率为 90%。Android 系统主要具有以下平台优势。

(1) 开放性。在优势方面，Android 平台具有开放性，开放的平台允许任何移动终端厂商加入 Android 联盟中。显著的开放性使其拥有更多的开发者，随着用户和应用的日益丰富，一个崭新的平台也将很快走向成熟。

(2) 挣脱运营商的束缚。在过去很长的一段时间中，特别是在欧美地区，手机应用往往受到运营商的制约，使用什么功能接入什么网络，几乎都受到运营商的控制。iPhone 上市后，用户可以更加方便地连接网络，运营商的制约减少。而互联网巨头 Google 公司推动的 Android 终端本身就有网络特色，使用户离互联网更近。

(3) 丰富的硬件选择。这一点还是与 Android 平台的开放性相关，由于 Android 具有开放性，众多的厂商会推出千奇百怪、功能各具特色的多种产品，但功能上的差异和特色不会影响到数据同步甚至软件的兼容。

(4) 不受任何限制的开发商。Android 平台提供给第三方开发商一个十分宽泛、自由的环境，不会受到各种条条框框的限制。

(5) 无缝结合的 Google 应用。从搜索巨人到全面的互联网渗透，Google 服务(如地图、邮件、搜索等)已经成为连接用户和互联网的重要纽带，而 Android 平台手机将无缝结合这些优秀的 Google 服务。

Android 操作系统的组成结构如图 1-7 所示。

5. Windows Phone 操作系统

Windows Phone 是微软发布的一款嵌入式手机操作系统，2012 年 6 月 21 日，微软正式发布手机操作系统 Windows Phone 8，Windows Phone 8 没有采用 WinCE 内核，而改用与 Windows 8 相同的 NT 内核。Windows Phone 8 系统也是第一个支持双核 CPU 的

WP 版本，这宣布 Windows Phone 进入双核时代。支持开发 Windows Phone 应用程序的框架如图 1-8 所示。

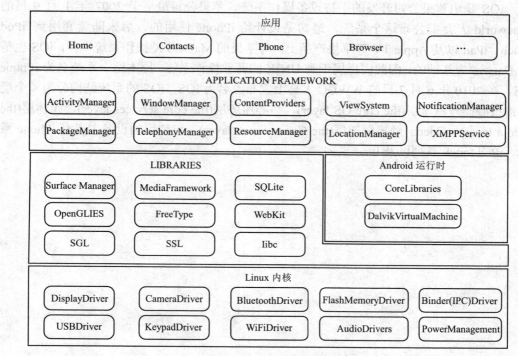

图 1-7 Android 操作系统的组成结构

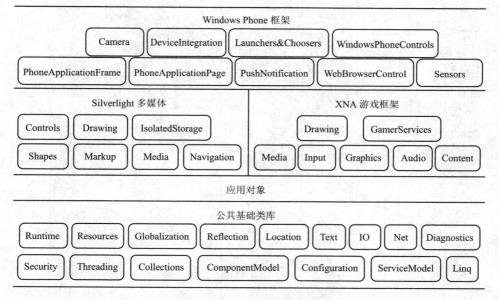

图 1-8 支持开发 Windows Phone 应用程序的框架

6. iOS

iOS 是由苹果公司开发的手持设备操作系统。苹果公司最早于 2007 年 1 月 9 日的 Macworld 大会上公布这个系统，最初是设计给 iPhone 使用的，后来陆续套用到 iPod touch、iPad 以及 Apple TV 等苹果产品上。与苹果的 Mac OS X 操作系统一样，iOS 也是以 Darwin 为基础的，因此同样属于类 UNIX 的商业操作系统。原本这个系统名为 iPhone OS，在 2010 年 6 月 7 日的 WWDC 大会上宣布改名为 iOS。iOS 的系统结构分为 4 个层次：核心操作系统层(the core OS layer)、核心服务层(the core services layer)、媒体层(the media layer)、Cocoa 触摸框架层(the Cocoa touch layer)。可使用的设备主要有 iPhone 系列、iPod touch 系列以及 iPad 系列。

第 2 章 嵌入式处理器

ARM 处理器具有高性能、低功耗、低价格等优势，同时拥有丰富的可选择芯片、广泛的第三方支持以及完整的产品线和发展规划，因此得到了广泛应用。本章将阐述 ARM 处理器的体系架构和基本组成，同时结合三星 S3C2440A 微处理器进行扩展。

2.1 ARM 处理器

2.1.1 ARM 体系架构

处理器的体系结构定义了指令集体系结构(instruction set architecture，ISA)和基于这一体系结构下处理器的程序员模型，尽管每个处理器性能不同，所面向的应用不同，但每个处理器的实现都要遵循这一体系结构。ARM 体系结构经历了 30 年的发展，其指令集从 V1 发展到 V7，真正大规模实用的版本从 V4 开始。

1. V1 版架构

ARM 体系结构 V1 版描述的是第一个 ARM 处理器，由英国的 Acorn Computer 公司在 1983—1985 年开发，并由合作伙伴 VLSI 公司生产。第一批 ARM 芯片具有基本的数据处理指令，字节、半字和字的 Load/Store 指令，包括子程序调用及链接指令的转移指令、软件中断指令，寻址空间为 26 位，不支持乘法或协处理器。由于 ARM 处理器主要的客户 BBC Archimedes 计算机被采用 Intel X86 架构的 IBM PC 击败，所以这种芯片很少被制造，但使 ARM 成为了全球第一个商用单片 RISC 微处理器。

2. V2 版架构

ARM2 芯片在 Acorn 的 Archimedes 和 A3000 产品中批量销售，具有 32 位数据总线、26 位寻址空间和 27 个 32 位寄存器，程序计数器限制为 24bit，支持 32 位结果的乘法指令和协处理器，支持快速中断模式，不包含任何高速缓存。ARM2 可能是全世界最简单实用的 32 位微处理器，仅容纳了 30000 个晶体管，使用 ARM 公司的 ARM V2 体系结构。

3. V3 版架构

ARM 公司在 1991 年发布了微处理器 ARM6，这是 ARM 推出的第一款嵌入式 RISC 核心，其容纳的晶体管数增加到 35000 个，它可以作为独立的处理器(ARM60)或者作为具有片上高速缓冲存储器、MMU 和写缓冲(用于 Apple Newton 的 ARM600 和 ARM610)

的集成 CPU 来出售。ARM6 引入 ARM 体系结构 V3，具有 32 位地址、16 位指令、长乘法支持(32×32≥64)以及分开的当前程序状态寄存器 CPSR 和存储程序状态寄存器 SPSR，并增加了未定义和异常中止模式，以便在监控模式下支持协处理器仿真和虚拟存储器。

4. V4 版架构

1995 年发布的 V4 版架构在 V3 版架构上作了进一步扩充，使 ARM 使用更加灵活。其增加了 64 位乘法指令、符号化和半符号化半字及符号化字节的存取指令，增加了 16 位的 Thumb 指令集，完善了软件中断 SWI 指令的功能，处理器系统模式引进特权方式时使用用户寄存器操作，把一些未使用的指令空间捕获为未定义指令，提供嵌入式内置在线仿真板(in-circuit emulator，ICE)观察点硬件，支持片上调试。

属于 V4 体系结构的处理器(核)有 ARM7、ARM7100、ARM7500(ARM7 核的处理器)。属于 V4T(支持 Thumb 指令)体系结构的处理器(核)有 ARM7TDMI、ARM7TDMI-S、ARM710T、ARM720T、ARM740T(ARM7TDMI 核的处理器)、ARM9TDMI、ARM910T、ARM920T、ARM940T(ARM9TDMI 核的处理器)、StrongARM(Intel 公司的产品)。

ARM7 微处理器系列为低功耗的 32 位 RISC 处理器，采用冯·诺依曼结构和三级流水线，属于低端 ARM 处理器内核，最适合用于对价位和功耗要求较高的消费类应用。支持大部分操作系统，指令系统与 ARM9、ARM10E 系列兼容，便于用户的产品升级换代，主频通常为 20~133MHz，速度约为 0.9MIPS/MHz，其常用配置如表 2-1 所示。

表 2-1 ARM7 系列微处理器配置

配置 处理器	高速缓冲存储器	内存管理	流水线级别	Thumb	DSP	Jazelle
ARM7TDMI	无	无	3	有	无	无
ARM7TDMI-S	无	无	3	有	无	无
ARM710T/720T	8K	MMU	3	有	无	无
ARM740T	8K/4K	MPU	3	有	无	无
ARM7EJ-S	无	无	3	有	有	有

ARM9 系列微处理器在高性能和低功耗特性方面提供了最佳的性能，采用哈佛体系结构和 5 级整数流水线，工作频率约为 200MHz，速度约为 1.1MIPS/MHz，在相同的工艺下其性能是 ARM7 的 2 倍。大部分支持独立的数据高速缓冲存储器和指令高速缓冲存储器，具有更高的指令和数据处理能力。在 ARM9TDMI 基础上的 ARM940T 增加了 MPU(memory protect unit)和高速缓冲存储器，ARM920T 和 ARM922T 加入了 MMU、高速缓冲存储器和 ETM9(方便进行 CPU 实时跟踪)，从而更好地支持 Linux 和 WinCE 这样的多线程多任务操作系统。ARM9 系列主要用于无线设备、仪器仪表、安全系统、机顶盒、高端打印机、数码照相机和数码摄像机等，其常用配置如表 2-2 所示。

表 2-2 ARM9 系列微处理器配置

处理器\配置	高速缓冲存储器	内存管理	流水线级别	Thumb	DSP	Jazelle
ARM9TDMI	无	无	5	有	无	无
ARM920T	16K/16K	MMU	5	有	无	无
ARM922T	8K/8K	MMU	5	有	无	无
ARM940T	4K/4K	MPU	5	有	无	无

5. V5 版架构

V5 版架构主要提升了 ARM 和 Thumb 指令的交互工作能力,同时在 V4 版架构的基础上增加了 DSP 扩展指令和 Java 扩展指令。通过数字信号处理器(DSP)和 Java 的指令扩展,可获得 70%的 DSP 处理能力和 8 倍的 Java 处理性能提升。另外,分开的指令和数据 Cache 结构进一步提升了软件性能,指令和数据紧耦合存储器(tightly couple memory, TCM)接口支持零等待访问存储器,提供双 AMBA AHB 总线接口等。

属于 V5T(支持 Thumb 指令)体系结构的处理器(核)有 ARM10TDMI、ARM1020T (ARM10TDMI 核处理器)。属于 V5TE(支持 Thumb 和 DSP 指令)体系结构的处理器(核)有 ARM9E、ARM9E-S(ARM9E 可综合版本)、ARM946E-S(ARM9E 核的处理器)、ARM966E-S(ARM9E 核的处理器)、ARM10E、ARM1020E(ARM10E 核处理器)、ARM1022E(ARM10E 核的处理器)、Xscale(Intel 公司产品)。属于 V5TEJ(支持 Thumb、DSP 指令和 Java 指令)体系结构的处理器(核)有 ARM9EJ、ARM9EJ-S(ARM9EJ 可综合版本)、ARM926EJ-S(ARM9EJ 核的处理器)和 ARM10EJ。

ARM9E 系列微处理器为综合型处理器,使用单一的处理器内核提供了微处理器、DSP、Java 应用系统的解决方案,极大地减小了芯片的面积和系统的复杂程度。其支持 DSP 指令集应用高速数字信号处理的场合,5 级整数流水线的最高主频可达 300MHz,支持 32 位 ARM 指令集和 16 位 Thumb 指令集,支持 32 位的高速 AMBA 总线接口,支持 VFP9 浮点处理协处理器。ARM9E 系列微处理器配置如表 2-3 所示。

表 2-3 ARM9E 系列微处理器配置

处理器\配置	高速缓冲存储器	内存管理	流水线级别	Thumb	DSP	Jazelle
ARM9E-S	无	无	5	有	有	无
ARM946E-S	4K~1M/4K~1M	MPU	5	有	有	无
ARM966E-S	无	无	5	有	有	无
ARM968E-S	无	无	5	有	有	无
ARM9EJ-S	无	无	5/6	有	有	有
ARM926EJ-S	14~128K/4~128K	MMU	5/6	有	有	有

ARM10E 系列微处理器采用了新的体系结构,与同等的 ARM9 处理器相比,在同样的时钟频率下性能提高了近 50%,同时又大大减少了芯片的功耗,具有 6 级整数流水线,工作频率一般为 400/600MHz 左右,支持 VFP10 浮点处理协处理器,内嵌并行读/写操作部件。ARM10E 系列微处理器配置如表 2-4 所示。

ARM9E 和 ARM10E 系列主要用于下一代无线设备、成像设备、工业控制、存储设备和数字消费品等应用场合。

表 2-4 ARM10E 系列微处理器配置

处理器 配置	高速缓冲存储器	内存管理	流水线级别	Thumb	DSP	Jazelle
ARM10E	无	无	6	有	有	无
ARM1020E	32K/32K	MMU	6	有	有	无
ARM1022E	16K/16K	MMU	6	有	有	无
ARM10EJ-S	无	无	6	有	有	有
ARM1026EJ-S	4~128K/4~128K	MMU	6	有	有	有
ARM10TDMI	无	无	6	有	无	无
ARM1020T	32K/32K	MMU	6	有	无	无

6. V6 版架构

V6 版架构在 2001 年发布，首先在 2002 年春季发布的 ARM11 处理器中使用。与 V5 版架构相比增加了媒体指令，此体系结构中共有 4 种特殊指令集：Thumb 指令(T)、DSP 指令(E)、Java 指令(J)、Media 指令。同时为满足向后兼容性，ARM V6 还包括 ARM V5 的存储器管理和例外处理，这将使众多第三方厂商能够利用现有的成果，支持软件和设计的重用。

ARM 开发团队在发展 ARM V6 体系结构的过程中，精力主要集中在以下 5 个方面。

(1) 存储器管理。存储器管理方式严重影响系统设计和性能，存储器结构的提升将大大提高处理器的整体性能，尤其是对于面向平台的应用。ARM V6 体系结构可以提高取指(数据)效能，处理器将在等待指令和缓存未命中数据重装载上花费更少的时间。存储器管理的提升使系统性能提升 30%以上，而且存储器管理的提升也会提高总线的使用效率，更少的总线活动意味着功耗方面的节省。

(2) 多处理器。应用驱使系统实现向多处理器方向发展。无线平台，尤其是 3G，都是典型的需要整合多个 ARM 处理器或 ARM 与 DSP 的应用。多处理器通过共享内存来有效地共享数据，新的 ARM V6 在数据共享和同步方面的能力使它更容易实现多处理器，以及提高它们的性能。新的指令能够实现复杂的同步策略，从而更大地提升系统性能。

(3) 多媒体支持。单指令流多数据流(SIMD)能力使得软件能更有效地完成高性能的媒体应用，如声音和图像编码器。ARM V6 指令集中加入了超过 60 个 SIMD 指令，加入 SIMD 指令将使性能提高 2~4 倍。SIMD 能力使应用开发可以完成高端的图像编码、语音识别，尤其是与下一代无线应用相关的 3D 图像。

(4) 数据处理。数据的大小端问题是指数据以何种方式在存储器中被存储和引用。随着更多的系统级芯片(SoC)的集成，单芯片不仅包含小端的 OS 环境和界面(如 USB、PCI)，而且包含大端的数据(TCP/IP 包、MPEG 流)。ARM V6 体系结构支持大小端混合处理，使得数据处理问题更为有效。

未对齐数据是指数据未与自然边界对齐，例如，在 DSP 应用中有时需要将字数据半字对齐。要使处理器更有效地处理这种情形，需要能够装载字到任何半字边界，以前版本的体系结构需要大量指令处理未对齐数据,而 ARM V6 兼容结构处理未对齐数据更有效。对于严重依赖未对齐数据的 DSP 算法,ARM V6 体系结构将有性能的提高和代码数量的缩减。未对齐数据支持将使 ARM 处理器在仿真其他处理器(如 Motorola 的 68000 系列)方面更有效。

(5) 例外与中断。对于实时系统来说,对于中断效率的要求是非常严格的,如硬盘控制器、汽车引擎管理应用,这些应用中如果中断没有及时得到响应,那么后果将很严重。更有效地处理中断与例外也能提高系统整体表现,在降低系统开销时尤为重要。在 ARM V6 体系结构中,新的指令被加入了指令集中来提升中断与例外的实现,这将有效提升特权模式下的例外处理。

属于 V6 体系结构的处理器核是 ARM11 系列。ARM11 系列包括 ARM1136、ARM1156、ARM1176 和 ARM11 MP-Core 等,它们都是 V6 体系结构,支持多微处理器内核,与 V5 系列相比增加了 SIMD 多媒体指令,获得了 1.75 倍多媒体处理能力的提升。另外,除了 ARM1136 外,其他处理器都支持 AMBA3.0-AXI 总线。ARM11 系列内核内部具有 8 级流水线处理、动态分支预测与返回堆栈,最高的处理速度可达 500MHz 以上(使用 90nm 工艺,ARM1176 可达到 750MHz)以及 600DMIPS 的性能,在 1.2V 电压的条件下其功耗可以低至 0.4mW/MHz。ARM11 系列微处理器配置如表 2-5 所示。

表 2-5 ARM11 系列微处理器配置

处理器 \ 配置	高速缓冲存储器	内存管理	流水线级别	Thumb	DSP	Jazelle	浮点运算
ARM1136J-S	4~64K	MMU	8	有	有	有	无
ARM1136JF-S	4~64K	MMU	8	有	有	有	有
ARM1156T2-S	可配置		9	Thumb-2	有	无	无
ARM1156T2F-S	可配置		9	Thumb-2	有	无	有

基于 ARM V6 版架构的 ARM11 系列处理器是根据下一代消费类电子、无线设备、网络应用和汽车电子产品等需求制定的。其媒体处理能力和低功耗的特点使它特别适合无线和消费类电子产品,其高数据吞吐量和高性能的结合非常适合网络处理应用。另外,在实时性能和浮点处理等方面,ARM11 可以满足汽车电子应用的需求。

7. V7 版架构

Cortex 系列是 ARM 公司目前最新的内核系列,属于 V7 版架构。新的 ARM Cortex 处理器系列包括面向实时的、复杂操作系统和微控制器应用的多种处理器。ARM Cortex-A 系列针对日益增长的,运行包括 Linux、Windows Phone 和 Symbian 在内的操作系统的消费者娱乐和无线产品设计;ARM Cortex-R 系列针对的是需要运行实时操作系统来进行控制应用的系统,包括汽车电子、网络和影像系统;ARM Cortex-M 系列则是为那些对开发费用非常敏感同时对性能要求不断增加的嵌入式应用所设计的。简单地说,Cortex-A 系列面向广大的手机应用,Cortex-R 系列面向实时应用,而 Cortex-M 系列处理器则面向嵌入式应用。

在命名方式上，基于 ARM V7 架构的 ARM 处理器已经不再沿用过去的数字命名方式，而是冠以 Cortex 的代号。基于 V7A 的称为 Cortex-A 系列，基于 V7R 的称为 Cortex-R 系列，基于 V7M 的称为 Cortex-M 系列。Cortex-M 系列处理器主要包含 ARM Cortex-M1、ARM Cortex-M3 等处理器。Cortex-R 系列处理器目前包括 ARM Cortex-R4、ARM Cortex-R4F 等型号。Cortex-A 系列处理器目前包括 ARM Cortex-A5、ARM Cortex-A7、ARM Cortex-A8、ARM Cortex-A9、ARM Cortex-A15 等，如表 2-6 所示。

表 2-6　Cortex-A 系列的众多核心

核心	Cortex-A5	Cortex-A7	Cortex-A8	Cortex-A9	Cortex-A15
发布年份	2009 年	2011 年	2006 年	2007 年	2011 年
核心数目	1~4 核	1~4 核	单核	1~4 核	每簇最多 4 核，每物理核最多 2 个簇
流水线	8 级(in-order)	8~10 级	13 级(整点 in-order)	8 级(out-of-order)	12 级 in-order 加 3~12 级 out-of-order
硬件虚拟化	否	是	否	否	是
L1 高速缓冲存储器	4~64K/4~64K	8~64K/8~64K	16~32K/16~32K	16~64K/16~64K	32K/32K
大物理地址扩展	否	是	否	否	是
浮点部件	VFP V4	VFP V4	VFP V3	VFP V3	VFP V4

大体上 Cortex-A 后面的编号代表该核心的性能，或者说在 ARM 产品线中的位置。例如，A5 面向低端应用，编号最小，如苹果的 iPhone 4S 及 iPad 2 就使用了 A5 处理器；A15 是目前 ARM V7 中性能最高的核心；A7 发布虽然晚于 A8，而且规格接近，但由于限制了双发带宽，其性能预期低于 A8。总体来看，A5 的定位最低端，取代了 ARM V7 之前的产品；A7 性能低于 A8，但更加节能，成本也更低；A8/A9 可能被取代，不过目前仍然是主流；A15 则是目前为止规格最高的 ARM V7 处理器，其内部结构框图见图2-1。ARM Cortex-A15 MPCore 结构如图 2-2 所示。

ARM V7 开始使用 VFP V3 版本的浮点部件，而 ARM V7 中更新的核心则使用了 VFP V4(表 2-6)。VFP V2 则用于 ARM V7 之前的核心，现在还有一部分低端手机使用这种处理器，而使用 VFP V1 浮点部件的核心已经基本被淘汰。ARM 浮点部件的一个问题是对于很多核心来说是可选的，一些处理器并没有浮点部件。不仅如此，尽管 ARM V7 的处理器基本都实现了浮点部件，但浮点部件也有多个可选实现。此外，从 ARM V7 开始，ARM 的高级 SIMD 部件称为 NEON，而 NEON 部件也是可选的。所以 ARM 处理器对浮点/SIMD 的支持并不一致，下面是 VFP 和 NEON 的特点总结。

(1) VFP V3/VFP V4 根据寄存器情况分为 D16 和 D32 两个版本，D16 的双精度(64 位)寄存器只有 16 个。

(2) D16 版本的 VFP 不能和 NEON 部件共存。

(3) NEON 部件单独存在时只能进行整型运算。

(4) 实现了半精度扩展的 VFP V3 称为 FP16 版本，如果实现了 Fused Multiply-Ad 扩展，即为 VFP V4。

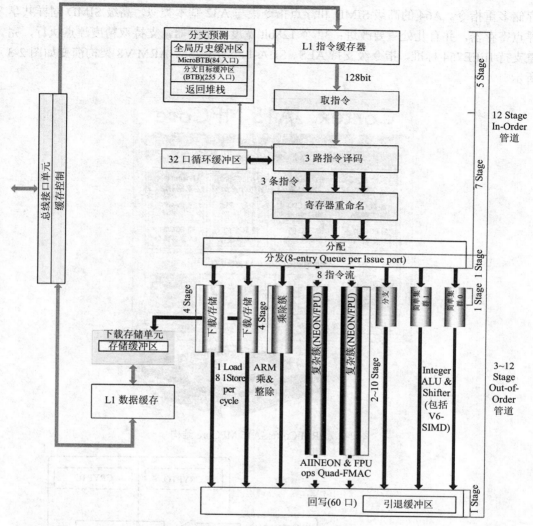

图 2-1 ARM Cortex-A15 内部结构框图

8. V8 版架构

ARM V8 是 ARM 公司第一款 64 位处理器架构，ARM V8 架构基于 32 位的 ARM V7 而来，并保留了 TrustZone 安全执行环境、虚拟化、NEON(高级 SIMD)等关键技术特性。ARM V8 架构包括 AArch64、AArch32 两种主要执行状态，其中前者引入了一套新的指令集 A64，专门用于 64 位处理，而后者用来兼容现有的 32 位 ARM 指令集。ARM V8 架构把高能效的 64 位计算带入了高端服务器等新领域，并提供向下的兼容性，便于现有软件的移植。

AArch64 指令集的长度固定为 32bit，在语法上和 AArch32 基本一样，只在必要的地方作了修改，此外随时都可以访问 31 个通用寄存器，而且宽度都是 64bit。A64 和 A32 的不同之处在于，新指令都支持 64bit 操作，条件指令要少得多，没有任意长度的载入/

存储多重指令。A64 的高级 SIMD 和浮点指令集与 A32 基本类似，高级 SIMD 同样共享浮点寄存器，并有几处重要改进：32 个 128bit 宽度的寄存器，支持双精度浮点执行，完整支持 IEEE754 标准，指令级支持 AES、SHA-1、SHA-256。ARM V8 架构演变如图 2-3 所示。

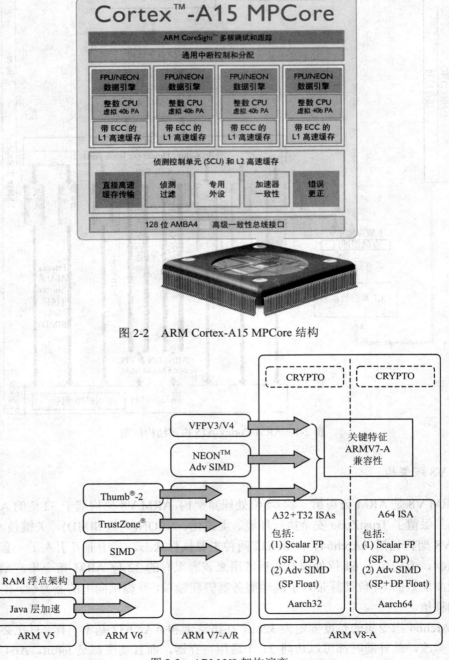

图 2-2　ARM Cortex-A15 MPCore 结构

图 2-3　ARM V8 架构演变

Cortex-A53、Cortex-A57 两款处理器属于 Cortex-A50 系列(表 2-7)，首次采用 64 位 ARM V8 架构，这是 ARM 公司在 2012 年下半年发布的两款产品。Cortex-A57 是 ARM 最先进、性能最高的应用处理器，号称可在同样的功耗水平下达到当今顶级智能手机性能的 3 倍；而 Cortex-A53 是世界上能效最高、面积最小的 64 位处理器，同等性能下能效是当今高端智能手机的 3 倍。这两款处理器还可整合为 ARM big.LITTLE(大小核心伴侣)处理器架构，根据运算需求在两者间进行切换，以结合高性能与高功耗效率的特点，两个处理器是独立运作的。

表 2-7 Cortex-A50 系列处理器

处理器	Cortex-A57	Cortex-A53
架构	ARM V8	ARM V8
中断控制器	Integrated GIC	Integrated GIC
L2 高速缓存控制器	Integrated w/ECC	Integrated w/ECC
指令缓存	48K	8~64K
数据缓存	32K	8~64K

ARM 发展新的体系结构并不是想取代现存的体系结构，使它们变得多余，新的 CPU 核和衍生产品将建立在这些结构之上，同时不断与制造工艺保持同步。新体系结构的发展是由不断涌现的新产品和变化的市场来推动的，关键的设计约束是显而易见的，功能、性能、速度、功耗、面积和成本必须与每种应用的需求相平衡。保证领先的性能/功耗(MIPS/Watt)在过去是 ARM 成功的基石，在将来的应用中它也是一个重要的衡量标准。随着计算和通信持续覆盖许多消费领域，功能也变得越来越复杂，消费者期望有高级的用户界面、多媒体以及增强的产品性能。

2.1.2 ARM 处理器模式

ARM 处理器共有 7 种工作模式，除用户(user)模式之外的，其余 6 种处理模式统称为特权模式(privileged mode)。在特权模式下，程序可以访问所有的系统资源，也可以任意切换处理器模式。特权模式中除系统模式之外的其余 5 种模式又统称为异常模式。

1. ARM 微处理器支持的 7 种运行模式

ARM 微处理器支持的 7 种运行模式如表 2-8 所示。

(1) 用户模式。用户模式是用户程序的工作模式，运行在操作系统的用户态，它没有权限操作其他硬件资源，只能执行处理自己的数据，也不能切换到其他模式下，要想访问硬件资源或切换到其他模式，只能通过软中断或产生异常实现。

(2) 系统模式。系统模式是特权模式，不受用户模式的限制。用户模式和系统模式共用一套寄存器，操作系统在该模式下可以方便地访问用户模式的寄存器，而且操作系统的一些特权任务可以使用这种模式访问一些受控的资源。

(3) 一般中断请求(IRQ)模式。一般中断模式也叫普通中断请求模式，用于处理一般的中断请求，通常在硬件产生中断信号之后自动进入该模式，该模式为特权模式，可以自由访问系统硬件资源。

(4) 快速中断请求(FIQ)模式。快速中断请求模式是相对一般中断请求模式而言的，它用来处理对时间要求比较紧急的中断请求，主要用于高速数据传输及通道处理。

(5) 管理模式。管理模式是 CPU 上电后的默认模式，因此在该模式下主要用来进行系统初始化，软中断处理也在该模式下，当用户模式下的用户程序请求使用硬件资源时，通过软件中断进入该模式。

(6) 中止模式。中止模式用于支持虚拟内存或存储器保护，当用户程序访问非法地址或者没有权限读取的内存地址时，会进入该模式。在 Linux 下编程时经常出现的段错误通常都是在该模式下抛出返回的。

(7) 未定义模式。未定义模式用于支持硬件协处理器的软件仿真，CPU 在指令的译码阶段不能识别该指令操作时，会进入未定义模式。

表 2-8 ARM 处理器运行模式

处理器运行模式	特权模式	异常模式	说明
用户模式			用户程序运行模式
系统模式	该组模式下可以任意访问系统资源		运行特权级的操作系统任务
一般中断请求模式		通常由系统异常状态切换进该组模式	普通中断模式
快速中断请求模式			快速中断模式
管理模式			提供操作系统使用的一种保护模式，SWI 命令状态
中止模式			虚拟内存管理和内存数据访问保护
未定义模式			支持通过软件仿真硬件的协处理

除用户模式以外，其余 6 种模式统称为特权模式，其中除去系统模式外的 5 种模式又统称为异常模式，常用于处理中断或异常以及需要访问受保护的系统资源等情况。只有在特权模式下才允许对当前的程序状态寄存器的控制位直接进行读/写访问，异常发生时总是切换到 ARM 状态。

CPU 的模式可以简单地理解为当前 CPU 的工作状态，例如，当前操作系统正在执行用户程序，则当前 CPU 工作在用户模式。这时网卡上有数据到达，产生中断信号，CPU 自动切换到一般中断模式下处理网卡数据(普通应用程序没有权限直接访问硬件)，处理完网卡数据后，返回用户模式下继续执行用户程序。

当前程序状态寄存器(current program status register, CPSR)中的模式控制位 M[4:0] 反映处理器正在操作的模式，如表 2-9 所示。

表 2-9 程序状态寄存器中的模式控制位

M[4:0]	模式
10000	用户模式
10001	快速中断模式

续表

M[4:0]	模式
10010	一般中断模式
10011	管理模式
10111	中止模式
11011	未定义模式
11111	系统模式

(1) 特权模式。除用户模式外，其余模式均为特权模式。ARM 内部寄存器和一些片内外设在硬件设计上只允许(或者可选为只允许)特权模式下访问。此外，特权模式可以自由地切换处理器模式，而用户模式不能直接切换到别的模式。

在特权模式下，程序可以访问所有的系统资源，也可以任意进行处理器模式的切换。只有在特权模式下才允许对 CPSR 的所有控制位进行直接读/写访问。而在非特权模式下，只允许对 CPSR 的控制位进行间接的读/写访问。

(2) 异常模式(exception mode)。特权模式中除系统模式之外的其余 5 种模式又统称为异常模式，它们除了可以通过在特权下的程序切换进入外，也可以由特定的异常进入。例如，硬件产生中断信号进入中断异常模式，读取没有读取权限的数据进入中止异常模式，执行未定义指令时进入未定义指令中止异常模式。其中管理模式也称为超级用户模式，是为操作系统提供软中断的特有模式，正是由于有了软中断，用户程序才可以通过系统调用切换到管理模式。

当特定的异常发生时，处理器将进入相应的异常模式。在每种异常模式下，都有一组寄存器(register bank)供相应的异常处理程序使用，这样就可以保证在处于异常模式时，用户模式状态不会被破坏。当一个异常发生时，处理器总是切换到 ARM 状态而非 Thumb 状态。

2. 处理器模式的切换

处理器模式可以通过软件控制进行切换，也可以通过外部中断(external interrupt)或异常处理过程(exception processing)进行切换。大多数应用程序运行在用户模式下，这时，应用程序不能访问一些受操作系统保护的系统资源，也不能直接进行处理器模式的切换。当需要进行处理器模式切换时，应用程序可以产生异常处理，在异常处理过程中进行处理器模式的切换，这种体系结构可以使操作系统控制整个系统的资源。每种异常模式中都有一组寄存器供异常处理程序使用，这样可以保证在进入异常模式时，用户模式下的寄存器不被破坏。

系统模式不是通过异常过程进入的，它和用户模式具有完全相同的寄存器。系统模式属于特权模式，可以访问所有的系统资源，也可以直接进行处理器模式的切换，主要供操作系统内核进程使用。通常操作系统内核进程需要访问所有的系统资源，同时该进程仍然使用用户模式下的寄存器组，而不是异常模式下的寄存器组，这样可以保证当异常发生时内核进程状态不被破坏。图 2-4 为处理器模式的切换示意图。

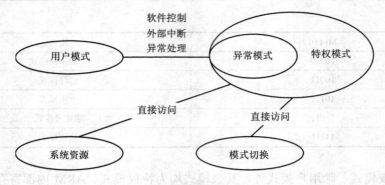

图 2-4 处理器模式的切换

2.1.3 ARM 内部寄存器

32 位 ARM 微处理器共有 37 个 32 位寄存器、31 个通用寄存器和 6 个状态寄存器。但这些寄存器不能同时被访问,具体哪些寄存器能够同时被访问,取决于微处理器的工作状态及具体的运行模式。但在任何时候,通用寄存器 R0~R14、程序计数器 PC(R15)、状态寄存器 CPSR(R16)都是可访问的。

根据微处理器内核的当前工作状态,可分别访问 ARM 状态寄存器集和 Thumb 状态寄存器集。ARM 状态寄存器集包含 16 个可以直接访问的寄存器 R0~R15。除 R15 外,其余的寄存器为通用寄存器,可用于存放地址或数据值,其中 R0~R7 是在所有模式下都可以使用的公有寄存器,R8~R12 是快速中断请求模式下私有的寄存器,其他模式下不能使用,之所以称其为快速中断,是因为在快速中断请求模式下,这几个私有寄存器里的数据在模式切换时可以不进行入栈保存。

除了用户模式和系统模式共用一组 R13 和 R14,其余每种模式都有自己私有的 R13 和 R14,因为在每种模式下都有自己的栈空间用于执行程序,在执行程序的过程中还要保存返回地址,这样可以保证在进入不同模式时,当前模式下的栈空间不被破坏。例如,网卡因为数据到达产生了中断进入中断模式,在中断模式下有自己的中断服务例程(ISR),ISR 在执行时要用到栈空间,因此要使用 R13 和 R14。中断处理完成后,返回用户模式,要继续执行被网卡中断信号的中断执行程序。

用户模式和系统模式为什么要共用一组 R13、R14 呢?这是因为在特权模式下可以自由切换工作模式,但如果切换到用户模式下,就不能再切换到特权模式了,这是 CPU 为操作系统提供的保护机制。有的时候需要切换到系统模式下使用其 R13、R14,例如,当操作系统的进程进行上下文切换时,如果用户模式和系统模式共用一组寄存器,那么可以切换到系统模式下(系统模式是特权模式)进行操作。

所有 7 种模式都共用 R15 和 R16。R16 是当前程序状态寄存器 CPSR,用于保存状态信息。单核 CPU 同时只能处理一条指令,在取指令时,有一个 PC 就可以了,也就是说用一个 CPSR 表示当前 CPU 的状态即可。

1. ARM 工作状态下的寄存器组织

通用寄存器包括 R0~R15，可以分为 3 类：未分组寄存器 R0~R7、分组寄存器 R8~R14 和程序计数器 R15。

(1) 未分组寄存器 R0~R7。寄存器 R0~R7 是通用寄存器，可以用做任何目的。在所有的运行模式下，未分组寄存器都指向同一个物理寄存器，它们未被系统用做特殊用途，因此，在中断或异常处理进行运行模式转换时，由于不同的处理器运行模式均使用相同的物理寄存器，可能会造成寄存器中数据的破坏，这一点在进行程序设计时应引起注意。

(2) 分组寄存器 R8~R14。对于分组寄存器，每次所访问的物理寄存器与处理器当前的运行模式有关。寄存器 R8~R12 是通用寄存器，但是在切换到 FIQ 模式的时候，使用它们的影子寄存器。对于 R8~R12 来说，每个寄存器对应两个不同的物理寄存器，当使用 FIQ 模式时，访问寄存器 R8_fiq~R12_fiq；当使用除 FIQ 模式以外的其他模式时，访问寄存器 R8_usr~R12_usr。

对于 R13、R14 来说，每个寄存器对应 6 个不同的物理寄存器，其中的一个是用户模式与系统模式共用，另外 5 个物理寄存器对应于其余 5 种不同的运行模式。采用以下记号来区分不同的物理寄存器：

```
R13_<mode>
R14_<mode>
```

其中，mode 为 usr、fiq、irq、svc、abt、und 模式之一。

寄存器 R13 典型的应用是作为 OS 栈指针，也可被用做一个通用寄存器，这是一个操作系统问题，不是一个处理器问题，所以如果不使用栈，只要以后恢复它，就可以在代码中自由地使用它。每个处理器模式都有这个寄存器的影子寄存器，同时，寄存器 R13 在 ARM 指令中用做堆栈指针只是一种习惯用法，用户也可使用其他寄存器作为堆栈指针。而在 Thumb 指令集中，某些指令强制性要求使用 R13 作为堆栈指针。

由于处理器的每种运行模式均有自己独立的物理寄存器 R13，在用户应用程序的初始化部分，一般都要初始化每种模式下的 R13，使其指向该运行模式的栈空间。这样，当程序的运行进入异常模式时，可以将需要保护的寄存器放入 R13 所指向的堆栈，而当程序从异常模式返回时，则从对应的堆栈中恢复，采用这种方式可以保证异常发生后程序的正常执行。

R14 也称为子程序连接寄存器(subroutine link register)或连接寄存器(LR)。当执行 BL 子程序调用指令时，R14 中得到 R15(程序计数器)的备份。其他情况下，R14 作为通用寄存器。与之类似，当发生中断或异常时，对应的分组寄存器 R14_svc、R14_irq、R14_fiq、R14_abt 和 R14_und 用来保存 R15 的返回值。

寄存器 R14 常用于以下情况：在每种运行模式下，都可用 R14 保存子程序的返回地址，当用 BL 或 BLX 指令调用子程序时，将 PC 的当前值复制给 R14，执行完子程序后，又将 R14 的值复制回 PC，即可完成子程序的调用返回。以上描述可用指令完成。

执行以下任意一条指令：

```
MOV PC, LR
BX  LR
```

在子程序入口处使用以下指令将 R14 存入堆栈：

```
STMFD SP!, {<Regs>, LR}
```

使用以下指令可以完成子程序的返回：

```
LDMFD SP!, {<Regs>, PC}
```

(3) 程序计数器 R15。R15 用做程序计数器。在 ARM 状态下，位[1:0]为 0，位[31:2]用于保存 PC 数据；在 Thumb 状态下，位[0]为 0，位 [31:1]用于保存 PC 数据。由于 ARM 体系结构采用了多级流水线技术，对于 ARM 指令集而言，PC 总是指向当前指令的下两条指令的地址，即 PC 的值为当前指令的地址值加 8B。

R15 虽然可以用做通用寄存器，但是有一些指令在使用 R15 时有一些特殊限制，若不注意，执行的结果将是不可预料的。

在 ARM 状态下，任一时刻可以访问以上所讨论的 16 个通用寄存器和 1~2 个状态寄存器。在非用户模式(特权模式)下，则可访问到特定模式分组寄存器，图 2-5 说明了在每种运行模式下哪些寄存器是可以访问的。

系统&用户模式	快速中断请求模式	管理模式	中止模式	一般中断请求模式	未定义模式
R0	R0	R0	R0	R0	R0
R1	R1	R1	R1	R1	R1
R2	R2	R2	R2	R2	R2
R3	R3	R3	R3	R3	R3
R4	R4	R4	R4	R4	R4
R5	R5	R5	R5	R5	R5
R6	R6	R6	R6	R6	R6
R7	R7	R7	R7	R7	R7
R8	▲R8_fiq	R8	R8	R8	R8
R9	▲R9_fiq	R9	R9	R9	R9
R10	▲R10_fiq	R10	R10	R10	R10
R11	▲R11_fiq	R11	R11	R11	R11
R12	▲R12_fiq	R12	R12	R12	R12
R13	▲R13_fiq	▲R13_svc	▲R13_abt	▲R13_irq	▲R13_und
R14	▲R14_fiq	▲R14_svc	▲R14_abt	▲R14_irq	▲R14_und
R15(PC)	R15(PC)	R15(PC)	R15(PC)	R15(PC)	R15(PC)
CPSR	CPSR	CPSR	CPSR	CPSR	CPSR
	▲SPSR_fiq	▲SPSR_svc	▲SPSR_abt	▲SPSR_irq	▲SPSR_und

▲代表分组寄存器

图 2-5 ARM 状态下的通用寄存器与程序状态寄存器

寄存器 R16 用做 CPSR，用来保存当前代码标志和当前处理器模式标志位。CPSR 可在任何运行模式下被访问，它包括条件标志位、中断禁止位、当前处理器模式标志位以及其他一些相关的控制和状态位。

每种运行模式下又有一个专用的物理状态寄存器，称为备份的程序状态寄存器(saved program status register，SPSR)，当异常发生时，SPSR 用于保存 CPSR 的当前值，从异常退出时则可由 SPSR 来恢复 CPSR。由于用户模式和系统模式不属于异常模式，它们没有 SPSR，当在这两种模式下访问 SPSR 时，结果是未知的。

2. Thumb 工作状态下的寄存器组织

Thumb 状态寄存器集是 ARM 状态寄存器集的一个子集，可以访问的寄存器有 8 个通用寄存器 R0~R7、程序计数器、堆栈指针寄存器、连接寄存器和当前程序状态寄存器。在每种特权模式下，都有对应的分组堆栈指针寄存器、连接寄存器和备份的程序状态寄存器，如图 2-6 所示。

系统&用户模式	快速中断请求模式	管理模式	中止模式	一般中断请求模式	未定义模式
R0	R0	R0	R0	R0	R0
R1	R1	R1	R1	R1	R1
R2	R2	R2	R2	R2	R2
R3	R3	R3	R3	R3	R3
R4	R4	R4	R4	R4	R4
R5	R5	R5	R5	R5	R5
R6	R6	R6	R6	R6	R6
R7	R7	R7	R7	R7	R7
SP	SP_fiq	SP_svc	SP_abt	SP_irq	SP_und
LR	LR_fiq	LR_svc	LR_abt	LR_irq	LR_und
PC	PC	PC	PC	PC	PC
CPSR	CPSR	CPSR	CPSR	CPSR	CPSR
	▲SPSR_fiq	▲SPSR_svc	▲SPSR_abt	▲SPSR_irq	▲SPSR_und

▲代表分组寄存器

图 2-6　Thumb 状态下的通用寄存器与程序状态寄存器

Thumb 状态寄存器集与 ARM 状态寄存器集的对应关系如下。

(1) Thumb 状态下 R0~R7 寄存器与 ARM 状态下的 R0~R7 寄存器是相同的。

(2) Thumb 状态下的 CPSR 和 SPSR 与 ARM 状态下的 CPSR 和 SPSR 是相同的。

(3) Thumb 状态下的 SP、LR 和 PC 直接对应 ARM 状态寄存器 R13、R14 和 R15。

在 Thumb 状态下，寄存器 R8~R15 不属于标准寄存器集的一部分，但在必要的情况下，用户可以通过汇编语言程序访问它们，作为快速临时存储单元。例如，使用带特殊变量的 MOV 指令，数据可以在低位寄存器和高位寄存器之间进行传送，高位寄存器的值可以使用 CMP 和 ADD 指令进行比较或加上低位寄存器中的值等。Thumb 和 ARM 寄存器的对应关系如图 2-7 所示。

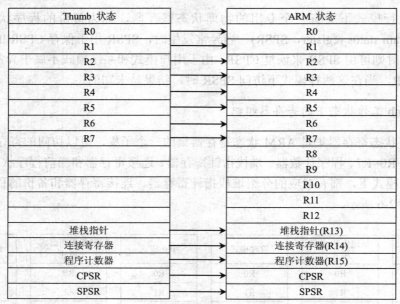

图 2-7 Thumb 和 ARM 寄存器的对应关系

3. 程序状态寄存器

ARM 包含 1 个 CPSR 和 5 个备份的 SPSR。备份的 SPSR 用来进行异常处理，这些寄存器的功能包括：保存算术逻辑单元(ALU)当前操作的有关信息，控制中断的允许和禁止，设置处理器的运行模式。当前程序状态寄存器的组成如图 2-8 所示。

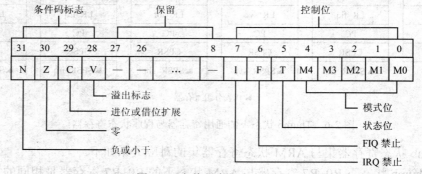

图 2-8 当前程序状态寄存器

1) 条件码标志

N、Z、C、V 均为条件码标志(condition code flag)，它们的内容根据算术或逻辑运算的结果而改变，并且用来作为一些指令是否运行的检测条件。在 ARM 状态下，绝大多数指令都是有条件执行的。在 Thumb 状态下，仅有分支指令是有条件执行的。条件码标志各位的具体含义如表 2-10 所示。

2) 控制位

CPSR 的低 8 位(包括 I、F、T 和 M0~M4)称为控制位(control bit)，发生异常时这些位可以被改变。如果处理器运行于特权模式，这些位也可以由程序修改。

(1) 中断禁止位 I、F。I 为 1 时禁止 IRQ 中断，F 为 1 时禁止 FIQ 中断。

(2) T 标志位。该位反映了处理器的运行状态。对于 ARM 体系结构 V5 及其以上的版本的 T 系列处理器，当该位为 1 时，程序运行于 Thumb 状态，否则运行于 ARM 状态。对于 ARM 体系结构 V5 及其以上的版本的非 T 系列处理器，当该位为 1 时，表示强制下一条执行的指令产生未定义指令中断；当该位为 0 时，表示运行于 ARM 状态。

表 2-10　条件码标志各位的具体含义

标志位	含义
N	当用两个补码表示的符号数进行运算时，N 为 1 表示运算的结果为负数，N 为 0 表示运算的结果为正数或零
Z	Z 为 1 表示运算的结果为零，Z 为 0 表示运算的结果非零
C	(1)加法运算(包括比较指令 CMN。当运算结果产生了进位(无符号数溢出)时，C 为 1，否则 C 为 0 (2)减法运算(包括比较指令 CMP。当运算时产生了借位(无符号数溢出)时，C 为 0，否则 C 为 1 (3)对于包含移位操作的非加/减运算指令，C 为移出值的最后一位 (4)对于其他非加/减运算指令，C 的值通常不改变
V	(1)对于加/减法运算指令，当操作数和运算结果为二进制的补码表示的带符号数时，V=1 表示符号位溢出 (2)对于其他非加/减运算指令，V 的值通常不改变

(3) 运行模式位 M[4:0]。M[4:0]是模式位，决定了处理器的运行模式，具体含义如表 2-11 所示，由表 2-11 可知，并不是所有的运行模式位组合都是有效的，无效的组合结果会导致处理器进入不可恢复的状态。

表 2-11　运行模式位 M0~M4 的具体含义

M[4:0]	处理器模式	可访问的寄存器
10000	用户模式	PC、CPSR、R0~R14
10001	FIQ 模式	PC、CPSR、SPSR_fiq、R8_fiq~R14_fiq、R0~R7
10010	IRQ 模式	PC、CPSR、PSR_irq、R14_irq、R13_irq、R0~R12
10011	管理模式	PC、CPSR、SPSR_svc、R14_svc、R13_svc、R0~R12
10111	中止模式	PC、CPSR、SPSR_abt、R14_abt、R13_abt、R0~R12
11011	未定义模式	PC、CPSR、SPSR_und、R14_und、R13_und、R0~R12
11111	系统模式	PC、CPSR(ARM V4 及以上版本)、R0~R14

通过向模式位 M[4:0]中写入相应的数据可切换到不同的工作模式。在 ARM 处理器中，只有 MRS(move to register from state register)特权指令可以对状态寄存器 CPSR 和 SPSR 进行读操作。通过读 CPSR 可以获得当前处理器的工作状态，读 SPSR 寄存器可以获得进入异常前的处理器状态(因为只有异常模式下有 SPSR 寄存器)。例如：

```
MRS R1, CPSR  ;读取 CPSR 状态寄存器，保存到 R1 中
MRS R2, SPSR  ;读取 SPSR 状态寄存器，保存到 R2 中
```

通过 MRS 指令可以取得状态寄存器里的值，然后比较其模式位 M[4:0]的值判断当前所处模式，也可以比较其他相应位了解 CPU 当前的状态。

同样，在 ARM 处理器中，只有 MSR 指令可以对状态寄存器 CPSR 和 SPSR 进行写操作。与 MRS 配合使用，可以实现对 CPSR 或 SPSR 寄存器的读—修改—写操作，也可以切换处理器模式或者允许/禁止 IRQ/FIQ 中断等。

由于 XPSR 寄存器代表 CPU 的状态，其每个位有特殊意义，在对 XPSR 状态寄存器

写入时(读取时不存在该用法)，为了防止误操作和方便记忆，将 XPSR 中的 32 位分成 4 个区域，每个区域用小写字母表示：

  c——控制域屏蔽 psr[7:0]；
  x——扩展域屏蔽 psr[15:8]；
  s——状态域屏蔽 psr[23:16]；
  f——标志域屏蔽 psr[31:24]。

需要注意的是，区域名必须为小写字母。

向对应区域执行写入时，使用 xPSR_x 可以指定写入区域，而不影响状态寄存器的其他位，如 IRQ 中断使能和屏蔽：

```
ENABLE_IRQ
    MRS R0, CPSR              ;将 CPSR 寄存器内容读出到 R0
    BIC R0, R0, #0x80         ;清掉 CPSR 中的 I 控制位
    MSR CPSR_c, R0            ;将修改后的值写回 CPSR 的对应控制域
    MOV PC, LR                ;返回上一层函数
DISABLE_IRQ
    MRS R0, CPSR              ;将 CPSR 的内容读出到 R0
    ORR R0, R0, #0x80         ;设置 CPSR 中的 I 控制位
    MSR CPSR_c, R0            ;将修改后的值写回 CPSR 的对应控制域
    MOV PC, LR                ;返回上一层函数
```

3) 保留位(reserved)

PSR 中的其余位为保留位，当改变 PSR 中的条件码标志位或者控制位时，不要改变保留位，在程序中也不要使用保留位来存储数据，保留位将用于 ARM 版本的扩展。

2.1.4 ARM 体系的异常处理

1. ARM 异常处理概述

当正常的程序执行流程发生暂停时，称为异常，即异常是中止指令正常执行的任何情形。ARM 有 7 种异常，包括复位、未定义的指令、软件中断(SWI)、指令预取中止、数据访问中止、IRQ 和 FIQ。异常处理(exception handler)就是处理异常情况的方法，大多数异常都对应一个软件的异常处理程序，即一个在异常发生时执行的软件程序。在处理异常之前，ARM 内核要保存当前的处理器状态，当处理程序结束时可以恢复执行原来的程序。

中断是由 ARM 外设引起的一种特殊的异常。IRQ 异常用于通常的操作系统事务处理，FIQ 异常一般为单独的中断源保留。IRQ 可以被 FIQ 所中断，但 IRQ 不能中断 FIQ。FIQ 不能调用软件中断(SWI)，并且必须禁用中断。

下面分别介绍 ARM 的 7 种系统异常。

复位(reset)：当处理器的复位引脚有效时，系统产生复位异常，程序跳转到复位异常处理程序处执行。复位异常通常用于两种情况：①系统加电时；②系统复位时。

未定义的指令(undefined instruction)：当 ARM 处理器或者系统中的协处理器认为当前指令未定义时，产生未定义指令异常，可以通过该异常机制仿真浮点向量的运算。

软件中断(soft interrupt)：这是由用户定义的中断指令，可用于用户模式下的程序调试特权操作指令，在实际的操作中可以通过该机制实现系统功能的调用。

指令预取中止(prefech abort)：如果处理器预取的指令地址不存在，或者该地址不允许当前指令访问，则处理器产生指令预取中止异常。

数据访问中止(data abort)：如果数据访问指令的目标地址不存在，或者该地址不允许当前指令访问，处理器产生数据访问中止。

IRQ：当处理器的外部中断请求引脚有效，而且 CPSR 的 I 控制位被清除时，处理器产生 IRQ 异常。系统中外设通常通过该异常中断请求处理器服务。

FIQ：当处理器外部快速中断请求引脚有效，而且 CPSR 寄存器的 F 控制位被清除时，处理器产生外部中断请求异常中断。

2. ARM 异常和处理器模式

对于 ARM 核，每种异常都有对应的 ARM 处理器模式，当异常发生时，ARM 处理器就切换到相应的异常模式，并调用异常处理程序进行处理。每个处理器模式都有一组各自的分组寄存器，处理器模式决定了哪些寄存器是活动的以及对 CPSR 的完全读/写访问。在此需要说明，通过编程改变 CPSR，可以进入任何 ARM 处理器模式，而在用户模式和系统模式下不能通过异常进入，只能修改 CPSR 来实现。异常引起处理器工作模式的变化，二者的关系如图 2-9 所示。

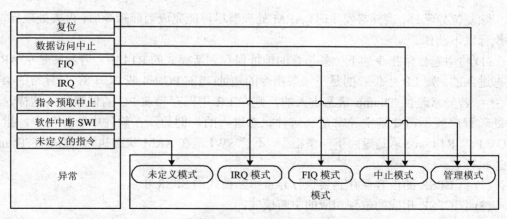

图 2-9 异常和工作模式

3. 异常向量表

异常是异步发生的事件，当该事件发生时，系统将停止目前正在执行的代码，转而执行事件响应的服务程序，而事件服务程序的入口点就是异常向量所在的位置。ARM 的异常向量通常是以 0x00000000 开始的低地址向量，如表 2-12 所示。

表 2-12 异常中断的中断向量地址以及中断的处理优先级

中断向量地址	异常中断模式	异常中断类型	优先级(6 最低)
0x00000000	复位	管理模式(SVC)	1
0x00000004	未定义的指令	未定义模式	6
0x00000008	软件中断	管理模式(SVC)	6
0x0000000C	指令预取中止	中止模式	5
0x00000010	数据访问中止	中止模式	2
0x00000014	保留	未使用	未使用
0x00000018	IRQ	IRQ 模式	4
0x0000001C	FIQ	FIQ 模式	3

每种异常都有各自的异常处理,异常处理存放在异常向量表(vector table)中,由于向量表比较小,异常处理里通常通过一个跳转语句跳转到实际的异常服务程序中。之所以是跳转语句,是因为这几种异常处理的间隔只有 4B 的地址差,即存放一条 32 位的指令,通常一条指令处理不完异常服务程序,所以放一条跳转语句在那里,通过跳转语句跳转到实际的异常服务程序。

同时由于 FIQ 是向量表里面的最后异常,如果向量表后面没有其他内容,FIQ 的异常处理可以不用跳转,将 FIQ 服务程序直接放在地址 0x0000001C 的开始。

4. 异常的响应过程

除复位异常外,当异常发生时,ARM 处理器尽可能完成当前指令后,再去处理异常,并执行以下动作。

(1) 将引起异常指令的下一条指令的地址保存到新模式的 R14 中。若异常是从 ARM 状态进入的,则 LR 中保存的是下一条指令的地址(当前 PC+4 或 PC+8,与异常的类型有关);若异常是从 Thumb 状态进入的,则在 LR 中保存当前 PC 的偏移量,这样,异常处理程序就不需要确定异常是从何种状态进入的。例如,在软件中断异常中,指令 MOV PC, R14_svc 总是返回下一条指令,不管 SWI 是在 ARM 状态执行,还是在 Thumb 状态执行。

(2) 将 CPSR 的内容保存到要执行异常中断模式的 SPSR 中。

(3) 置 CPSR 相应的位到相应的中断模式。

(4) 通过设置 CPSR 的第 7 位来禁止 IRQ。如果异常为快速中断和复位,则还要设置 CPSR 的第 6 位来禁止快速中断。

(5) 给 PC 强制赋向量地址值。

上面的异常处理操作都是由 ARM 核硬件逻辑自动完成的,PC 总是跳转到相应的固定地址。如果异常发生时处理器处于 Thumb 状态,则当异常向量地址加载入 PC 时,处理器自动切换到 ARM 状态,在异常处理返回时,自动切换到 Thumb 状态。

5. 异常处理返回

异常处理完毕后，ARM 微处理器会执行以下操作从异常返回。
(1) 将所有修改过的用户寄存器从处理程序的保护栈中恢复。
(2) 将 SPSR 复制回 CPSR 中，将 LR 的值减去相应的偏移量后送到 PC 中。
(3) 若在进入异常处理时设置了中断禁止位，要在此清除。

需要注意的是，复位异常处理程序不需要返回。

6. 异常处理例程

由于异常处理程序中需要用到通用寄存器，所以进入异常时，应该保存要使用的寄存器，保存方法是将其压入本异常模式下的堆栈，异常处理完毕后返回时，从堆栈中恢复通用寄存器的值。

异常服务程序应首先保护中断现场(将相关寄存器压入堆栈)，并判断中断源以执行相应的服务子程序，完成后恢复中断现场并返回。典型的异常处理例程框架如下(以 IRQ 和 FIQ 为例)：

```
SUBS LR, LR, #4           ;事先修正返回地址
STMFD SP!, {reglist, LR}  ;保护现场
...                       ;异常处理程序主体
LDMFD SP!, {reglist, PC}^ ;恢复现场,(^表示将SPSR恢复到CPSR),并将LR出栈送
                           PC 返回
```

需要注意的是，各种处理器异常对返回地址的修正是不一样的。因此，ARM 处理器核心所能处理的就是异常向量表中的 7 种异常。而在一个具体的 ARM 芯片中，通常会有多个 FIQ/IRQ 中断源，还会提供一个中断控制器对这些中断源进行集中管理，因此，上面的 FIQ/IRQ 异常处理例程可以作为一个顶层服务程序，在程序主体中对中断源进行判决，跳转到相应的服务子程序。

2.2 三星 S3C2440A 微处理器

半导体厂商固然可以购买 ARM 公司的设计而直接生产 ARM 处理器芯片，但更好的方法是以 ARM 处理器为核心，在同一块芯片上配上自己开发的外围模块，形成面向特定应用和市场的专用芯片，甚至片上系统 SoC(system on a chip)。这样，作为专用处理器/控制器芯片的生产商既可以减少开发中的风险，又可以大大缩短开发周期，降低成本。

S3C2440A 就是著名的半导体公司三星推出的一款采用 ARM920T 内核的 16/32 位 RISC 微处理器，其结构如图 2-10 所示，采用了 0.13μm 的 CMOS 标准宏单元和存储器单元以及新的 AMBA(advanced micro-controller bus architecture)总线架构，为手持设备和一般类型的应用提供低价格、低功耗、高性能微控制器的解决方案。

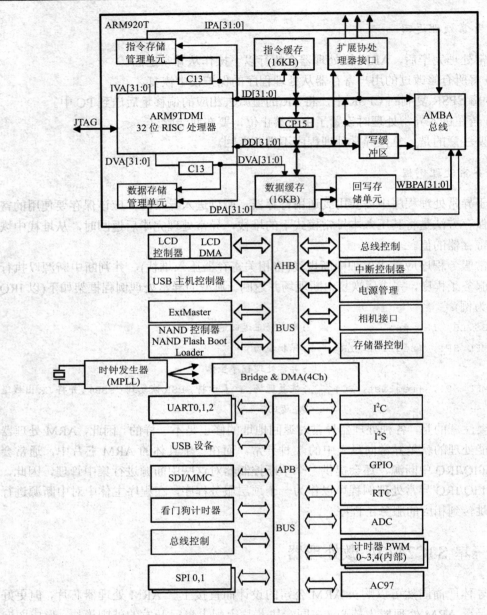

图 2-10 S3C2440A 结构框图

2.2.1 S3C2440A 微处理器简介

1. S3C2440A 集成的片上功能

(1) 1.2V 内核供电，1.8V/2.5V/3.3V 存储器供电，3.3V 外部 I/O 供电，具备 16KB 的 I-Cache 和 16KB D-Cache。

(2) 外部存储控制器(SDRAM 控制和片选逻辑)。

(3) LCD 控制器(最大支持 4K 色 STN 和 256K 色 TFT)提供 1 通道 LCD 专用 DMA。

(4) 4 通道 DMA，并有外部请求引脚。

(5) 3 通道 UART(IrDA1.0，64B Tx FIFO 和 64B Rx FIFO)。

(6) 2 通道 SPI。

(7) 1 通道 I^2C-BUS 接口(多主支持)。

(8) 1 通道 I^2S-BUS 音频编/解码器接口。

(9) AC'97 解码器接口。

(10) 兼容 SD 主接口协议 1.0 版和 MMC 卡协议 2.11 版。

(11) 2 端口 USB 主机/1 端口 USB 设备(1.1 版)。

(12) 4 通道 PWM 定时器和 1 通道内部定时器/看门狗定时器。

(13) 8 通道 10bit ADC 和触摸屏接口。

(14) 具有日历功能的 RTC。

(15) 相机接口(最大 4096 像素×4096 像素)。

(16) 130 个通用 I/O 口和 24 通道外部中断源。

(17) 具有普通、慢速、空闲和掉电模式。

(18) 具有 PLL 片上时钟发生器。

2. S3C2440A 微处理器体系结构特征

(1) 为手持设备和通用嵌入式应用提供片上系统解决方案。

(2) 16/32 位 RISC 体系结构和 ARM920T 内核指令集。

(3) 加强的 ARM 体系结构 MMU 用于支持 WinCE、Symbian EPOC32 和 Linux。

(4) 采用 I-Cache、D-Cache、写缓冲器和物理地址 TAG RAM，以减少主存带宽和响应速度带来的影响。

(5) 采用 ARM920T CPU 内核支持 ARM 调试体系结构。

(6) 内部高级微控制总线(AMBA)体系结构(AMBA2.0，AHB/APB)。

3. S3C2440A 系统管理器

(1) 支持大/小端方式。

(2) 支持高速总线模式和异步总线模式。

(3) 8 个存储器内部逻辑存储库，其中 6 个适用于 ROM/SRAM 及其他，另外 2 个适用于 ROM/SRAM 和同步 DRAM。

(4) 寻址空间为每个内部逻辑存储库 128MB(总共 1GB)。

(5) 支持可编程的每个内部逻辑存储库 8 位/16 位/32 位数据总线带宽。

(6) bank0~bank6 都采用固定的 bank 起始寻址。

(7) bank7 具有可编程的内部逻辑存储库的起始地址和大小。

(8) 所有的存储器的内部逻辑存储库都具有可编程的操作周期。

(9) 支持外部等待信号延长总线周期。

(10) 支持掉电时的 SDRAM 自刷新模式。

(11) 支持各种型号的 ROM 引导(NOR/NAND Flash、EEPROM 或其他)。

4. S3C2440A NAND Flash 启动引导

(1) 支持从 NAND Flash 存储器的启动。
(2) 采用 4KB 内部缓冲器进行启动引导。
(3) 支持启动之后 NAND 存储器仍然作为外部存储器使用。
(4) 支持先进的 NAND Flash。

5. S3C2440A 高速缓存

(1) 采用 I-Cache(16KB)和 D-Cache(16KB)。
(2) 每行 8 字长度，其中每行带有一个有效位和两个脏位。
(3) 伪随机数或轮转循环替换算法。
(4) 采用写通式(write-through)或写回式(write-back)高速缓存来更新主存储器。
(5) 写缓冲器可以保存 16 个字的数据和 4 个地址。

6. S3C2440A 时钟和电源管理

(1) 片上主锁相环(MPLL)和 USB 锁相环(UPLL)：采用 UPLL 产生操作 USB 主机/设备的时钟；MPLL 产生最大 400MHz、1.3V 操作 MCU 所需要的时钟。
(2) 通过软件可以有选择性地为每个功能模块提供时钟。
(3) 电源模式主要包括正常、慢速、空闲和掉电四种模式。
正常模式：正常运行模式。
慢速模式：不加 PLL 的低时钟频率模式。
空闲模式：只停止 CPU 的时钟。
掉电模式：所有外设和内核的电源都切断。
(4) 可以通过 EINT0~EINT15 或 RTC 报警中断来从掉电模式唤醒处理器。

7. S3C2440A 中断控制器

(1) 60 个中断源(1 个看门狗定时器、5 个定时器、9 个通用异步收发器(UART)、24 个外部中断、4 个 DMA、2 个 RTC、2 个 ADC、1 个 I^2C、2 个 SPI、1 个 SDI、2 个 USB、1 个 LCD 和 1 个电池故障、1 个 NAND、2 个相机、1 个 AC97 音频等)。
(2) 电平/边沿触发模式的外部中断源。
(3) 可编程的边沿/电平触发极性。
(4) 可为紧急中断请求提供快速中断服务。

8. S3C2440A PWM 定时器

(1) 4 通道 16 位具有脉冲宽度调制(PWM)功能的定时器、1 通道 16 位内部定时器可基于 DMA 或中断工作。
(2) 可编程的占空比周期、频率和极性。

(3) 能产生死区。
(4) 支持外部时钟源。

9. S3C2440A RTC

(1) 全面的时钟特性：秒、分、时、日期、星期、月和年。
(2) 32.768kHz 工作频率。
(3) 具有报警中断。
(4) 具有节拍中断。

10. S3C2440A GPIO

S3C2440A GPIO 具有 24 个外部中断端口和 130 个多功能 I/O 端口。

11. S3C2440A DMA 控制器

(1) 4 通道的 DMA 控制器。
(2) 支持存储器到存储器、I/O 端口到存储器、存储器到 I/O 端口、I/O 端口到 I/O 端口的传输。
(3) 采用触发传输模式来加快传输速率。

12. S3C2440A LCD 控制器

(1) 支持 3 种类型的 STN LCD 显示屏：4 位双扫描、4 位单扫描、8 位单扫描显示类型。
(2) 支持单色模式、4 级和 16 级灰度 STN LCD、256 色和 4096 色 STN LCD。
(3) 支持多种不同尺寸的液晶屏，LCD 实际尺寸的典型值是 640 像素×480 像素、320 像素×240 像素、160 像素×160 像素及其他。最大虚拟屏幕大小是 4MB，256 色模式下支持的最大虚拟屏是 4096 像素×1024 像素、2048 像素×2048 像素、1024 像素×4096 像素等。
(4) 支持彩色薄膜场效应晶体管(TFT)的 1bbp、2bbp、4bbp 或 8bbp 调色显示。
(5) 支持 16bbp、24bbp 无调色真彩显示 TFT。
(6) 在 24bbp 模式下支持最大 16M 色 TFT。

13. S3C2440A 串行异步收发器

(1) 3 通道串行异步收发器，可以基于 DMA 模式或中断模式工作。
(2) 支持 5 位、6 位、7 位或者 8 位串行数据的发送/接收。
(3) 支持外部时钟作为串行异步收发器的运行时钟(UEXTCLK)。
(4) 可编程的波特率。
(5) 支持 IrDA1.0。
(6) 具有测试用的还回模式。
(7) 每个通道都具有内部 64B 的发送 FIFO 和 64B 的接收 FIFO。

14. S3C2440A A/D 转换和触摸屏接口

(1) 8 通道多路复用模数转换器。
(2) 最大 500ksps/10 位的精度。
(3) 专用四线电阻触摸屏接口。

15. S3C2440A 看门狗定时器

S3C2440A 看门狗定时器是 16 位看门狗定时器，在定时器溢出时发出中断请求或系统复位。

16. S3C2440A I^{2}C 总线接口

S3C2440A 采用 1 通道多主机 I^{2}C 总线，标准模式下的数据传输速率可达 100Kbit/s，快速模式下可达到 400Kbit/s。

17. S3C2440A I^{2}S 总线接口

(1) 1 通道音频 I^{2}S 总线接口，可基于 DMA 方式工作。
(2) 串行，每通道 8 位/16 位数据传输。
(3) 发送和接收具备 128B(64B+64B)FIFO。
(4) 支持 I^{2}S 格式和 MSB-justified 数据格式。

18. S3C2440A AC97 音频解码器接口

该接口支持 16 位采样，同时支持 1-ch 立体声 PCM 输入、1-ch 立体声 PCM 输出和 1-ch MIC 输入。

19. S3C2440A USB 主设备接口

S3C2440A 具有 2 个 USB 主设备接口，同时兼容 OHCI Rev1.0 标准和 USB1.1 标准。

20. S3C2440A USB 从设备接口

S3C2440A 具有 1 个 USB 从设备接口，具备 5 个终端接点，兼容 USB1.1 标准。

21. S3C2440A SD 接口

(1) 支持正常、中断和 DMA 数据传输模式(字节、半字节、文字传输)。
(2) DMA burst4 接入支持(只支持字传输)。
(3) 兼容 SD 存储卡协议 1.0。
(4) 兼容 SDIO 卡协议 1.0。
(5) 发送和接收具有 64B FIFO。
(6) 兼容 MMC 卡协议 2.11。

22. S3C2440A SPI

S3C2440A 兼容 2 通道 SPI 协议 2.11，可发送或接收具有 2×8 位的移位寄存器，且支持 DMA 和中断模式。

23. S3C2440A 摄像头接口

S3C2440A 支持 ITU-R BT 601/656 8-bit 模式，具有数字变焦(DZI)能力和极性可编程视频同步信号，最大值支持 4096 像素×4096 像素输入(支持 2048 像素×2048 像素输入缩放)且可进行镜头旋转(x 轴、y 轴和 180°旋转)。

2.2.2 DMA 控制器

计算机系统中常用的数据输入/输出方法有查询方式(包括无条件和条件传送方式)和中断方式，这些方式适用于 CPU 与慢速及中速外设之间的数据交换。当高速外设需要与系统内存或者在系统内存的不同区域之间进行大量数据的快速传送时，查询或者中断就在一定程度上限制了数据传送的速率。直接存储器存取(DMA)就是为解决这个问题而提出的，采用 DMA 方式，在一定时间段内，由 DMA 控制器取代 CPU，获得总线控制权，来实现内存与外设或者内存的不同区域之间大量数据的快速传送。

典型 DMA 控制器(DMAC)的数据传送工作过程如下。

(1) 外设向 DMAC 发出 DMA 传送请求。

(2) DMAC 通过连接到 CPU 的 HOLD 信号向 CPU 提出 DMA 请求。

(3) CPU 在完成当前总线操作后会立即对 DMA 请求作出响应。CPU 的响应包括两方面：一方面，CPU 将控制总线、数据总线和地址总线浮空，即放弃对这些总线的控制权；另一方面，CPU 将有效的 HLDA 信号加到 DMAC 上，以通知 DMAC CPU 其已经放弃了总线的控制权。

(4) CPU 将总线浮空即放弃了总线控制权后，由 DMAC 接管系统总线的控制权，并向外设送出 DMA 的应答信号。

(5) DMAC 送出地址信号和控制信号，实现外设与内存或内存之间大量数据的快速传送。

(6) DMAC 将规定的数据字节传送完之后，通过向 CPU 发 HOLD 信号，撤销对 CPU 的 DMA 请求。CPU 收到此信号，一方面使 HLDA 信号无效，另一方面又重新开始控制总线，实现正常的取指令、分析指令、执行指令的操作。

S3C2440A 支持位于系统总线和外设总线之间的 4 个通道的控制器，每个 DMA 控制器通道无限制地执行系统总线上的设备和外设总线上的设备之间的数据转移。换句话说，就是每个通道都操作以下 4 种情况。

(1) 源和目的设备都在系统总线上。

(2) 源设备在系统总线上，目的设备在外设总线上。

(3) 源设备在外设总线上，目的设备在系统总线上。

(4) 源设备和目的设备都在外设总线上。

要用好 S3C2440 的 DMA，关键是配置好它的源/目的寄存器以及必要的控制寄存器。每个 DMA 通道都有 9 个控制寄存器(4 个通道 DMA 控制器共计 36 个寄存器)。6 个寄存器用来控制 DMA 传输，其余 3 个监视 DMA 控制器的状态，这些寄存器分别为 DMA 初始源寄存器(DISRC)、DMA 初始源控制寄存器(DISRCC)、DMA 初始目的寄存器(DIDST)、DMA 初始目的控制寄存器(DIDSTC)、DMA 控制寄存器(DCON)、DMA 状态寄存器(DSAT)、DMA 当前源寄存器(DCSRC)、DMA 当前目的寄存器(DCDST)和 DMA 屏蔽触发寄存器(DMASKTRIG)。

DMA 初始源寄存器(DISRCn)用于设置 DMA 数据传输的源基址，如表 2-13 所示，而 DMA 初始目的寄存器(DIDSTn)用于设置 DMA 数据传输的目的基址，如表 2-14 所示。

表 2-13 DMA 初始源寄存器

寄存器	地址	读/写	说明	初值
DISRC0	0x4B000000	读/写	DMA0 初始源寄存器	0x00000000
DISRC1	0x4B000040	读/写	DMA1 初始源寄存器	0x00000000
DISRC2	0x4B000080	读/写	DMA2 初始源寄存器	0x00000000
DISRC3	0x4B0000C0	读/写	DMA3 初始源寄存器	0x00000000

DISRCn	位	说明	初值
S_ADDR	[30:0]	源数据传输基地址(起始地址)。当 CURR_SRC 值为 0，DMAACK 值为 1 时，这个位值被写为 CURR_SRC	0x00000000

表 2-14 DMA 初始目的寄存器

寄存器	地址	读/写	说明	初值
DIDST0	0x4B000008	读/写	DMA0 初始目的寄存器	0x00000000
DIDST1	0x4B000048	读/写	DMA1 初始目的寄存器	0x00000000
DIDST2	0x4B000088	读/写	DMA2 初始目的寄存器	0x00000000
DIDST3	0x4B0000B8	读/写	DMA3 初始目的寄存器	0x00000000

DIDSTn	位	说明	初值
D_ADDR	[30:0]	目标传输基地址(起始地址)。如果 CURR_DST 为 0，DMAACK 为 1，则这个位值被写为 CURR_SRC	0x00000000

DMA 初始源控制寄存器 DISRCCn 的第 1 位用于选择源的总线(系统总线 AHB 或外设总线 APB)，第 0 位用于设置源基址在数据传输过程中是递增还是固定不变，如表 2-15 所示。

表 2-15 DMA 初始源控制寄存器

寄存器	地址	读/写	说明	初值
DISRCC0	0x4B000004	读/写	DMA0 初始源控制寄存器	0x00000000
DISRCC1	0x48000044	读/写	DMA1 初始源控制寄存器	0x00000000
DISRCC2	0x48000084	读/写	DMA2 初始源控制寄存器	0x00000000
DISRCC3	0x480000C4	读/写	DMA3 初始源控制寄存器	0x00000000

DISRCCn	位	说明	初值
LOC	[1]	用来选择源位置 0 表示源在系统总线(AHB)上，1 表示源在外用设备总线(APB)上	0
INC	[0]	用来选择地址增量，0 表示增加，1 表示不变，如果为 0，在突发和单一传出模式传之后，地址随数据量增加；如果为 1，则地址在传输后不变(对于突发模式，地址在传输过程中增加，但是在传输结束后恢复到初始值)	0

DMA 初始目的控制寄存器 DIDSTCn 的低两位与寄存器 DISRCCn 相似，但它是用来设置目的基址的，而第 2 位用于设置是在传输完数据之后中断还是在自动重载后中断，如表 2-16 所示。

表 2-16 DMA 初始目的控制寄存器

寄存器	地址	读/写	说明	初值
DIDSTC0	0x4B00000C	读/写	DMA0 初始目的控制寄存器	0x00000000
DIDSTC1	0x4B00004C	读/写	DMA1 初始目的控制寄存器	0x00000000
DIDSTC2	0x4B00008C	读/写	DMA2 初始目的控制寄存器	0x00000000
DIDSTC3	0x4B0000CC	读/写	DMA3 初始目的控制寄存器	0x00000000

DIDSTCn	位	说明	初始状态
CHK_NT	[2]	在自动重装载被设置时选择中断发生的时间 0: TC 到达时发生中断 1: 自动重装载完成后发生中断	0
LOC	[1]	用来选择目标文件位置 0: 目标文件在系统总线（AHB）上 1: 目标文件在外部设备总线（APB）上	0
JNC	[0]	用来选择地址增量，其中，0 表示增加，1 表示不变。如果为 0，则在所有单一和突发模式之后，地址随数据列增加；如果为 1，则传输之后地址不变（对于突发模式，地址在传输过程中增加，但在传输之后恢复为原来的值）	0

DMA 控制寄存器 DCONn 用于控制数据的 DMA 传输，第 31 位用于设置传输协议是需求模式还是握手模式，第 30 位用于选择同步时钟是 PCLK 还是 HCLK，第 29 位用于设置 DMA 中断是否发生，第 28 位用于选择传输方式是单元传输还是突发传输，第 27 位用于选择服务模式是单步模式还是完全模式，第 24~26 位用于设置 DMA 的请求源，第 23 位用于设置 DMA 的源是软件还是硬件，第 22 位用于设置是否需要重载传输的目的地址和源基址，第 20 位和第 21 位用于设置数据传输的数据大小(字节、半字还是字)，低 20 位用于初始化传输数据的个数，如表 2-17 所示。通过读取 DMA 状态寄存器 DSTATn 的低 20 位可以获知当前的传输计数。

表 2-17 DMA 控制寄存器

寄存器	地址	读/写	说明	初值
DCON0	0x4B000010	读/写	DMA0 控制寄存器	0x00000000
DCON1	0x4B000050	读/写	DMA1 控制寄存器	0x00000000
DCON2	0x4B000090	读/写	DMA2 控制寄存器	0x00000000
DCON3	0x4B0000D0	读/写	DMA3 控制寄存器	0x00000000

DMA 屏蔽触发寄存器 DMASKTRIGn 的第 2 位可以终止当前 DMA 操作,第 1 位用于开启 DMA 通道,第 0 位则表示在软件请求模式下触发 DMA 通道,如表 2-18 所示。

表 2-18 DMA 屏蔽触发寄存器

寄存器	地址	读/写	说明	复位值
DMASKTRIG0	0x4B000020	读/写	DMA0 屏蔽触发寄存器	000
DMASKTRIG1	0x4B000060	读/写	DMA1 屏蔽触发寄存器	000
DMASKTRIG2	0x4B0000A0	读/写	DMA2 屏蔽触发寄存器	000
DMASKTRIG3	0x4B0000E0	读/写	DMA3 屏蔽触发寄存器	000

DMASKTRIGn	位	说明	初始状态
STOP	[2]	停止 DMA 操作 1:当前原子操作结束,DMA 马上停止,如果当前没有原子操作,DMA 立即停止,CURR_TC,CURR_SRC 和 CURR_DST 将被设置为 0 需要注意的是,由于可能发生当前原子操作,停止操作可能循环几次,操作的完成(实际停止时间)在引导位置与 off 操作同时被发现,这个停止是"实际停止"	0
ON_OFF	[1]	DMA 引导开关位 0:关闭 DMA(引导不理睬 DMA 请求) 1:DMA 引导开启和 DMA 请求是可以控制的。如果将 DCON[22]位于"不自动重启"和(或)DMASKTRIGn 的 STOP 位置于 STOP 状态,则这一位会自动关闭。当 DCON[22]位不自动启动时,ON_OFF 位在 CURR_TC 为 0 时变为 0。如果 STOP 是 1,则 ON_OFF 位在当前操作结束时马上变为 0	0
SW_TRIG	[0]	S/W 请求模式触发 DMA 1:向此控制器请求 DMA 动作,这个引导必须选择 S/W 请求模式,ON_OFF 位必须置 1(导通)。DMA 开始运行时,这一位自动清零	0

2.2.3 通用 I/O 口

通用输入/输出端口(general purpose I/O port,GPIO),其引脚可供编程使用。嵌入式系统中常常有数量众多但结构比较简单的外部设备,对这些设备的控制有时只需要一位控制信号就够了,即只需要开、关两种状态就够了,如灯亮与灯灭。对这些设备的控制使用传统的串行口和并行口都不合适,所以在微控制器芯片上一般都会提供一个通用可编程 I/O 端口。GPIO 与外围设备连接一般要通过光电隔离或其他隔离器件,直接相连一定要确认负载不能超过 4 个与非门,进行光电隔离不仅可保护微处理器,而且可进行电平转换,还可对某些信号进行分配。

S3C2440A 包含 130 个多功能输入/输出端口引脚,共分为 9 组。

端口 A(GPA):25 位输出端口。

端口 B(GPB):11 位输入/输出端口。

端口 C(GPC):16 位输入/输出端口。

端口 D(GPD):16 位输入/输出端口。

端口 E(GPE):16 位输入/输出端口。

端口 F(GPF):8 位输入/输出端口。

端口 G(GPG)：16 位输入/输出端口。
端口 H(GPH)：9 位输入/输出端口。
端口 J(GPJ)：13 位输入/输出端口。

每组 GPIO(GPA~GPJ)都可以通过 3 个寄存器来控制与访问，这 3 个寄存器分别为 GPxCON(GPIO 配置寄存器)、GPxDAT(GPIO 数据寄存器)和 GPxUP(上拉电阻控制寄存器)。其中，GPxCON 用于选择引脚功能，GPxDAT 用于读/写引脚数据，GPxUp 用于确定是否使用内部上拉电阻。需要注意的是，A 组只是输出端口，没有 GPAUP，即 A 组的 I/O 端口无上拉电阻选择功能。

1. GPxCON 寄存器

从寄存器的名字可以看出，GPxCON 寄存器属于配置(configure)寄存器，即选择 GPIO 的功能。其中 A 组 I/O 端口的 GPxCON(GPACON)比较特殊，GPACON 中每位对应一个引脚(共 23 个)。当某位设置为 0 时，相应引脚为输出引脚，此时可以对 GPADAT 寄存器进行写操作。反之，相应引脚为地址线或用于地址控制，此时 GPADAT 无用，如表 2-19 所示。

表 2-19　A 组 I/O 端口的配置寄存器

GPACON	位	说明
GPA24	[24]	保留
GPA23	[23]	保留
GPA22	[22]	0 表示输出，1 表示 nFCE
GPA21	[21]	0 表示输出，1 表示 nRSTOUT
GPA20	[20]	0 表示输出，1 表示 nFRE
GPA19	[19]	0 表示输出，1 表示 nFWE
GPA18	[18]	0 表示输出，1 表示 ALE
GPA17	[17]	0 表示输出，1 表示 CLE
GPA16	[16]	0 表示输出，1 表示 nGCS[5]
GPA15	[15]	0 表示输出，1 表示 nGCS[4]
GPA14	[14]	0 表示输出，1 表示 nGCS[3]
GPA13	[13]	0 表示输出，1 表示 nGCS[2]
GPA12	[12]	0 表示输出，1 表示 nGCS[1]
GPA11	[11]	0 表示输出，1 表示 ADDR26
GPA10	[10]	0 表示输出，1 表示 ADDR25
GPA9	[9]	0 表示输出，1 表示 ADDR24
GPA8	[8]	0 表示输出，1 表示 ADDR23
GPA7	[7]	0 表示输出，1 表示 ADDR22
GPA6	[6]	0 表示输出，1 表示 ADDR21
GPA5	[5]	0 表示输出，1 表示 ADDR20
GPA4	[4]	0 表示输出，1 表示 ADDR19
GPA3	[3]	0 表示输出，1 表示 ADDR18
GPA2	[2]	0 表示输出，1 表示 ADDR17
GPA1	[1]	0 表示输出，1 表示 ADDR16
GPA0	[0]	0 表示输出，1 表示 ADDR0

B 组~J 组的 I/O 端口在寄存器操作方面完全相同。GPxCON 中每两位控制一个引脚：00 表示输入，01 表示输出，10 表示特殊功能，11 保留不用。B 组 I/O 端口的配置寄存器(GPBCON)如表 2-20 所示。

表 2-20 B 组 I/O 端口的配置寄存器

GPBCON	位	说明
GPB10	[21:20]	00 表示输入，01 表示输出 10 表示 nXDREQ0，11 保留
GPB9	[19:18]	00 表示输入，01 表示输出 10 表示 nXDACK0，11 保留
GPB8	[17:16]	00 表示输入，01 表示输出 10 表示 nXDREQ1，11 保留
GPB7	[15:14]	00 表示输入，01 表示输出 10 表示 nXDACK1，11 保留
GPB6	[13:12]	00 表示输入，01 表示输出 10 表示 nXBREQ，11 保留
GPB5	[11:10]	00 表示输入，01 表示输出 10 表示 nXBACK，11 保留
GPB4	[9:8]	00 表示输入，01 表示输出 10 表示 TCLK[0]，11 保留
GPB3	[7:6]	00 表示输入，01 表示输出 10 表示 TOUT3，11 保留
GPB2	[5:4]	00 表示输入，01 表示输出 10 表示 TOUT2，11 保留
GPB1	[3:2]	00 表示输入，01 表示输出 10 表示 TOUT1，11 保留
GPB0	[1:0]	00 表示输入，01 表示输出 10 表示 TOUT0，11 保留

2. GPxDAT 寄存器

GPxDAT 寄存器用于读/写引脚，当引脚被设置为输入状态时，读此寄存器可知相应引脚电平状态是高还是低；当引脚被设为输出状态时，写此寄存器相应的位可令此引脚输出高电平或低电平。B 组 I/O 端口的数据寄存器如表 2-21 所示。

表 2-21 B 组 I/O 端口的数据寄存器

GPBDAT	位	说明
GPB[10:0]	[10:0]	当端口设置为输入端口时，对应位是接口状态；当端口设置为输出端口时，接口状态与相应位一样；当端口设置为功能引脚时，未知值将被读入

3. GPxUP 寄存器

由于引脚悬空比较容易受到外界的电磁干扰，所以通过一个电阻来将此引脚与高电平相连，让其固定在高电平，这样的电阻称为上拉电阻。GPxUP 用来设置相应引脚是否使用上拉电阻，某位为 1 时，相应引脚无内部上拉电阻；为 0 时相应的引脚使用内部上拉电阻。B 组 I/O 端口的上拉电阻控制寄存器(GPBUP)如表 2-22 所示。

表 2-22 B 组 I/O 端口的上拉电阻控制寄存器

GPBUP	位	说明
GPB[10:0]	[10:0]	0 表示附在相应端口的上拉功能是使能的，1 表示附在相应端口的上拉功能不是使能的

2.2.4 定时器

定时器一般用做精确延时处理，其基于 S3C2440A 的时钟系统来完成相应的功能。

1. S3C2440A 时钟系统

S3C2440A 系统内所使用的时钟通常都是外部时钟源(外部晶振)经过一定的处理得到的。由于外部时钟源的频率一般不能满足系统所需要的高频条件，所以往往需要锁相环(phase locked loop，PLL)进行倍频处理。在 S3C2440A 中，有两个不同的 PLL，一个是 MPLL，用于 CPU 及其他外围器件；另一个是 UPLL，用于 USB。

外部时钟源经过 MPLL 处理后能够得到 3 个不同的系统时钟：FCLK、HCLK 和 PCLK。其中 FCLK 是主频时钟，用于 ARM920T 内核；HCLK 用于 AHB 总线设备，如内存控制、中断控制、LCD 控制、DMA 以及 USB 主模块；PCLK 用于 APB 总线设备，如外围设备的看门狗、I²S、I²C、PWM、MMC 接口、ADC、UART、GPIO、RTC 以及 SPI。定时器所使用的时钟源就是 PCLK。这 3 个系统时钟有一定的比例关系，这种关系是通过时钟分频控制寄存器 CLKDIVN 中的 HDIVN 位和 PDIVN 位来控制的，如表 2-23 和表 2-24 所示。因此只要知道了 FCLK，再通过这两位的控制就能确定 HCLK 和 PCLK。

表 2-23 时钟分频控制寄存器 CLKDIVN

寄存器	地址	读/写	说明	复位值
CLKDIVN	0x4C000014	读/写	时钟分频控制寄存器	0x00000000

CLKDIVN	位	说明	初始状态
DIVNUPLL	[3]	UCLK 选择寄存器(UCLK 必须对 USB 提供 48MHz 的频率) 0: UCLK=UPLL_Clock 1: UCLK=UPLL_Clock/2 当 UPLL_Clock 设置为 48MHz 时，设置为 0 当 UPLL_Clock 设置为 96MHz 时，设置为 1	0
HDIVN	[2:1]	00: HCLK=FCLK/1 01: HCLK=FCLK/2 10: HCLK=FCLK/4, CAMDIVN[9]=0 HCLK=FCLK/8, CAMDIVN[9]=1 11: HCLK=FCLK/3, CAMDIVN[8]=0 HCLK=FCLK/6, CAMDIVN[8]=1	00
PDIVN	[0]	0: PCLK 与 HCLK/1 时钟相同 1: PCLK 与 HCLK/2 时钟相同	0

表 2-24 由 HDIVN 位和 PDIVN 位确定的分频比

HDIVN	PDIVN	HCLK3_HALF/ HCLK4_HALF	FCLK	HCLK	PCLK	分频比
0	0	—	FCLK	FCLK	FCLK	1:1:1 (其他)
0	1	—	FCLK	FCLK	FCLK/2	1:1:2
1	0	—	FCLK	FCLK/2	FCLK/2	1:2:2
1	1	—	FCLK	FCLK/2	FCLK/4	1:2:4
3	0	0/0	FCLK	FCLK/3	FCLK/3	1:3:3
3	1	0/0	FCLK	FCLK/3	FCLK/6	1:3:6

续表

HDIVN	PDIVN	HCLK3_HALF/ HCLK4_HALF	FCLK	HCLK	PCLK	分频比
3	0	1/0	FCLK	FCLK/6	FCLK/6	1:6:6
3	1	1/0	FCLK	FCLK/6	FCLK/12	1:6:12
2	0	0/0	FCLK	FCLK/4	FCLK/4	1:4:4
2	1	0/0	FCLK	FCLK|4	FCLK/8	1:4:8
2	0	0/1	FCLK	FCLK/8	FCLK/8	1:8:8
2	1	0/1	FCLK	FCLK/8	FCLK/16	1:8:16

FCLK 是如何得到的呢？S3C2440A 通过 3 个倍频因子 MDIV、PDIV 和 SDIV 来设置，设晶振频率(Fin)倍频为 MPLL，也就是 FCLK，即

$$MPLL=(2\times m\times Fin)/(p\times 2^s)$$

式中，m=(MDIV+8)，p=(PDIV+2)，s=SDIV，且 MDIV、PDIV、SDIV 三个参数是经过寄存器 MPLLCON 配置得到，如表 2-25 所示。

表 2-25 PLL 控制寄存器

寄存器	地址	读/写	说明	复位值
MPLLCON	0x4C000004	读/写	MPLL 配置寄存器	0x00096030
UPLLCON	0x4C000008	读/写	UPLL 配置寄存器	0x0004d030

PLLCON	位	说明	初始状态
MDIV	[19:12]	主分频控制	0x96/0x4d
PDIV	[9:4]	预分频控制	0x03/0x03
SDIV	[1:0]	快速分割器控制	0x0/0x0

所以，S3C2440A 时钟的产生过程总结如下：外部时钟源→通过寄存器 MPLLCON 得到 FCLK→通过寄存器 CLKDIVN 得到 HCLK 和 PCLK。

2. S3C2440A 定时器寄存器

S3C2440A 有 5 个 16 位的定时器。定时器 0、定时器 1、定时器 2、定时器 3 有脉宽调制(PWM)功能，定时器 4 有一个没有输出引脚的内部定时器，定时器 0 有一个死区生成器，可控制大电流设备。

定时器 0~定时器 3 各有 TCNTBn、TCNTn、TCMPBn、TCMPn、TCNTOn 五个寄存器，其中 TCNTn 和 TCMPn 是内部寄存器(16 位递减计数器)，没有对应的地址，通过读 TCNTOn 的值可以得到 TCNTn 的值。当定时器计数到 0 时，TCNTBn 和 TCMPBn 的值装入 TCNTn 和 TCMPn，如果中断使能，同时产生中断。在计数过程中，TCNTBn 和 TCMPBn 的值是不变的，变的是 TCNTn 的值。定时器 0~定时器 3 各有一个对应的输出引脚 TOUTn。

定时器 4 有 TCNTB4、TCNT4、TCNTO4 三个寄存器，其中 TCNT4 是内部寄存器，定时器 4 没有对应的输出引脚。

定时操作涉及的具体寄存器如下。

(1) 定时器配置寄存器 0 TCFG0(表 2-26)。TCFG0 配置两个 8 位预分频器,第 8~15 位决定定时器 2、定时器 3、定时器 4 的预标定器值,第 0~7 位决定定时器 0 和定时器 1 的预标定器值。此时,输出频率= PCLK/(分频器值+1)。

表 2-26 定时器配置寄存器 0

寄存器	地址	读/写	说明	复位值
TCFG0	0x51000000	读/写	配置 2 个 8 位预分频寄存器	0x00000000

TCFG0	位	说明	初始状态
预留	[31:24]		0x00
死区长度	[23:16]	这 8 位决定死区长度,死区长度的单位时间等于定时器 0 的单位时间	0x00
Prescaler1	[15:8]	这 8 位决定定时器 2、定时器 3、定时器 4 的预标定时器	0x00
Prescaler0	[7:0]	这 8 位决定定时器 0 和定时器 1 的预标定时器	0x00

(2) 定时器配置寄存器 1 TCFG1(表 2-27)。TCFG1 用于设置第二个分频,可以设置 5 种不同的分频信号(1/2、1/4、1/8、1/16 和 TCLK),可得到

$$定时器工作频率=PCLK/(分频器值+1)/(分配器值)$$

式中,分配器值为 2、4、8 或 16。

表 2-27 定时器配置寄存器 1

寄存器	地址	读/写	说明	复位值
TCFG1	0x51000004	读/写	5-MUX&DMA 模式选择寄存器	0x00000000

TCFG1	位	说明	初始状态
Reserved	[31:24]		00000000
DMA 模式	[23:20]	选择 DMA 相应通道 0000 表示全中断,0001 表示选择定时器 0 0010 表示选择定时器 1,0011 表示选择定时器 2 0100 表示选择定时器 3,0101 表示选择定时器 4 0110 保留	0000
MUX4	[19:16]	选择 PWM 的定时器 4 的多路器输入 0000=1/2, 0001=1/4, 0010=1/8, 0011=1/16, 01xx=External TCLK1	0000
MUX3	[15:12]	选择 PWM 的定时器 3 的多路器输入 0000=1/2, 0001=1/4, 0010=1/8 0011=1/16, 01xx=External_TCLK1	0000
MUX2	[11:8]	选择 PWM 的定时器 2 的多路器输入 0000=1/2, 0001=1/4, 0010=1/8 0011=1/16, 01xx=External_TCLK1	0000
MUX1	[7:4]	选择 PWM 的定时器 1 的多路器输入 0000=1/2, 0001=1/4, 0010=1/8 0011=1/16, 01xx=External_TCLK0	0000
MUX0	[3:0]	选择 PWM 的定时器 0 的多路器输入 0000=1/2, 0001=1/4, 0010=1/8 0011=1/16, 0lxx=External_TCLK0	0000

(3) 定时器控制寄存器 TCON(表 2-28)。TCON 用于设置定时器的自动重载功能是否开启，输出反相是否开启，手动更新设置，定时器的开启/停止。

表 2-28 定时器控制寄存器

寄存器	地址	读/写	说明	复位值
TCON	0x51000008	读/写	定时器控制寄存器	0x00000000

TCON	位	说明	初始状态
定时器 4 自动重装载开/关	[22]	决定定时器 4 自动重装载功能的开/关 0 表示关闭，1 表示自动重装载	0
定时器 4 手动更新	[21]	决定定时器 4 手动更新功能的开/关 0 表示关闭，1 表示更新 TCNTB4	0
定时器 4 启动/停止	[20]	决定定时器 4 的启动/停止 0 表示停止，1 表示启动	0
定时器 3 自动重装载开/关	[19]	决定定时器 3 自动重装载功能的开/关 0 表示关闭，1 表示自动重装载	0
定时器 3 输出变频器开/关	[18]	决定定时器 3 输出变频器的开/关 0 表示关闭，1 表示开启	0
定时器 3 手动更新	[17]	决定定时器 3 手动更新功能的开/关 0 表示关闭，1 表示更新 TCNTB3 和 TCMPB3	0
定时器 3 启动/停止	[16]	决定定时器 3 的启动/停止 0 表示停止，1 表示启动	0
定时器 2 自动重装载开/关	[15]	决定定时器 2 自动重装载功能的开/关 0 表示关闭，1 表示自动重装载	0
定时器 2 输出变频器开/关	[14]	决定定时器 2 输出变频器的开/关 0 表示关闭，1 表示开启 TOUT2	0
定时器 2 手动更新	[13]	决定定时器 2 手动更新功能的开/关 0 表示关闭，1 表示更新 TCNTB2 和 TCMPB2	0
定时器 2 启动/停止	[12]	决定定时器 2 的启动/停止 0 表示停止，1 表示启动	0
定时器 1 自动重装载开/关	[11]	决定定时器 1 自动重装载功能的开/关 0 表示关闭，1 表示自动重装载	0
定时器 1 输出变频器开/关	[10]	决定定时器 1 输出变频器的开/关 0 表示关闭，1 表示开启 TOUT1	0
定时器 1 手动更新	[9]	决定定时器 1 手动更新功能的开/关 0 表示关闭，1 表示更新 TCNTB1 和 TCMPB1	0
定时器 1 启动/停止	[8]	决定定时器 1 的启动/停止 0 表示停止，1 表示启动	0

(4) 定时器计数缓冲寄存器 TCNTBn(表 2-29)。TCNTBn 用于存储定时器初始计数值。当递减计数器减为 0 时，定时器中断请求生成，通知 CPU 定时器操作完成。此时相应的 TCNTBn 的值装载到递减计数器中继续下一个操作。若要重新装载，必须使能 TCON 中对应定时器的自动重载位。

(5) 定时器比较缓冲寄存器 TCMPBn(表 2-29)。设置一个被装载到比较寄存器中用来和递减计数器的值作比较的初始值。当递减计数器的值与比较寄存器中的值匹配时，定时器控制逻辑改变输出电平，该寄存器主要用于脉宽调制。

表 2-29 TCNTB0 和 TCMPB0

寄存器	地址	读/写	说明	复位值
TCNTB0	0x5100000C	读/写	定时器 0 计数缓冲存储器	0x00000000
TCMPB0	0x51000010	读/写	定时器 0 比较缓冲存储器	0x00000000

TCMPB0	位	说明	初始状态
定时器0比较缓冲存储器	[15:0]	设置定时器0比较缓存值	0x00000000

TCNTB0	位	说明	初始状态
定时器0计数缓冲存储器	[15:0]	设置定时器0计数缓存值	0x00000000

(6) 计数观察寄存器TCNTO*n*(表2-30)。该寄存器中的值代表当前递减计数器中的值，用于观察计数器的状态。

表2-30 TCNTO0计数观察寄存器

寄存器	地址	读/写	说明	复位值
TCNTO0	0x51000014	读	定时器0计数观察寄存器	0x00000000

TCNTO0	位	说明	初始状态
定时器0观察寄存器	[15:0]	设置定时器0计数观察值	0x00000000

3. S3C2440A 定时器操作

通过TCFG0和TCFG1两个寄存器可配置定时器的频率，即确定TCNTO*n*每递减一个数所需要的时间，它们之间是倒数关系，具体的计算公式为

$$定时器输出时钟频率 = PCLK/(分频器值+1)/(分配器值)$$

式中，分频器值由TCFG0决定，分配器值由TCFG1决定，而分频器值只能取0~255的整数，分配器值只能取2、4、8和16。例如，已知PCLK为50MHz，如果要得到某一定时器的输出时钟频率为25kHz，则依据公式可以使分频器值取249，分配器值取8。有了这个输出时钟频率，理论上通过设置寄存器TCNTB*n*就可以得到任意与0.04(1÷25000)ms成整数倍关系的时间间隔了。例如，想要得到1s的延时，则使TCNTB*n*为25000(1000÷0.04)即可。

S3C2440A的数据表里举了一个例子，很好地说明了定时器的工作过程，其结果如图2-11所示，操作过程如下。

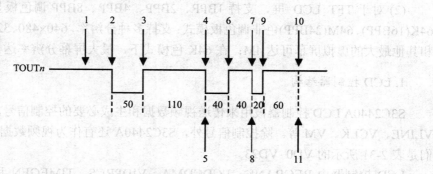

图2-11 定时器操作例程

(1) 使能自动装载功能，设 TCNTBn 为 160(50+110)，TCMPBn 为 110，置为手动更新标志，把 TCNTBn 和 TCMPBn 的值装入 TCNTn 和 TCMPn。TOUTn 翻转功能关闭，然后为下一次装载设置 TCNTBn 为 80(40+40)，TCMPBn 为 40。

(2) 使能定时器开始计时位，手动更新位清零，定时器开始向下计时。

(3) 当 TCNTn 的值和 TCMPn 的值相等时，TOUTn 从低变高。

(4) 当 TCNTn 等于 0 时，产生中断，TCNTBn、TCMPBn 重新装载进 TCNTn、TCMPn，这次的值分别是 80 和 40，TOUTn 从高变低。

(5) 在定时器中断程序中，TCNTBn 和 TCMPBn 的值设置为 80(20+60) 和 60，这是为下一次装载准备的。

(6) 当 TCNTn 的值和 TCMPn 相等时，TOUTn 从低变高。

(7) 当 TCNTn 等于 0 时，产生中断，TCNTBn、TCMPBn 重新装载进 TCNTn、TCMPn，这次的值分别是 80 和 60。

(8) 在定时器中断程序中，关闭定时器自动装载和中断功能。

(9) 当 TCNTn 的值和 TCMPn 相等时，TOUTn 从低变高。

(10) TCNTn 等于 0 时，TCNTn 不再装载，定时器停止计时。

如上所述，通过设置 TCNTBn 和 TCMPBn 很容易得到脉冲宽度调制(pulse width modulation，PWM)输出，前者调整频率(PCLK 经过预分频、分频之后除以(TCNTBn+1)即可得到输出频率)，后者调整占空比(当 TCNTB 的值和 TCMPB 的值相等时就会翻转)。

2.2.5 LCD 控制

在 S3C2440A 内部集成了 LCD 控制器，其逻辑功能是将 LCD 的图像数据从主存的视频缓冲区域传送到外部 LCD 设备。LCD 控制器使用基于时间的抖动算法(time-based dithering algorithm)和帧速率控制(frame rate control)方法。其支持的显示器特性如下。

(1) 对于 STN LCD，支持 3 种 LCD 显示模式，即 4 位双扫描、4 位单扫描、8 位单扫描；支持单色(1BPP)、4 级灰度(2BPP)、16 级灰度(4BPP)；支持 256 色和 4096 色的彩色 STN LCD 屏；支持多分辨率，640×480、320×240、160×160 的实际显示器和最大的虚拟屏幕可达 4M；在 256 色模式下，最大的虚拟屏幕分辨率为 4096×1024、2048×2048、1024×4096 和其他。

(2) 对于 TFT LCD 屏，支持 1BPP、2BPP、4BPP、8BPP 调色板显示模式；支持 64K(16BPP)、64M(24BPP)色非调色板模式；支持多种分辨率，640×480、320×240、160×160 和其他最大的虚拟屏幕可达 4M；在 64K 色模式下，最大屏幕分辨率达 2048×1024。

1. LCD 控制器结构

S3C2440A LCD 控制器被用来传送视频数据和生成必要的控制信号，如 VFRAME、VLINE、VCLK、VM 等。除控制信号外，S3C2440A 还有作为视频数据的数据端口，它们是表 2-31 所示的 VD0~VD23。

LCD 控制器由 REGBANK、LCDCDMA、VIDPRCS、TIMEGEN 和 LPC3600 等组成，如图 2-12 所示。

REGBANK 由 17 个可编程的寄存器组和一块 256×16 的调色板内存组成，它们用来配置 LCD 控制器。

表 2-31 外部接口信号

STN	TFT	SEC TFT (LTS350Q1-PD1/2)	SEC TFT (LTS350Q1-PE1/2)
VFRAME (帧同步信号)	VSYNC (垂直同步信号)	STV	STV
VLINE (线同步脉冲信号)	HSYNC (水平同步信号)	CPV	CPV
VCLK (像素时钟信号)	VCLK (像素时钟信号)	LCD_HCLK	LCD_HCLK
VD[23:0] (LCD 像素数据输出端口)	VD[23:0] (LCD 像素数据输出端口)	VD[23:0]	VD[23:0]
VM (LCD 驱动器的交流偏置信号)	VDEN (数据使能信号)	TP	TP
—	LEND (行结束信号)	STH	STH
LCD_PWREN	LCD_PWREN	LCD_PWREN	LCD_PWREN
—	—	LPC_OE	LCC_INV
—	—	LPC_REV	LCC_REV
—	—	LPC_REVB	LCC_REVB

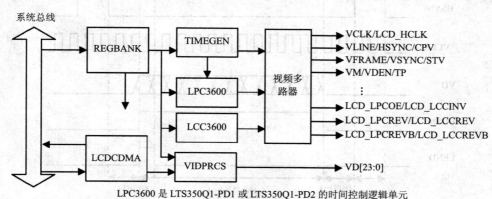

LPC3600 是 LTS350Q1-PD1 或 LTS350Q1-PD2 的时间控制逻辑单元
LCC3600 是 LTS350Q1-PE1 或 LTS350Q1-PE2 的时间控制逻辑单元

图 2-12 LCD 控制器结构图

LCDCDMA 是一个专用的 DMA，它能自动把帧内存中的视频数据传送到 LCD 驱动器。通过使用这个 DMA 通道，视频数据在不需要 CPU 干预的情况下显示在 LCD 上。其特点包括：具有专用中断功能(INT_FrSyn，INT_FiCnt)；将系统内存用做显存；支持多种虚拟显示屏(支持硬件的水平/垂直滚动)；采用可编程时序控制，用于不同的 LCD；支持大端/小端模式；支持两种 SEC TFT LCD 屏。

VIDPRCS 接收来自 LCDCDMA 的数据，将数据转换为合适的数据格式，如 4/8 位单扫、4 位双扫显示模式，然后通过数据端口 VD0~VD23 传送视频数据到 LCD 驱动器。

TIMEGEN 由可编程逻辑器件组成，支持不同的 LCD 驱动器接口时序和速率的需求。TIMEGEN 块可以产生 VFRAME、VLINE、VCLK、VM 等。

2. 控制器的使用

S3C2440A 具有 LCD 控制器，可以很方便地驱动各种 LCD。下面以 TFT LCD 为例说明 LCD 控制器的用法。S3C2440A 中 LCD 控制器的外部接口信号有 33 个，包括 24 个数据位和 9 个控制位，图 2-13 所示的 TFT 屏的工作时序图说明了这些数据控制位的作用。

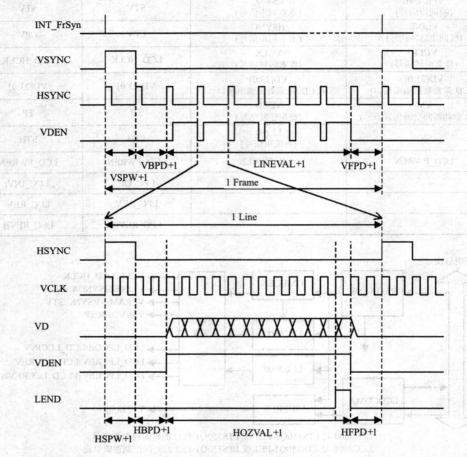

图 2-13 TFT LCD 工作时序图

在图 2-13 中，VSYNC 为帧同步信号，每发出一个脉冲表示新的一屏图像数据开始传输。帧的频率就是 VSYNC 的信号频率，帧频与 LCDCON1/2/3/4 寄存器中的 VSYNC、VBPD、VFPD、LINEVAL、HSYNC、HBPD、HFPD、HOZVAL 和 CLKVAL 的值有关。大多数 LCD 驱动器都需要合适的帧频。帧频的计算方法是

帧频 = $1/\{[(VSPW+1) + (VBPD+1) + (LIINEVAL + 1) + (VFPD+1)] \times [(HSPW+1) + (HBPD+1) + (HFPD+1) + (HOZVAL + 1)] \times [2 \times (CLKVAL+1) / (HCLK)]\}$

HSYNC 为行同步信号，每发出一个脉冲表示新的一行图像数据开始传输，其计算方法为

$HSF = VCLK \div [(HSPW+1) + (HSPD+1) + (HFPD+1) + (HOZVAL+1)]$

VSYNC 和 HSYNC 脉冲取决于 LCDCON3 寄存器中 HOZVAL 和 LINEVAL 的配置。HOZVAL 和 LINEVAL 的值由 LCD 的大小决定，且有

$$HOZVAL = (水平显示尺寸) - 1$$

$$LINEVAL = (垂直显示尺寸) - 1$$

VCLK 为像素同步信号，每发出一个脉冲表示新的一个点图像数据开始传输，其计算方法为

$$VCLK = HCLK \div [(CLKVAL + 1) \times 2]$$

HCLK 是外部时钟源经过 MPLL 处理后能够得到的一种系统时钟，VCLK 信号的速率取决于 LCDCON1 寄存器中的 CLKVAL 的配置，CLKVAL 的最小值是 0。

LCD 是一帧一帧(一个画面)显示的，每一帧里的显示又是从上到下一行一行的，每一行显示又是从左到右一个点一个点的。因此，VSYNC、HSYNC、VCLK 决定了它们的显示速度。

图 2-13 中的 VSPW、HSPW 等决定了相应脉冲的宽度，VBPD、HBPD 决定了延时时间。

以上介绍的参数的设置都是由 LCDCONn 决定的，具体功能可参阅 S3C2440A 数据手册。从具体的编程来说，需要设置的寄存器主要包括 LCD 控制寄存器 1(LCDCON1)、LCD 控制寄存器 2(LCDCON2)、LCD 控制寄存器 3(LCDCON3)、LCD 控制寄存器 4(LCDCON4)、LCD 控制寄存器 5(LCDCON5)、帧缓冲器开始地址 1 寄存器(LCDSADDR1)、帧缓冲器开始地址 2 寄存器(LCDSADDR2)和帧缓冲器开始地址 3 寄存器(LCDSADDR3)。

第 3 章 中断服务机制

中断是提高计算机工作效率、增强计算机功能的一项重要技术。在嵌入式系统中，尤其是在实时控制系统中灵活地应用中断不但可以节省大量的 CPU 资源，而且能够使程序更加简化，进而可使系统具有更高的实时性和稳定性。

3.1 中断的概念

所谓中断，是指 CPU 在正常运行程序时，由于内/外部事件或由程序预先安排的事件引起 CPU 中断正在运行的程序，而转到为内/外部事件或为预先安排的事件服务的中断程序中，服务完毕，再返回去执行被中断的程序。

使用中断机制后，当处理器发出设备请求后就可以立即返回以处理其他任务，而当设备完成动作后，发送中断信号给处理器，处理器就可以再回过头获取处理结果。这样，在设备进行处理的周期内，处理器可以执行其他有意义的工作，而只付出一些很小的切换上下文(context switch)所引发的时间代价。

事件产生的信号称为中断请求(interrupt request, IRQ)，按中断请求的来源可将其分为硬件中断和软件中断。硬件中断是由内/外部事件引起的，因此具有随机性和突发性，会导致处理器通过一个上下文切换来保存执行状态，通常体现为程序计数器和程序状态字等寄存器信息。软件中断是执行中断指令产生的，不是随机的，而是由程序安排好的，其作为 CPU 指令集中的一个指令，以可编程的方式直接指示上下文切换，并将处理导向一段中断处理代码。

从应用的角度来讲，中断也可进行如下分类。

(1) 可屏蔽中断(maskable interrupt)。可屏蔽中断是硬件中断的一类，可通过在中断屏蔽寄存器中设定位掩码来关闭中断响应。

(2) 非可屏蔽中断(non-maskable interrupt)。非可屏蔽中断也是硬件中断的一类，无法通过在中断屏蔽寄存器中设定位掩码来关闭中断响应。

(3) 处理器间中断(interprocessor interrupt)。处理器中断是由处理器发出的特殊硬件中断，被其他处理器接收，一般用于多处理器系统处理器间的通信或同步。

(4) 软件中断(software interrupt)。软件中断是一条 CPU 指令，用以自陷一个中断，常被用做实现系统调用。

(5) 伪中断(spurious interrupt)。伪中断是预期之外的硬件中断，如中断线路上电气信号异常，或是由于中断请求设备本身故障所产生的伪中断信号。

从中断对机器状态影响的角度，可将中断分为精确中断(precise interrupt)和非精确中断(imprecise interrupt)。如果一个中断使得机器处于一种确定状态，则称为精确中断，反之则称为非精确中断。精确中断须保证以下条件。

(1) 程序计数器的值被保存在已知位置。
(2) 程序计数器所指向的指令之前的所有指令已被执行完毕。
(3) 程序计数器所指向的指令之后的所有指令不可被执行。
(4) 程序计数器所指向的指令的执行状态已知。

中断尽管可以提高计算机的处理性能，但过于密集的中断请求/响应反而会影响系统性能，这类情形被称为中断风暴(interrupt storm)。

3.2　S3C2440 中断源

中断源信号通常可以按照硬件位置分为外部中断源和内部中断源。内部中断源是嵌入式系统主芯片内硬件产生的中断信号，如 DMA 控制器中断、UART 串口中断、时钟中断等。外部中断源是嵌入式系统在外部接口上挂载的一些外部设备产生的中断信号，如蓝牙模块、各种传感器、WiFi 无线通信模块等，这些硬件也要产生中断让 CPU 来处理数据，因此这些外设硬件通过中断信号线连接到中断控制器上，其产生的中断叫做外部中断信号，它们有着和内部中断一样的处理机制，只不过没有一个固定的中断号与之对应。

S3C2440 支持 60 种中断源，如表 3-1 和表 3-2 所示，其中可以支持的外部中断为 EINT0~EINT23 共 24 种。外设硬件与嵌入式系统的连接方式与中断处理完全由系统硬件与软件设计实现，通常情况下，外设硬件根据自己的需要连接到 S3C2440 输入/输出端口 GPIO 上，连接线包括外部中断信号线、时钟、输入/输出信号线等。在工作的时候，外设硬件会通过外部中断信号线送出中断信号，从而传递到 S3C2440 的中断控制器。

表 3-1　S3C2440 中断源

源	说明	仲裁组
INT_ADC	ADC EOC 和接触中断 (INT_ADC-SIINT-TC)	ARB5
INT_RTC	RTC 报警中断	ARB5
INT_SPI1	SPI1 中断	ARB5
INT_UART0	UART0 中断 (ERR, RXD, TXD)	ARB5
INT_IIC	IIC 中断	ARB4
INT_USBH	USB 主机中断	ARB4
INT_USBD	USB 设备中断	ARB4
INT_NFCON	NAND Flash 控制中断	ARB4
INT_UART1	UART1 中断 (ERR, RXD, TXD)	ARB4
INT_SPI0	SPI0 中断	ARB4
INT_SDI	SDI 中断	ARB3
INT_DMA3	DMA 通道 3 中断	ARB3
INT_DMA2	DMA 通道 2 中断	ARB3
INT_DMA1	DMA 通道 1 中断	ARB3

续表

源	说明	仲裁组
INT_DMA0	DMA 通道 0 中断	ARB3
INT_LCD	LCD 中断(INT-FrSyn,INT-FiCnt)	ARB3
INT_UART2	UART2 中断(ERR, RXD, TXD)	ARB2
INT_TIMER4	定时器 4 中断	ARB2
INT_TIMER3	定时器 3 中断	ARB2
INT_TIMER2	定时器 2 中断	ARB2
INT_TIMER1	定时器 1 中断	ARB2
INT_TIMER0	定时器 0 中断	ARB2
INT_WDT_AC97	看门狗中断(INT_WDT, INT_AC97)	ARB1
INT_TICK	RTC 时间滴答中断	ARB1
nBATT_FLT	电池故障中断	ARB1
INT_CAM	相机中断(INT-CAM-C, INT-CAM-P)	ARB1
EINT8_23	外部中断 8~23	ARB1
EINT4_7	外部中断 4~7	ARB1
EINT3	外部中断 3	ARB0
EINT2	外部中断 2	ARB0
EINT1	外部中断 1	ARB0
EINT0	外部中断 0	ARB0

表 3-2　S3C2440 子中断源

子源	说明	源
INT_AC97	AC97 中断	INT_WDT_AC97
INT_WDT	看门狗中断	INT_WDT_AC97
INT_CAM_P	P 相机接口的端口中断捕获	INT_CAM
INT_CAM_C	C 相机接口的端口中断捕获	INT_CAM
INT_ADC_S	ADC 中断	INT_ADC
INT_TC	触屏中断	INT_ADC
INT_ERR2	UART2 错误中断	INT_UART2
INT_TXD2	UART2 传输中断	INT_UART2
INT_RXD2	UART2 接收中断	INT_UART2
INT_ERR1	UART1 错误中断	INT_UART1
INT_TXD1	UART1 传输中断	INT_UART1
INT_RXD1	UART1 接收中断	INT_UART1
INT_ERR0	UART0 错误中断	INT_UART0
INT_TXD0	UART0 传输中断	INT_UART0
INT_RXD0	UART0 接收中断	INT_UART0

S3C2440 按层级的方式对 60 种中断源进行管理。如图 3-1 所示，S3C2440 将中断源分为中断源和子中断源两级，中断源中包含单一中断源和复合中断源，复合中断源是子

中断源的复合信号,如实时时钟中断(RTC interrupt),该硬件只会产生一种中断,它是单一中断源,直接将其中断信号线连接到中断源寄存器上。

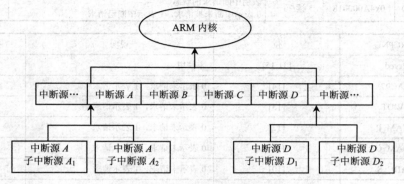

图 3-1 中断源信号复合示意图

对于复合中断源,以图 3-2 的 UART 串口为例,S3C2440 可以支持 3 个 UART 串口,每个串口对应一个表 3-1 中的复合中断源信号 INT_UARTn,每个串口可以产生 3 种中断,也就是表 3-2 中的 3 个子中断——接收数据中断 INT_RXDn,发送数据中断 INT_TXDn,数据错误中断 INT_ERRn,这 3 个子中断信号在中断源寄存器复合为一个中断信号,3 种中断任何一个产生都会将中断信号传递给对应的中断源 INT_UARTn,然后通过中断信号线传递给 ARM 内核。

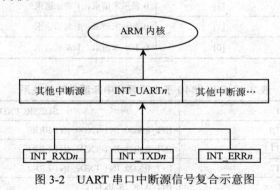

图 3-2 UART 串口中断源信号复合示意图

3.3 S3C2440 中断寄存器

要启用 S3C2440 的中断操作,需要用到以下寄存器。

1. 子中断源待决寄存器

子中断源待决寄存器(SUBSRCPND)用 15 位来标识保存各个子中断源信号,如表 3-3 所示,表 3-4 给出了子中断源和中断源的映射关系。当某个子中断信号产生后,SUBSRCPND 对应位被自动置 1,该位会一直保持被置位,直到中断处理程序将其清除。需要注意的是,清除中断是通过向对应位写入 1 来实现的,而不是写入 0,因为写入 0 无效。

表 3-3 子中断源待决寄存器

寄存器	地址	读/写	说明	复位值
SUBSRCPND	0x4A000018	读/写	表明中断请求的状态 0 表示中断未被请求，1 表示中断已请求	0x00000000

SUBSRCPND	位	说明	初始状态
Reserved	[31:15]	未使用	0
INT_AC97	[14]	0 表示未请求，1 表示请求	0
INT_WDT	[13]	0 表示未请求，1 表示请求	0
INT_CAM_P	[12]	0 表示未请求，1 表示请求	0
INT_CAM_C	[11]	0 表示未请求，1 表示请求	0
INT_ADC_S	[10]	0 表示未请求，1 表示请求	0
INT_TC	[9]	0 表示未请求，1 表示请求	0
INT_ERR2	[8]	0 表示未请求，1 表示请求	0
INT_TXD2	[7]	0 表示未请求，1 表示请求	0
INT_RXD2	[6]	0 表示未请求，1 表示请求	0
INT_ERR1	[5]	0 表示未请求，1 表示请求	0
INT_TXD1	[4]	0 表示未请求，1 表示请求	0
INT_RXD1	[3]	0 表示未请求，1 表示请求	0
INT_ERR0	[2]	0 表示未请求，1 表示请求	0
INT_TXD0	[1]	0 表示未请求，1 表示请求	0
INT_RXD0	[0]	0 表示未请求，1 表示请求	0

表 3-4 S3C2440 子中断源和中断源的映射关系

SRCPND	SUBSRCPND
INT_UART0	INT_RXD0, INT-TXD0, INT-ERR0
INT_UART1	INT_RXD1, INT-TXD1, INT-ERR1
INT_UART2	INT_RXD2, INT-TXD2, INT-ERR2
INT_ADC	INT_ADC_S, INT-TC
INT_CAM	INT_CAM_C, INT_CAM_P
INT_WDT_AC97	INT_WDT, INT-AC97

2. 子中断屏蔽寄存器

子中断屏蔽寄存器(INTSUBMSK)有 15 位，如表 3-5 所示，和子中断源待决寄存器相对应，每位和一个中断源相关。如果某位被置 1，则 CPU 不会响应相应中断源的中断请求，但此时的 SUBSRCPND 相应位还是会被置 1。如果屏蔽位为 0，则中断请求可以被响应。

该寄存器默认值为全部子中断都被屏蔽，因此要想处理某个硬件中断，必须打开对应的中断屏蔽位，通过写入 0 来取消屏蔽中断。

表 3-5 子中断屏蔽寄存器

寄存器	地址	读/写	说明	复位值
INTSUBMSK	0x4A00001C	读/写	决定屏蔽哪个中断源,被屏蔽的中断源将不会服务 0 表示中断服务可用,1 表示屏蔽中断服务	0xFFFF

INTSUBMSK	位	说明	初始状态
Reserved	[31:15]	未使用	0
INT_AC97	[14]	0 表示可服务,1 表示屏蔽	1
INT_WDT	[13]	0 表示可服务,1 表示屏蔽	1
INT_CAM_P	[12]	0 表示可服务,1 表示屏蔽	1
INT_CAM_C	[11]	0 表示可服务,1 表示屏蔽	1
INT_ADC_S	[10]	0 表示可服务,1 表示屏蔽	1
INT_TC	[9]	0 表示可服务,1 表示屏蔽	1
INT_ERR2	[8]	0 表示可服务,1 表示屏蔽	1
INT_TXD2	[7]	0 表示可服务,1 表示屏蔽	1
INT_RXD2	[6]	0 表示可服务,1 表示屏蔽	1
INT_ERR1	[5]	0 表示可服务,1 表示屏蔽	1
INT_TXD1	[4]	0 表示可服务,1 表示屏蔽	1
INT_RXD1	[3]	0 表示可服务,1 表示屏蔽	1
INT_ERR0	[2]	0 表示可服务,1 表示屏蔽	1
INT_TXD0	[1]	0 表示可服务,1 表示屏蔽	1
INT_RXD0	[0]	0 表示可服务,1 表示屏蔽	1

3. 外部中断控制寄存器

S3C2440 的 24 个外部中断占用 GPIO 的 GPF0~GPF7(EINT0~EINT7)和 GPG0~GPG15 (EINT8~EINT23),通过这些引脚进行中断输入,必须配置引脚为外部中断,并且不要上拉。

3 个外部中断控制寄存器(EXTINT0~EXTINT2)用于设定 EINT0~EINT23 的触发方式,每个外部中断源占用 3 位。000 代表低电平触发,001 代表高电平触发,01x 代表下降沿触发,10x 代表上升沿触发,11x 代表上升沿和下降沿都可触发,如表 3-6 所示。

表 3-6 外部中断控制寄存器

寄存器	地址	读/写	说明	初值
EXTINT0	0x56000088	读/写	外部中断控制寄存器 0	0x000000
EXTINT1	0x5600008C	读/写	外部中断控制寄存器 1	0x000000
EXTINT2	0x56000090	读/写	外部中断控制寄存器 2	0x000000

EXTINT0	位	说明
EINT7	[30:28]	设定外部中断的触发方式 000 表示低电平触发,001 表示高电平触发,01x 表示下降沿触发,10x 表示上升沿触发,11x 表示上升沿、下降沿均可触发

续表

EXTINT0	位	说明
EINT6	[26:24]	设定EINT6的信号方法 000表示低电平，001表示高电平，01x表示下降沿触发，10x表示上升沿触发，11x表示上升沿、下降沿均可触发
EINT5	[22:20]	设定EINT5的信号方法 000表示低电平，001表示高电平，01x表示下降沿触发，10x表示上升沿触发，11x表示上升沿、下降沿均可触发
EINT4	[18:16]	设定EINT4的信号方法 000表示低电平，001表示高电平，01x表示下降沿触发，10x表示上升沿触发，11x表示上升沿、下降沿均可触发
EINT3	[14:12]	设定EINT3的信号方法 000表示低电平，001表示高电平，01x表示下降沿触发，10x表示上升沿触发，11x表示上升沿、下降沿均可触发
EINT2	[10:8]	设定EINT2的信号方法 000表示低电平，001表示高电平，01x表示下降沿触发，10x表示上升沿触发，11x表示上升沿、下降沿均可触发
EINT1	[6:4]	设定EINT1的信号方法 000表示低电平，001表示高电平，01x表示下降沿触发，10x表示上升沿触发，11x表示上升沿、下降沿均可触发
EINT0	[2:0]	设定EINT0的信号方法 000表示低电平，001表示高电平，01x表示下降沿触发，10x表示上升沿触发，11x表示上升沿、下降沿均可触发
FLTEN15	[31]	设置EINT15过滤器使能端 0表示过滤器不可用，1表示过滤器可用
EINT15	[30:28]	设置EINT15的信号方法 000表示低电平，001表示高电平，01x表示下降沿触发，10x表示上升沿触发，11x表示上升沿、下降沿均可触发
FLTEN14	[27]	设置EINT14过滤器使能端 0表示过滤器不可用，1表示过滤器可用
EINT14	[26:24]	设置EINT14的信号方法 000表示低电平，001表示高电平，01x表示下降沿触发，10x表示上升沿触发，11x表示上升沿、下降沿均可触发
FLTEN13	[23]	设置EINT13过滤器使能端 0表示过滤器不可用，1表示过滤器可用
EINT13	[22:20]	设置EINT13的信号方法 000表示低电平，001表示高电平，01x表示下降沿触发，10x表示上升沿触发，11x表示上升沿、下降沿均可触发
FLTEN12	[19]	设置EINT12过滤器使能端 0表示过滤器不可用，1表示过滤器可用
EINT12	[18:16]	设置EINT12的信号方法 000表示低电平，001表示高电平，01x表示下降沿触发，10x表示上升沿触发，11x表示上升沿、下降沿均可触发
FLTEN11	[15]	设置EINT11过滤器使能端 0表示过滤器不可用，1表示过滤器可用
EINT11	[14:12]	设置EINT11的信号方法 000表示低电平，001表示高电平，01x表示下降沿触发，10x表示上升沿触发，11x表示上升沿、下降沿均可触发
FLTEN10	[11]	设置EINT10过滤器使能端 0表示过滤器不可用，1表示过滤器可用
EINT10	[10:8]	设置EINT10的信号方法 000表示低电平，001表示高电平，01x表示下降沿触发，10x表示上升沿触发，11x表示上升沿、下降沿均可触发

EXTINT0	位	说明
FLTEN9	[7]	设置 EINT9 过滤器使能端 0 表示过滤器不可用，1 表示过滤器可用
EINT9	[6:4]	设置 EINT9 的信号方法 000 表示低电平，001 表示高电平，01x 表示下降沿触发，10x 表示上升沿触发，11x 表示上升沿、下降沿均可触发
FLTEN8	[3]	设置 EINT8 过滤器使能端 0 表示过滤器不可用，1 表示过滤器可用
EINT8	[2:0]	设置 EINT8 的信号方法 000 表示低电平，001 表示高电平，01x 表示下降沿触发，10x 表示上升沿触发，11x 表示上升沿、下降沿均可触发

EXTINT2	位	说明	复位值
FLTEN23	[31]	设置 EINT23 过滤器使能端 0 表示过滤器不可用，1 表示过滤器可用	0
EINT23	[30:28]	设置 EINT23 的信号方法 000 表示低电平，001 表示高电平，01x 表示下降沿触发，10x 表示上升沿触发，11x 表示上升沿、下降沿均可触发	000
FLTEN22	[27]	设置 EINT22 过滤器使能端 0 表示过滤器不可用，1 表示过滤器可用	0
EINT22	[26:24]	设置 EINT22 的信号方法 000 表示低电平，001 表示高电平，01x 表示下降沿触发，10x 表示上升沿触发，11x 表示上升沿、下降沿均可触发	000
FLTEN21	[23]	设置 EINT21 过滤器使能端 0 表示过滤器不可用，1 表示过滤器可用	0
EINT21	[22:20]	设置 EINT21 的信号方法 000 表示低电平，001 表示高电平，01x 表示下降沿触发，10x 表示上升沿触发，11x 表示上升沿、下降沿均可触发	000
FLTEN20	[1:9]	设置 EINT20 过滤器使能端 0 表示过滤器不可用，1 表示过滤器可用	0
EINT20	[18:16]	设置 EINT20 的信号方法 000 表示低电平，001 表示高电平，01x 表示下降沿触发，10x 表示上升沿触发，11x 表示上升沿、下降沿均可触发	000
FLTEN19	[15]	设置 EINT19 过滤器使能端 0 表示过滤器不可用，1 表示过滤器可用	0
EINT19	[14:12]	设置 EINT19 的信号方法 000 表示低电平，001 表示高电平，01x 表示下降沿触发，10x 表示上升沿触发，11x 表示上升沿、下降沿均可触发	000
FLTEN18	[11]	设置 EINT18 过滤器使能端 0 表示过滤器不可用，1 表示过滤器可用	0
EINT18	[10:8]	设置 EINT18 的信号方法 000 表示低电平，001 表示高电平，01x 表示下降沿触发，10x 表示上升沿触发，11x 表示上升沿、下降沿均可触发	000
FLTEN17	[7]	设置 EINT17 过滤器使能端 0 表示过滤器不可用，1 表示过滤器可用	0

4. 外部中断源待决寄存器

S3C2440 的外部中断共 24 个，如表 3-7 所示，但由于 EINT0～EINT3 由中断源待决寄存器（SRCPND）直接处理，因此 EINTPEND 只用 20 位来标识保存 EINT4～EINT23 外部中断源信号，如表 3-7 所示。当某外部中断信号产生之后，EINTPEND 对应位被自动置 1，该位会一直保持被置位，直到中断处理程序将其清除。需要注意的是，清除中断是通过向对应位写入1来实现的，而不是写入0，因为写入0无效。

表 3-7 外部中断源待决寄存器

寄存器	地址	读/写	说明	复位值
EINTPEND	0x560000a8	读/写	外部中断源待决寄存器	0x00

EINTPEND	位	说明	复位值
EINT23	[23]	写1声明 0表示不发生中断，1表示发生中断	0
EINT22	[22]	写1声明 0表示不发生中断，1表示发生中断	0
EINT21	[21]	写1声明 0表示不发生中断，1表示发生中断	0
EINT20	[20]	写1声明 0表示不发生中断，1表示发生中断	0
EINT19	[19]	写1声明 0表示不发生中断，1表示发生中断	0
EINT18	[18]	写1声明 0表示不发生中断，1表示发生中断	0
EINT17	[17]	写1声明 0表示不发生中断，1表示发生中断	0
EINT16	[16]	写1声明 0表示不发生中断，1表示发生中断	0
EINT15	[15]	写1声明 0表示不发生中断，1表示发生中断	0
EINT14	[14]	写1声明 0表示不发生中断，1表示发生中断	0
EINT13	[13]	写1声明 0表示不发生中断，1表示发生中断	0
EINT12	[12]	写1声明 0表示不发生中断，1表示发生中断	0
EINT11	[11]	写1声明 0表示不发生中断，1表示发生中断	0
EINT10	[10]	写1声明 0表示不发生中断，1表示发生中断	0
EINT9	[9]	写1声明 0表示不发生中断，1表示发生中断	0
EINT8	[8]	写1声明 0表示不发生中断，1表示发生中断	0
EINT7	[7]	写1声明 0表示不发生中断，1表示发生中断	0
EINT6	[6]	写1声明 0表示不发生中断，1表示发生中断	0
EINT5	[5]	写1声明 0表示不发生中断，1表示发生中断	0
EINT4	[4]	写1声明 0表示不发生中断，1表示发生中断	0
Reserved	[3:0]	预留	0000

5. 外部中断屏蔽寄存器

外部中断屏蔽寄存器(EINTMASK)有20位，如表3-8所示，与外部中断源待决寄存器相对应，每位与一个外部中断源相关。如果某位被置1，则CPU不会响应相应外部中断源的中断请求，但此时的EINTPEND相应位还是会被置1。如果屏蔽位为0，则中断请求可以被响应。

表 3-8 外部中断屏蔽寄存器

寄存器	地址	读/写	说明	复位值
EINTMASK	0x560000a4	读/写	外部中断屏蔽寄存器	0x000fffff

EINTMASK	位	说明
EINT23	[23]	0 表示中断可用，1 表示屏蔽中断
EINT22	[22]	0 表示中断可用，1 表示屏蔽中断
EINT21	[21]	0 表示中断可用，1 表示屏蔽中断
EINT20	[20]	0 表示中断可用，1 表示屏蔽中断
EINT19	[19]	0 表示中断可用，1 表示屏蔽中断
EINT18	[18]	0 表示中断可用，1 表示屏蔽中断
EINT17	[17]	0 表示中断可用，1 表示屏蔽中断
EINT16	[16]	0 表示中断可用，1 表示屏蔽中断
EINT15	[15]	0 表示中断可用，1 表示屏蔽中断
EINT14	[14]	0 表示中断可用，1 表示屏蔽中断
EINT13	[13]	0 表示中断可用，1 表示屏蔽中断
EINT12	[12]	0 表示中断可用，1 表示屏蔽中断
EINT11	[11]	0 表示中断可用，1 表示屏蔽中断
EINT10	[10]	0 表示中断可用，1 表示屏蔽中断
EINT9	[9]	0 表示中断可用，1 表示屏蔽中断
EINT8	[8]	0 表示中断可用，1 表示屏蔽中断
EINT7	[7]	0 表示中断可用，1 表示屏蔽中断
EINT6	[6]	0 表示中断可用，1 表示屏蔽中断
EINT5	[5]	0 表示中断可用，1 表示屏蔽中断
EINT4	[4]	0 表示中断可用，1 表示屏蔽中断
Reserved	[3:0]	预留

需要注意的是，该寄存器默认值 EINT20~EINT23 是打开的，而 EINT4~EINT19 都被屏蔽了，因此要想处理某个硬件中断，必须正确设置对应的中断屏蔽位，可通过写入 0 来取消屏蔽中断。

6. 中断源待决寄存器

中断源待决寄存器(SRCPND)包括 32 位，如表 3-9 所示，每位与一个中断源相关。如果相应的中断源产生中断请求且等待中断服务，则对应位被自动置 1，该位会一直保持被置位，直到中断处理程序将其清除。和 SUBSRCPND 一样，清除中断是通过向对应位写入 1 来实现的，而不是写入 0，因为写入 0 无效。

在一个特定中断源的中断服务程序中，SRCPND 的相应位必须被清除的目的是下次能正确得到同一个中断源的中断请求。如果从中断服务程序返回却没有清除该位，则中断控制器将按又有同一个中断源的中断请求到来处理。换言之，如果 SRCPND 的一个位被置 1，其总是认为一个有效的中断请求在等待响应。

表 3-9 中断源待决寄存器

寄存器	地址	读/写	说明	复位值
SRCPND	0x4A000000	读/写	表明中断可用状态 0 表示中断未被请求，1 表示中断源已接受中断请求	0x00000000

SRCPND	位	说明	初始状态
INT_ADC	[31]	0 表示未请求，1 表示已请求	0
INT_RTC	[30]	0 表示未请求，1 表示已请求	0
INT_SPI1	[29]	0 表示未请求，1 表示已请求	0
INT_UART0	[28]	0 表示未请求，1 表示已请求	0
INT_IIC	[27]	0 表示未请求，1 表示已请求	0
INT_USBH	[26]	0 表示未请求，1 表示已请求	0
INT_USBD	[25]	0 表示未请求，1 表示已请求	0
INT_NFCON	[24]	0 表示未请求，1 表示已请求	0
INT_UART1	[23]	0 表示未请求，1 表示已请求	0
INT_SPI0	[22]	0 表示未请求，1 表示已请求	0
INT_SDI	[21]	0 表示未请求，1 表示已请求	0
INT_DMA3	[20]	0 表示未请求，1 表示已请求	0
INT_DMA2	[19]	0 表示未请求，1 表示已请求	0
INT_DMA1	[18]	0 表示未请求，1 表示已请求	0
INT_DMA0	[17]	0 表示未请求，1 表示已请求	0
INT_LCD	[16]	0 表示未请求，1 表示已请求	0
INT_UART2	[15]	0 表示未请求，1 表示已请求	0
INT_TIMER4	[14]	0 表示未请求，1 表示已请求	0
INT_TIMER3	[13]	0 表示未请求，1 表示已请求	0
INT_TIMER2	[12]	0 表示未请求，1 表示已请求	0
INT_TIMER1	[11]	0 表示未请求，1 表示已请求	0
INT_TIMER0	[10]	0 表示未请求，1 表示已请求	0
INT_WDT_AC97	[9]	0 表示未请求，1 表示已请求	0
INT_TICK	[8]	0 表示未请求，1 表示已请求	0
nBATT_FLT	[7]	0 表示未请求，1 表示已请求	0
INT_CAM	[6]	0 表示未请求，1 表示已请求	0
EINT8_23	[5]	0 表示未请求，1 表示已请求	0
EINT4_7	[4]	0 表示未请求，1 表示已请求	0
EINT3	[3]	0 表示未请求，1 表示已请求	0
EINT2	[2]	0 表示未请求，1 表示已请求	0
EINT1	[1]	0 表示未请求，1 表示已请求	0
EINT0	[0]	0 表示未请求，1 表示已请求	0

7. 中断屏蔽寄存器

中断屏蔽寄存器(INTMSK)包括 32 位,和 SRCPND 相对应,每位都与一个中断源相关,如表 3-10 所示。如果对应的屏蔽位为 0,则中断请求可以被响应。如果某位被置 1,则 CPU 不会响应相应中断源的中断请求,但中断源待决寄存器的相应位还是会被置 1。

INTMSK 默认值为全部中断都被屏蔽,因此要想处理某个硬件中断,必须打开中断屏蔽位,即在对应位写入 0 来取消屏蔽中断。

表 3-10 中断屏蔽寄存器

寄存器	地址	读/写	说明	复位值
INTMSK	0x4A000008	读/写	决定哪个中断源被屏蔽 0 表示中断服务无效,1 表示中断服务有效	0xffffffff

INTMSK	位	说明	初始状态
INT_ADC	[31]	0 表示服务有效,1 表示服务屏蔽	1
INT_RTC	[30]	0 表示服务有效,1 表示服务屏蔽	1
INT_SPI1	[29]	0 表示服务有效,1 表示服务屏蔽	1
INT_UART0	[28]	0 表示服务有效,1 表示服务屏蔽	1
INT_IIC	[27]	0 表示服务有效,1 表示服务屏蔽	1
INT_USBH	[26]	0 表示服务有效,1 表示服务屏蔽	1
INT_USBD	[25]	0 表示服务有效,1 表示服务屏蔽	1
INT_NFCON	[24]	0 表示服务有效,1 表示服务屏蔽	1
INT_UART1	[23]	0 表示服务有效,1 表示服务屏蔽	1
INT_SPI0	[22]	0 表示服务有效,1 表示服务屏蔽	1
INT_SDI	[21]	0 表示服务有效,1 表示服务屏蔽	1
INT_DMA3	[20]	0 表示服务有效,1 表示服务屏蔽	1
INT_DMA2	[19]	0 表示服务有效,1 表示服务屏蔽	1
INT_DMA1	[18]	0 表示服务有效,1 表示服务屏蔽	1
INT_DMA0	[17]	0 表示服务有效,1 表示服务屏蔽	1
INT_LCD	[16]	0 表示服务有效,1 表示服务屏蔽	1
INT_UART2	[15]	0 表示服务有效,1 表示服务屏蔽	1
INT_TIMER4	[14]	0 表示服务有效,1 表示服务屏蔽	1
INT_TIMER3	[13]	0 表示服务有效,1 表示服务屏蔽	1
INT_TIMER2	[12]	0 表示服务有效,1 表示服务屏蔽	1
INT_TIMER1	[11]	0 表示服务有效,1 表示服务屏蔽	1
INT_TIMER0	[10]	0 表示服务有效,1 表示服务屏蔽	1
INT_WDT_AC97	[9]	0 表示服务有效,1 表示服务屏蔽	1
INT_TICK	[8]	0 表示服务有效,1 表示服务屏蔽	1
nBATT_FLT	[7]	0 表示服务有效,1 表示服务屏蔽	1
INT_CAM	[6]	0 表示服务有效,1 表示服务屏蔽	1
EINT8_23	[5]	0 表示服务有效,1 表示服务屏蔽	1

INTMSK	位	说明	初始状态
EINT4_7	[4]	0表示服务有效,1表示服务屏蔽	1
EINT3	[3]	0表示服务有效,1表示服务屏蔽	1
EINT2	[2]	0表示服务有效,1表示服务屏蔽	1
EINT1	[1]	0表示服务有效,1表示服务屏蔽	1
EINT0	[0]	0表示服务有效,1表示服务屏蔽	1

8. 中断模式寄存器

中断模式寄存器(INTMOD)包括32位,如表3-11所示,每位与一个中断源相关。如果某位被置1,则相应的中断将在FIQ模式下处理,否则在IRQ模式下操作,默认值是不使用快速中断。

需要注意的是,快速中断不存在优先级仲裁,系统中只有一个中断源能够在FIQ模式下服务,也就是说INTMOD仅有一位可以被置1。

表3-11 中断模式寄存器

寄存器	地址	读/写	说明	复位值
INTMOD	0x4A000004	读/写	中断模式寄存器 0表示IRQ模式,1表示FIQ模式	0x00000000

INTMOD	位	说明	初始状态
INT_ADC	[31]	0表示IRQ模式,1表示FIQ模式	0
INT_RTC	[30]	0表示IRQ模式,1表示FIQ模式	0
INT_SPI1	[29]	0表示IRQ模式,1表示FIQ模式	0
INT_UART0	[28]	0表示IRQ模式,1表示FIQ模式	0
INT_IIC	[27]	0表示IRQ模式,1表示FIQ模式	0
INT_USBH	[26]	0表示IRQ模式,1表示FIQ模式	0
INT_USBD	[25]	0表示IRQ模式,1表示FIQ模式	0
INT_NFCON	[24]	0表示IRQ模式,1表示FIQ模式	0
INT_URRT1	[23]	0表示IRQ模式,1表示FIQ模式	0
INT_SPI0	[22]	0表示IRQ模式,1表示FIQ模式	0
INT_SDI	[21]	0表示IRQ模式,1表示FIQ模式	0
INT_DMA3	[20]	0表示IRQ模式,1表示FIQ模式	0
INT_DMA2	[19]	0表示IRQ模式,1表示FIQ模式	0
INT_DMA1	[18]	0表示IRQ模式,1表示FIQ模式	0
INT_DMA0	[17]	0表示IRQ模式,1表示FIQ模式	0
INT_LCD	[16]	0表示IRQ模式,1表示FIQ模式	0
INT_UART2	[15]	0表示IRQ模式,1表示FIQ模式	0
INT_TIMER4	[14]	0表示IRQ模式,1表示FIQ模式	0
INT_TIMER3	[13]	0表示IRQ模式,1表示FIQ模式	0
INT_TIMER2	[12]	0表示IRQ模式,1表示FIQ模式	0

续表

INTMOD	位	说明	初始状态
INT_TIMER1	[11]	0 表示 IRQ 模式,1 表示 FIQ 模式	0
INT_TIMER0	[10]	0 表示 IRQ 模式,1 表示 FIQ 模式	0
INT_WDT_AC97	[9]	0 表示 IRQ 模式,1 表示 FIQ 模式	0
INT_TICK	[8]	0 表示 IRQ 模式,1 表示 FIQ 模式	0
nBATT_FLT	[7]	0 表示 IRQ 模式,1 表示 FIQ 模式	0
INT_CAM	[6]	0 表示 IRQ 模式,1 表示 FIQ 模式	0
EINT8_23	[5]	0 表示 IRQ 模式,1 表示 FIQ 模式	0
EINT4_7	[4]	0 表示 IRQ 模式,1 表示 FIQ 模式	0
EINT3	[3]	0 表示 IRQ 模式,1 表示 FIQ 模式	0
EINT2	[2]	0 表示 IRQ 模式,1 表示 FIQ 模式	0
EINT1	[1]	0 表示 IRQ 模式,1 表示 FIQ 模式	0
EINT0	[0]	0 表示 IRQ 模式,1 表示 FIQ 模式	0

9. 优先级寄存器

优先级寄存器(PRIORITY)用于设置 IRQ 模式下中断的优先级,中断优先级是指中断源被响应和处理的优先等级。设置优先级的目的是在有多个中断源同时发出中断请求时,CPU 能够按照预定的顺序进行响应并处理。

S3C2440 支持 60 种中断,多个硬件可能同时产生中断请求,由于 CPU 只能处理一个中断,中断控制器必须选择一个最佳的中断,交给 ARM 内核进行处理。

如图 3-3 所示,S3C2440 中断控制器采用优先级仲裁比较的方式选择中断,找出优先级最高的中断源。中断控制器将 60 种中断源(32 类中断请求)分成 7 组,使用 6 个一级仲裁器和 1 个二级仲裁器进行仲裁。类似体育赛事里的比赛方式,所有参赛选手在小组赛对决,选出小组赛最优秀选手,然后进入决赛阶段和其他小组最优秀选手再对决,最后优胜者就是总冠军。其中 ARBITER0~ARBITER5 为"小组赛"阶段,中断源信号在各自的小组里进行优先级仲裁,选出最高优先级中断信号,每小组选出的中断信号送到 ARBITER6,也就是决赛阶段,选出最高优先级中断信号,交给 ARM 内核。

中断信号在 7 个分组里被选择时的优先级是可编程的,通过优先级寄存器进行优先级设置,如表 3-12 所示。每个仲裁器基于两位选择控制信号(ARB_SEL)和一位仲裁器模式控制(ARB_MODE)来处理中断请求。

通过设置仲裁组优先级排序方式位 ARB_SEL,可以改变每个仲裁组内中断信号的优先级顺序:如果 ARB_SEL 位是 00,则优先级是 REQ0、REQ1、REQ2、REQ3、REQ4、REQ5;如果 ARB_SEL 位是 01,则优先级是 REQ0、REQ2、REQ3、REQ4、REQ1、REQ5;如果 ARB_SEL 位是 10,则优先级是 REQ0、REQ3、REQ4、REQ1、REQ2、REQ5;如果 ARB_SEL 位是 11,则优先级是 REQ0、REQ4、REQ1、REQ2、REQ3、REQ5。

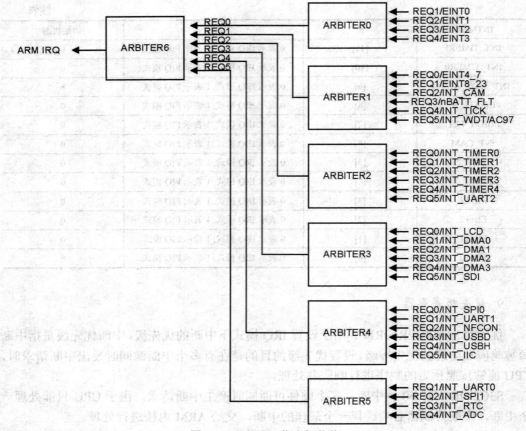

图 3-3 S3C2440 优先级仲裁

表 3-12 优先级寄存器

寄存器	地址	读/写	说明	复位值
PRIORITY	0x4A00000C	读/写	IRQ 优先级控制寄存器	0x7f

PRIORITY	位	说明	初始状态
ARB_SEL6	[20:19]	仲裁组 6 优先级顺序集 00 表示 REQ 0-1-2-3-4-5，01 表示 REQ 0-2-3-4-1-5 10 表示 REQ 0-3-4-1-2-5，11 表示 REQ 0-4-1-2-3-5	00
ARB_SEL5	[18:17]	仲裁组 5 优先级顺序集 00 表示 REQ 1-2-3-4，01 表示 REQ 2-3-4-1 10 表示 REQ 3-4-1-2，11 表示 REQ 4-1-2-3	00
ARB_SEL4	[16:15]	仲裁组 4 优先级顺序集 00 表示 REQ 0-1-2-3-4-5，01 表示 REQ 0-2-3-4-1-5 10 表示 REQ 0-3-4-1-2-5，11 表示 REQ 0-4-1-2-3-5	00
ARB_SEL3	[14:13]	仲裁组 3 优先级顺序集 00 表示 REQ 0-1-2-3-4-5，01 表示 REQ 0-2-3-4-1-5 10 表示 REQ 0-3-4-1-2-5，11 表示 REQ 0-4-1-2-3-5	00
ARB_SEL2	[12:11]	仲裁组 2 优先级顺序集 00 表示 REQ 0-1-2-3-4-5，01 表示 REQ 0-2-3-4-1-5 10 表示 REQ 0-3-4-1-2-5，11 表示 REQ 0-4-1-2-3-5	00
ARB_SEL1	[10:9]	仲裁组 1 优先级顺序集 00 表示 REQ 0-1-2-3-4-5，01 表示 REQ 0-2-3-4-1-5 10 表示 REQ 0-3-4-1-2-5，11 表示 REQ 0-4-1-2-3-5	00

续表

PRIORITY	位	说明	初始状态
ARB_SEL0	[8:7]	仲裁组 1 优先级顺序集 00 表示 REQ 1-2-3-4,01 表示 REQ 2-3-4-1 10 表示 REQ 3-4-1-2,11 表示 REQ 4-1-2-3	00
ARB_MODE6	[6]	仲裁组 6 优先级旋转使能 0 表示优先级不旋转,1 表示优先级可旋转	1
ARB_MODE5	[5]	仲裁组 5 优先级旋转使能 0 表示优先级不旋转,1 表示优先级可旋转	1
ARB_MODE4	[4]	仲裁组 4 优先级旋转使能 0 表示优先级不旋转,1 表示优先级可旋转	1
ARB_MODE3	[3]	仲裁组 3 优先级旋转使能 0 表示优先级不旋转,1 表示优先级可旋转	1
ARB_MODE2	[2]	仲裁组 2 优先级旋转使能 0 表示优先级不旋转,1 表示优先级可旋转	1
ARB_MODE1	[1]	仲裁组 1 优先级旋转使能 0 表示优先级不旋转,1 表示优先级可旋转	1
ARB_MODE0	[0]	仲裁组 0 优先级旋转使能 0 表示优先级不旋转,1 表示优先级可旋转	1

例如,ARB_SEL 分组时包含 4 个中断信号:REQ1/INT_UART0、REQ2/INT_SPI1、REQ3/INT_RTC、REQ4/INT_ADC,ARB_SEL5 设置为默认值 00,当 INT_UART0 和 INT_RTC 中断信号同时产生时,INT_UART0 会被选出。

需要注意的是,仲裁器的 REQ0 总是有最高优先级,REQ5 总是有最低优先级。通过改变 ARB_SEL 位,只能调整 REQ1~REQ4 的优先级。

表 3-12 中,ARB_MODE0~ARB_MODE6 为每个仲裁分组的优先级轮转设置位。如果 ARB_MODE 位被置 0,则 ARB_SEL 位不会自动改变,使得仲裁器在一个固定优先级模式下操作。如果 ARB_MODE 位是 1,则 ARB_SEL 位以翻转的方式改变。例如,如果 REQ1 被响应,则 ARB_SEL 位自动变为 01,从而把 REQ1 放到最低的优先级。ARB_SEL 变化的详细规则为:如果 REQ0 或 REQ5 被响应,则 ARB_SEL 位完全不会变化。如果 REQ1 被响应,则 ARB_SEL 位变为 01。如果 REQ2 被响应,则 ARB_SEL 位变为 10。如果 REQ3 被响应,则 ARB_SEL 位变为 11。如果 REQ4 被响应,则 ARB_SEL 位变为 00。

ARB_MODE 采用默认值 1 时,当前中断信号被选择处理之后,再次产生中断请求时,它的优先级自动轮转到该组最低,这样可以保证优先级低的中断信号被及时处理,不至于出现优先级高且中断请求频繁的中断每次都被优先处理,而优先级低的被"饿死"的情况。显然,这种方式更民主,实时性更佳。

10. 中断待决寄存器

中断待决寄存器(INTPND)共 32 位,如表 3-13 所示。在中断发生后,中断待决寄存器中会有一位或者多位置 1(因为同时可能发生几个中断)。如果中断未被屏蔽,则这些中断会由优先级仲裁器选出一个最紧迫的,然后把 INTPND 中相应位置 1,所以同一时刻 INTPND 中只有一位是 1。也就是说,SRCPND 置 1 是表示发生了中断,只有 INTPND 置 1,CPU 才会处理。

INTPND 的值是系统自动计算得出的,它是所有当前中断请求里优先级别最高的中断，通常中断处理程序会通过读取该寄存器的值来获得当前需要处理的中断请求。当中断处理完成之后，应在相应位写1来清除待决条件。

表 3-13 中断待决寄存器

寄存器	地址	读/写	说明	复位值
INTPND	0x4A000010	读/写	表明中断请求状态 0 表示中断未被请求，1 表示中断源已经申请中断	0x00000000

INTPND	位	说明	初始状态
INT_ADC	[31]	0 表示未请求，1 表示已请求	0
INT_RTC	[30]	0 表示未请求，1 表示已请求	0
INT_SPI1	[29]	0 表示未请求，1 表示已请求	0
INT_UART0	[28]	0 表示未请求，1 表示已请求	0
INT_IIC	[27]	0 表示未请求，1 表示已请求	0
INT_USBH	[26]	0 表示未请求，1 表示已请求	0
INT_USBD	[25]	0 表示未请求，1 表示已请求	0
INT_NFCON	[24]	0 表示未请求，1 表示已请求	0
INT_UART1	[23]	0 表示未请求，1 表示已请求	0
INT_SP10	[22]	0 表示未请求，1 表示已请求	0
INT_SDI	[21]	0 表示未请求，1 表示已请求	0
INT_DMA3	[20]	0 表示未请求，1 表示已请求	0
INT_DMA2	[19]	0 表示未请求，1 表示已请求	0
INT_DMAI	[18]	0 表示未请求，1 表示已请求	0
INT_DMA0	[17]	0 表示未请求，1 表示已请求	0
INT_LCD	[16]	0 表示未请求，1 表示已请求	0
INT_UART2	[15]	0 表示未请求，1 表示已请求	0
INT_TIMER4	[14]	0 表示未请求，1 表示已请求	0
INT_TIMER3	[13]	0 表示未请求，1 表示已请求	0
INT_TIMER2	[12]	0 表示未请求，1 表示已请求	0
INT_TIMER1	[11]	0 表示未请求，1 表示已请求	0
INT_TIMER0	[10]	0 表示未请求，1 表示已请求	0
INT_WDT_AC97	[9]	0 表示未请求，1 表示已请求	0
INT_TICK	[8]	0 表示未请求，1 表示已请求	0
nBATT_FLT	[7]	0 表示未请求，1 表示已请求	0
INT_CAM	[6]	0 表示未请求，1 表示已请求	0
EINT8_23	[5]	0 表示未请求，1 表示已请求	0
EINT4_7	[4]	0 表示未请求，1 表示已请求	0
EINT3	[3]	0 表示未请求，1 表示已请求	0
EINT2	[2]	0 表示未请求，1 表示已请求	0
EINT1	[1]	0 表示未请求，1 表示已请求	0
EINT0	[0]	0 表示未请求，1 表示已请求	0

11. 中断偏移寄存器

中断偏移寄存器(INTOFFSET)里存放的是经过优先级仲裁出的中断信号对应的中断号，如表 3-14 所示，是一个 0~31 的整数，其实它就是 INTPND 中对应的位号。例如，INT_UART0 产生了中断，INTPND 的第 28 位置 1，INTOFFSET 里保存的整数就是 28。该寄存器的作用主要是方便中断处理程序直接查询和清除中断源。

表 3-14 中断偏移寄存器

寄存器	地址	读/写	说明	复位值
INTOFFSET	0x4A000014	读/写	指出 IRQ 中断请求源	0x00000000

中断源	OFFSET 值	中断源	OFFSET 值
INT_ADC	31	INT_UART2	15
INT_RTC	30	INT_TIMER4	14
INT_SPI1	29	INT_TIMER3	13
INT_UART0	28	INT_TIMER2	12
INT_IIC	27	INT_TIMER1	11
INT_USBH	26	INT_TIMER0	10
INT_USBD	25	INT_WDT_AC97	9
INT_NFCON	24	INT_TICK	8
INT_UART1	23	nBATT_FLT	7
INT_SPI0	22	INT_CAM	6
INT_SDI	21	EINT8_23	5
INT_DMA3	20	EINT4_7	4
INT_DMA2	19	EINT3	3
INT_DMA1	18	EINT2	2
INT_DMA0	17	EINT1	1
INT_LCD	16	EINT0	0

3.4 S3C2440 中断控制处理

基于上述中断源和中断寄存器信息，S3C2440 的中断控制器的处理流程可以总结为图 3-4 所示的流程。

在图 3-4 中，整个输入中断分为 4 类：外部中断 EINT0~EINT3、外部中断 EINT4~EINT23、带子中断的内部中断、不带子中断的内部中断。

如果是外部中断 EINT0~EINT3，则中断发生后 SRCPND 相应位置 1，如果没有被 INTMSK 屏蔽，则等待进一步处理。如果是外部中断 EINT4~EINT23，则中断发生后 EINTPEND 相应位置 1，如果没有被 EINTMASK 屏蔽，则 SRCPND 相应位 EINT4~EINT7 或 EINT8~EINT23 置 1，如果没有被 INTMSK 屏蔽，则等待进一步处理。如果是不带子中断的内部中断,则中断发生后 SRCPND 相应位置 1,如果没有被 INTMSK 屏蔽,那么等待进一步处理。如果是带子中断的内部中断,则中断发生后 SUBSRCPND 相应位置 1,如果没有被 INTSUBMSK 屏蔽,那么 SRCPND 的相应位也置 1,等待进一步处理。

当所有类型的中断到达 SRCPND 后,如果没有被 INTMSK 屏蔽,那么会进一步到达中断模式寄存器 INTMOD。此时通过 INTMOD 确定当前中断是否为快速中断,如果是,则直接将 FIQ 信号送给 CPU 处理。如果是普通中断,那么 SRCPND 可能有多位置 1,这时就会经过优先级寄存器选出一个优先级高的,然后根据选出的中断把 INTPND 相应位置 1,并进入 IRQ,让 CPU 处理。

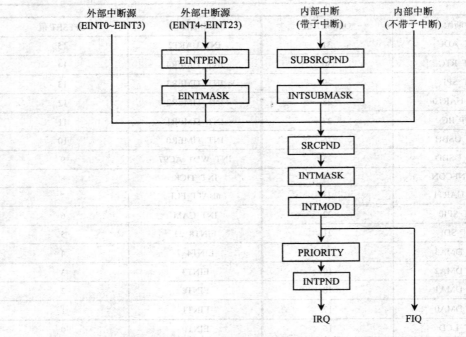

图 3-4　S3C2440 中断处理流程

S3C2440 中断控制器必须和 ARM 内核中的程序状态寄存器(CPSR)配合使用。如果 CPSR 的 F 位置 1,则 CPU 不能接收来自中断控制器的 FIQ,如果程序状态寄存器的 I 位被置 1,则 CPU 不能接收来自中断控制器的 IRQ。所以,只有清零 CPSR 中的 F 位和 I 位,ARM 内核才可以接收中断。

3.5　中断响应

在响应一个特定中断时,操作系统内核会执行一个函数,该函数叫做中断处理程序或中断服务程序(interrupt service routine, ISR)。一般来说,中断服务程序负责与硬件进行交互,告诉该设备中断已被接收。此外,还需要完成其他相关工作,如网络设备的中断服务程序除了要对硬件应答,还要把来自硬件的网络数据包复制到内存,对其进行处理后再交给合适的协议栈或应用程序。

每个中断服务程序完成的任务的复杂程度各不相同。一般来说，一个设备的中断服务程序是它的设备驱动(device driver)程序的一部分，设备驱动程序是用于对设备进行管理的内核代码。每个中断处理都要经历保存和恢复过程，其步骤可以抽象如下。

(1) 中断控制器汇集各类外设发出的中断信号，然后通知 CPU。

(2) CPU 保存程序的运行环境，即保存相应寄存器的值，然后调用中断服务程序来处理这些中断。

(3) 在 ISR 中读取中断控制器，通过外设的相关寄存器来识别中断源，并进行相应的处理。

(4) 通过读/写中断控制器和外设的相关寄存器清除中断。

(5) 恢复被中断程序的运行环境，即上面保存的各个寄存器等，继续执行中断前的程序。

通常调用中断服务程序需要使用中断向量表，中断向量是中断服务程序的入口地址，对于确定的硬件系统，中断向量一般是固定的。需要把写好的中断服务程序的入口地址写到中断向量表中，在发生中断时，CPU 就会自动跳转到中断向量表中找到它要执行的中断服务程序。

对于 S3C2440，其中断向量表的绝对地址是 0x33ffff00(_ISR_STARTADDRESS)，所有的中断向量在其上加一个偏移地址即可，如表 3-15 所示。

表 3-15 中断向量表

中断类型	偏移地址
EINT0(外部中断 0)	0x20
EINT1(外部中断 1)	0x24
EINT2(外部中断 2)	0x28
EINT3(外部中断 3)	0x2c
EINT4_7(外部中断 4~外部中断 7)	0x30
EINT8_23(外部中断 8~外部中断 23)	0x34
NOTUSED6(未使用)	0x38
BAT_FLT(电池出错中断)	0x3c
TICK(TICK 中断)	0x40
WDT(看门狗定时器中断)	0x44
TIMER0(定时器 0 中断)	0x48
TIMER1(定时器 1 中断)	0x4c
TIMER2(定时器 2 中断)	0x50
TIMER3(定时器 3 中断)	0x54
TIMER4(定时器 4 中断)	0x58
UART2(串口 2 中断)	0x5c
LCD(LCD 中断)	0x60
DMA0(DMA0 中断)	0x64
DMA1(DMA1 中断)	0x68

续表

中断类型	偏移地址
DMA2(DMA2 中断)	0x6c
DMA3(DMA3 中断)	0x70
SDI(SDI 中断)	0x74
SPIO(SPIO 中断)	0x78
UART1(UART1 中断)	0x7c
NOTUSED24(未使用)	0x80
USBD(USBD 中断)	0x84
USBH(USBH 中断)	0x88
IIC(IIC 中断)	0x8c
UART0(UART0 中断)	0x90
SPI1(SPI1 中断)	0x94
RTC(RTC 中断)	0x98
ADC(ADC 中断)	0x9c

3.6 S3C2440 外部中断实例

要想正确地执行 S3C2440 的外部中断，一般需要完成两部分内容：中断初始化和中断处理函数。特别要注意的是处理中断的开启和中断的清除。

1. 中断初始化

在具体执行中断之前，要初始化好要用的中断。S3C2440 的外部中断引脚 EINT 与 GPIO 引脚 F 和 G 复用，要想使用中断功能，就要把相应的引脚配置成中断模式。

配置完引脚后，还需要配置具体的中断功能。即打开某一中断的屏蔽，这样才能响应该中断，相对应的寄存器为 INTMSK。另外，由于 EINT4~EINT7 共用一个中断向量，EINT8~EINT23 共用一个中断向量，而 INTMSK 只负责总的中断向量的屏蔽，要具体打开某一外部中断屏蔽，还需要设置 EINTMASK。

开启中断的具体规则如下。

(1) 如果是不带子中断的内部中断，则只需设置 INTMSK，让它不屏蔽中断就可以。

(2) 如果是带子中断的内部中断，则需设置 INTSUBMSK 和 INTMSK，让它们不屏蔽中断。

(3) 如果是外部中断，则对于 EINT4~EINT23 需要设置 EINTMASK 和 INTMSK，对于 EINT0~EINT3 只需设置 INTMSK。

此外，还要设置外部中断的触发方式，如低电平、高电平、上升沿、下降沿等，相对应的寄存器为 EXTINTn。需要用到快速中断时，要使用 INTMOD。需要配置中断优先级时，则要使用优先级寄存器等。

2. 中断处理

中断处理函数负责执行具体的中断指令，除此以外还需要把 SRCPND 和 INTPND 中的相应位清零(通过置 1 来清零)，因为当中断发生时，S3C2440 会自动把这两个寄存器中相对应的位置 1，以表示某一中断发生，如果不在中断处理函数内将它们清零，则系统会一直执行该中断函数。

此外，还有一些外部中断是共用一个中断向量的，而一个中断向量只能有一个中断执行函数，因此具体是哪个外部中断，还需要 EINTPEND 来判断，并同样还要通过置 1 的方式把相应的位清零。

中断清除的具体规则如下。

(1) 如果是不带子中断的内部中断，则只需清除 SRCPND，注意清除位是置 1 操作。

(2) 如果是带子中断的内部中断，则需清除 SRCPND 和 SUBSRCPND，应先清除 SUBSRCPND，再清除 SRCPND。如果先清除 SRCPND，然后再清除 SUBSRCPND，则 SRCPND 会以为又有中断发生，又会置 1。

(3) 如果是外部中断，则对于 EINT4~EINT23 需要清除 EINTPEND 和 SRCPND(注意顺序)，对于 EINT0~EINT3 只需清除 SRCPND。

一般来说，使用 _irq 关键词来定义中断处理函数，这样系统会自动保存一些必要的变量，并能够在中断处理函数执行完后正确地返回。需要注意的是，中断处理函数不能有返回值，也不能传递任何参数。

为了使中断处理函数与 S3C2440 启动文件中定义的中断向量表对应，需要先定义中断入口地址变量，该中断入口地址必须与中断向量表中的地址一致，然后把该中断处理函数的首地址传递给该变量，即中断入口地址。

3. 代码实例

下面就是一个外部中断的实例。开发板上一共有 4 个按键，分别连接了 EINT0、EINT1、EINT2 和 EINT4，让这 4 个按键分别控制连接在 GPIO 的 B5~B8 引脚上的 4 个 LED，即按一下键则 LED 亮，再按一下则熄灭。具体实现代码如下：

```
//定义中断向量起始地址
#define _ISR_STARTADDRESS 0x33ffff00
#define U32 unsigned int


//定义外部中断向量地址
#define pISR_EINT0 (*(unsigned *)(_ISR_STARTADDRESS+0x20))
#define pISR_EINT1 (*(unsigned *)(_ISR_STARTADDRESS+0x24))
#define pISR_EINT2 (*(unsigned *)(_ISR_STARTADDRESS+0x28))
#define pISR_EINT4_7 (*(unsigned *)(_ISR_STARTADDRESS+0x30))


//外部中断 EINT0~EINT2 所用寄存器地址
```

```c
#define rSRCPND(*(volatile unsigned *)0x4a000000)
#define rINTMSK(*(volatile unsigned *)0x4a000008)
#define rINTPND(*(volatile unsigned *)0x4a000010)

//外部中断EINT4用寄存器地址
#define rEXTINT0(*(volatile unsigned *)0x56000088)
#define rEINTMASK(*(volatile unsigned *)0x560000a4)
#define rEINTPEND(*(volatile unsigned *)0x560000a8)

//端口B所用寄存器地址
#define rGPBCON(*(volatile unsigned *)0x56000010)
#define rGPBDAT(*(volatile unsigned *)0x56000014)
#define rGPBUP(*(volatile unsigned *)0x56000018)

//端口F配置寄存器地址
#define rGPFCON(*(volatile unsigned *)0x56000050)

//按键0中断服务程序
void __irq Key0_ISR(void)    //EINT0
{
    int led;
    rSRCPND = rSRCPND | 0x1;   //在SRCPND中清中断EINT0
    rINTPND = rINTPND | 0x1;   //在INTPND中清中断EINT0
    led = rGPBDAT & (0x1<<8);  //获取B8口的状态
    if(led ==0)
        rGPBDAT = rGPBDAT | (0x1<<8);  //点亮LED
    else
        rGPBDAT = rGPBDAT & ~(0x1<<8); //熄灭LED
}


//按键1中断服务程序
static void __irq Key1_ISR(void)   //EINT1
{
    int led;
    rSRCPND = rSRCPND | (0x1<<1);   //在SRCPND中清中断EINT1
    rINTPND = rINTPND | (0x1<<1);   //在INTPND中清中断EINT1
    led = rGPBDAT & (0x1<<7);       //获取B7口的状态
    if(led ==0)
```

```c
        rGPBDAT = rGPBDAT | (0x1<<7);   //点亮LED
    else
        rGPBDAT = rGPBDAT & ~(0x1<<7);  //熄灭LED
}

//按键2中断服务程序
static void_ _irq Key2_ISR(void)    //EINT2
{
    int led;
    rSRCPND = rSRCPND | (0x1<<2);   //在SRCPND中清中断EINT2
    rINTPND = rINTPND | (0x1<<2);   //在INTPND中清中断EINT2
    led = rGPBDAT & (0x1<<6);       //获取B6口的状态
    if(led ==0)
        rGPBDAT = rGPBDAT | (0x1<<6);   //点亮LED
    else
        rGPBDAT = rGPBDAT & ~(0x1<<6);  //熄灭LED
}

//按键4中断服务程序
static void_ _irq Key4_ISR(void)    //EINT4
{
    int led;
    rSRCPND = rSRCPND | (0x1<<4);   //在SRCPND中清中断EINT4_7
    rINTPND = rINTPND | (0x1<<4);   //在INTPND中清中断EINT4_7
    if(rEINTPEND&(0x1<<4))          //检测EINT4中断
    {
        rEINTPEND = rEINTPEND | (0x1<<4);   //在EINTPEND中清中断EINT4
        led = rGPBDAT & (0x1<<5);
        if(led ==0)
            rGPBDAT = rGPBDAT | (0x1<<5);   //点亮LED
        else
            rGPBDAT = rGPBDAT & ~(0x1<<5);  //熄灭LED
    }
}
//主程序
void Main(void)
{
    int light;
```

```c
        rGPBCON = 0x00015400;     //B5~B8 配置为输出
        rGPBUP = 0x1e0;           //B5~B8 不使用上拉电阻
        rGPFCON = 0xaaaa;         //将 F 口配置为外部中断

        rSRCPND = 0x17;           //在 SRCPND 中清中断 EINT0、EINT1、EINT2、EINT4_7
        rINTMSK = ~0x17;          //在 INTMSK 中开中断
        rINTPND =0x17;            //在 INTPND 中清中断 EINT0、EINT1、EINT2、EINT4_7
        rEINTPEND = (0x1<<4);     //在 EINTPEND 中清中断 EINT4
        rEINTMASK = ~(0x1<<4);    //在 EINTMASK 中开中断
        rEXTINT0 = 0x12492492;    //设置外部中断的触发方式:下降沿触发

        light = 0x0;
        rGPBDAT = ~light;         //B 端口输出高电平

        //将中断服务程序指针赋值给中断向量入口地址
        pISR_EINT0 = (U32)Key0_ISR;
        pISR_EINT1 = (U32)Key1_ISR;
        pISR_EINT2 = (U32)Key2_ISR;
        pISR_EINT4_7 = (U32)Key4_ISR;
        while(1)
};
```

第4章 嵌入式总线与接口

总线是计算机、测量仪器、自动测试系统内部以及它们之间信息传递的公共通路，是计算机、自动测试系统乃至网络系统的基础。使用总线技术可简化系统结构，增加系统的兼容性、开放性、可靠性和可维护性，便于实行标准化及组织规模化生产，降低系统成本。总线按应用可分为芯片总线、板内总线、机箱总线、设备互连总线及现场总线等。本章主要介绍嵌入式系统涉及的芯片总线(把各种不同的芯片连接在一起构成的特定功能模块)和设备互连总线与接口。

4.1 UART 串口通信

串口是许多嵌入式系统的必备接口之一。这是因为很多嵌入式设备没有显示屏，无法获得嵌入式设备的实时数据信息，通过 UART 串口和超级终端相连，打印嵌入式设备的输出信息。并且在对嵌入式系统进行跟踪和调试时，UART 串口也是必要的通信手段，例如，网络路由器、交换机等都要通过串口来进行配置。UART 串口还是许多硬件数据输出的主要接口，如 GPS 接收器就是通过 UART 串口输出 GPS 数据的。

UART 串口是通用异步接收/发送设备(universal asynchronous receiver and transmitter)的简称。UART 是一个串/并转换的芯片，通常集成在主板上，使用 TTL 电平，即规定 +5V 等价于逻辑 1，0V 等价于逻辑 0。而通常嵌入式系统进行外部连接的外部串口为兼容 RS-232 规范信号的电路，RS-232 标准是一个负逻辑，即定义逻辑 1 信号相对于地为 –15~–3V，而逻辑 0 相对于地为 +3~+15V。所以，当一个嵌入式系统中的 UART 与 PC 相连时，它需要一个 RS-232 驱动器来转换电平。

4.1.1 同步通信与异步通信

同步通信在发送数据信号时，会同时发送同步时钟信号来同步发送方和接收方的数据采样频率。如图 4-1(a)所示，同步通信时，信号线 1 是一根同步时钟信号线，以固定的频率进行电平的切换，其频率周期为 t，在每个电平的跳变沿之后对同步送出的数据信号线 2 进行采样(高电平代表 1，低电平代表 0)，根据采样数据电平高低取得输出数据信息。如果双方没有同步时钟，那么接收方就不知道采样周期，也就不能正常地取得数据信息。

而在异步通信中，如图 4-1(b)所示，数据发送方和数据接收方没有同步时钟，只有数据信号线，只不过发送端和接收端会按照协商好的工作频率来进行数据采样。例如，数据发送方以 9600bit/s 的速度发送数据，接收方也以 9600bit/s 的速度接收数据，这样就可以保证数据的有效性和正确性。通常异步通信中使用波特率来规定双方的传输速度，串口通信就属于典型的异步通信。

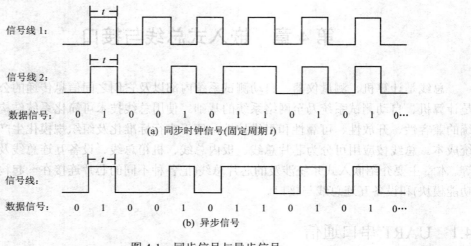

图 4-1　同步信号与异步信号

4.1.2　串口通信的传输格式

由于串口通信是异步通信，所以通信双方必须设置相同的通信参数，这些参数主要包括以下几个。

(1) 波特率：标准规定的数据传输速率为每秒 50/75/100/150/300/600/1200/2400/4800/9600/19200 波特。

(2) 数据位：标准值是 5 位、7 位和 8 位，是被传送字符的有效数据位。传送时先传送字符的低位，后传送字符的高位。通常标准的 ASCII 码是 7 位(0~127)，扩展的 ASCII 码是 8 位(0~255)。

(3) 奇偶校验位：串口通信中一种简单的检错方式。对于偶和奇校验的情况，串口会设置校验位(数据位后面的一位)，用一个值确保传输的数据有偶个或者奇个逻辑高位。例如，如果数据是 011，那么对于偶校验，校验位为 0，保证逻辑高位数是偶数个。如果是奇校验，则校验位为 1，这样就有 3 个逻辑高位。

(4) 停止位：逻辑 1 电平标志着传送一个字符的结束。停止位可选为 1 位、1.5 位或 2 位。每个设备都有其自己的时钟，很可能在通信中两台设备间出现小小的不同步，因此停止位不仅仅表示传输的结束，并且提供计算机校正时钟同步的机会。

串行通信中，数据传输的单位为 1B，该字节内总是从低位向高位一位一位地传输。线路空闲时，线路上为逻辑 1 电平，此时 UART 线路的 TTL 总是高电平，经负逻辑变换后 RS-232 的电平总是低电平；数据的起始位是持续一个比特时间的逻辑 0 电平，标志着传送一个字符的开始，起始位对应于 UART TTL 的是低电平，对应的 RS-232 线路为高电平；数据的停止位是逻辑 1 电平，对应于 UART TTL 的是高电平，对应的 RS-232 为低电平。

例如，对于十六进制数 55aaH，当采用 8 位数据位、1 位停止位传输时，它在信号线上对应的 TTL 电平和 RS-232 电平的波形如图 4-2 所示。

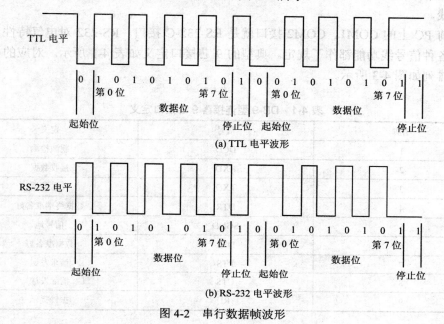

图 4-2 串行数据帧波形

首先看要传输的第一个字节 55H=01010101B，由于字节内数据总是从低位向高位一位一位地传输，所以需要将起始位 0 加到最右端(低位端)，将停止位 1 加到最左端(高位端)，55H 要传输的数据格式变为 1010101010B，此即 UART TTL 电平的波形。将该值取反后变为 0101010101B，此即 RS-232 电平的波形。

同理第二个字节 aaH=10101010B，加入起始位和停止位后为 1101010100B，见图 4-2(a)的 UART TTL 电平波形。将该值取反后变为 0010101011B，见图 4-2(b)的 RS-232 电平波形。

4.1.3 RS-232 接口

RS-232 是美国电子工业协会(Electronic Industry Association, EIA)制定的串行数据通信的接口标准，原始编号全称是 EIA-RS-232(RS-232)。其中，EIA 代表美国电子工业协会，RS(recommended standard)代表推荐标准，232 是标识号。通常情况下，232 后还有 A、B、C 等标识，代表修改的版本，例如，RS-232-C 代表 RS-232 的第三次修改(1969 年)。

目前的最新版本是由美国通信工业协会(Telecommunications Industry Association, TIA)所发布的 TIA-232-F，它同时也是美国国家标准 ANSI/TIA-232-F-1997 (R2002)，R2002 表明此标准于 2002 年再次受到确认。

RS-232-C 总线标准设有 25 条信号线，包括一个主通道和一个辅助通道。出于节省资金和空间的考虑，不少机器采用较小的连接器，很多设备只使用了其中的一小部分引脚。由于受 RS-232-C 的重大影响，自 IBM PC/AT 开始改用 9 引脚连接器起，目前已几乎不再使用 RS-232 中规定的 25 引脚连接器，而 9 引脚的 DB-9 型连接器被广泛使用。对于一般双工通信，最简单的仅需 3 条信号线就可实现，即一条发送线、一条接收线和一条地线。

目前 PC 上的 COM1、COM2 接口就是 RS-232-C 接口。RS-232 对电气特性、逻辑电平和各种信号线功能都作了规定。典型的 9 芯接口定义如表 4-1 所示。对应的标准接线端子排列如图 4-3 所示。

表 4-1 DB-9 型连接器 9 芯接口定义

引脚	信号	定义
1	DCD	载波检测
2	RXD	接收数据
3	TXD	发送数据
4	DTR	数据终端准备好
5	SGND	信号地
6	DSR	数据准备好
7	RTS	请求发送
8	CTS	清除发送
9	RI	振铃提示

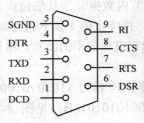

图 4-3 DB-9 接线端子排序图

RS-232C 串口通信接线方法通常采用三线制，串口传输数据只要有接收引脚和发送引脚就能实现。同一个串口的接收引脚和发送引脚直接用线交叉相连，对于 9 引脚串口，均是 2 脚与 3 脚交叉相连，然后将地线 5 脚直接相连即可，如图 4-4 所示。

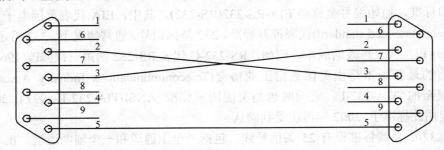

图 4-4 串口 3 线连接法

RS-232-C 标准规定，驱动器允许有 2500pF 的电容负载，通信距离将受此电容限制，例如，采用 150pF/m 的通信电缆时，最大通信距离为 15m，最高速率为 20Kbit/s；若每米电缆的电容量减小，则通信距离会增加。传输距离短的另一个原因是 RS-232 属单端信号传送，存在共地噪声和不能抑制共模干扰等问题，因此一般用于 20m 以内的通信。目前，RS-232 是 PC 与通信工业中应用最广泛的一种串行接口。

4.1.4 RS-422 和 RS-485

RS-422 由 RS-232 发展而来，它是为弥补 RS-232 的不足而提出的。为改进 RS-232 通信距离短、传输速率低的缺点，RS-422 定义了一种平衡通信接口，RS-422 的最大传输距离为 4000 英尺(约 1219m)，最大传输速率为 10Mbit/s(电缆线的长度为 12m)。其平衡双绞线的长度与传输速率成反比，在 100Kbit/s 速率以下才可能达到最大传输距离。只有在很短的距离内才能获得最高速率传输，一般 100m 长的双绞线上所能获得的最大传输速率仅为 1Mbit/s。一般来说，允许在一条平衡总线上连接最多 10 个接收器。RS-422 是一种单机发送、多机接收的单向平衡传输规范，被命名为 TIA/EIA-422-A 标准。

为扩展应用范围，EIA 又于 1983 年在 RS-422 的基础上制定了 RS-485 标准，增加了多点、双向通信能力，即允许多个发送器连接到同一条总线上，同时增加了发送器的驱动能力和冲突保护特性，扩展了总线共模范围，后命名为 TIA/EIA-485-A 标准。由于 EIA 提出的建议标准都是以 RS 作为前缀的，所以在通信工业领域，仍然习惯将上述标准以 RS 作为前缀称谓。

RS-422、RS-485 与 RS-232 不一样，数据信号采用差分传输方式(也称为平衡传输)，它使用一对双绞线，将其中一线定义为 A，另一线定义为 B。通常情况下，发送驱动器 A、B 之间的正电平为 +2~+6V，是一个逻辑状态，负电平为 –6~–2V，是另一个逻辑状态。另有一个信号地 C，在 RS-485 中还有一个使能端，而在 RS-422 中这是可用可不用的，使能端用于控制发送驱动器与传输线的切断与连接。当使能端起作用时，发送驱动器处于高阻状态，称为第三态，即它是有别于逻辑 1 与 0 的第三态。

接收器也作与发送端相对应的规定，收发端通过平衡双绞线将对应端相连，典型的 RS-422 是四线接口，即 TX-A、TX-B、RX-A、RX-B，实际上还有一根信号地线，共 5 根线。当在 A、B 之间有大于 +200mV 的电压时，输出正逻辑电平，小于 –200mV 时，输出负逻辑电平。接收器接收平衡线上的电平范围通常为 200mV~6V，参见图 4-5。

由于 RS-485 是在 RS-422 的基础上发展而来的，所以 RS-485 许多电气规定与 RS-422 类似，如表 4-2 所示，如都采用平衡传输方式，都需要在传输线上接终接电阻等。RS-485 可以采用二线与四线方式，二线制可实现真正的多点双向通信；而采用四线方式连接时，与 RS-422 一样只能实现点对多的通信，即只能有一个主设备，其余为从设备，但它比 RS-422 有所改进，无论四线还是二线连接方式总线上最多可接到 32 个设备。

RS-485 与 RS-422 的输出电压是不同的，RS-485 的输出电压是 –7~+12V，而 RS-422 的输出电压是 –6~+6V，RS-485 的最小输入阻抗为 12kΩ，RS-422 的最小输入阻抗是 4kΩ。RS-485 满足所有 RS-422 的规范，所以 RS-485 的驱动器可以在 RS-422 网络中应用。

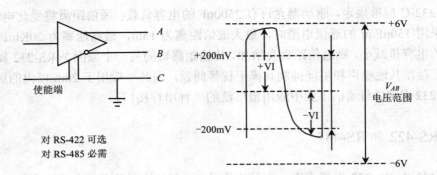

图 4-5 接收器接收平衡线上的电平范围

表 4-2 3 种串口通信模式比较

参数		RS-232	RS-422	RS-485
工作方式		单端	差分	差分
节点数		1收1发	1发10收	1发32收
最大传输电缆长度		50英尺(合15.24m)	4000英尺(合1219.2m)	4000英尺(合1219.2m)
最大传输速率		20Kbit/S	10Mbit/s	10Mbit/s
最大驱动输出电压		+/−25V	−6V~+6V	−7V~+12V
驱动器输出信号电平(负载最小值)	负载	+/−5V~+/−15V	+/−2.0V	+/−1.5V
驱动器输出信号电平(空载最大值)	空载	+/−25V	+/−6V	+/−6V
驱动器负载阻抗/Ω		3~7K	100	54
接收器输入电压范围		+/−15V	−10~+10V	−7~+12V
接收器输入门限		+/−3V	+/−200mV	+/−200mV
接收器输入电阻/Ω		3~7K	4K(最小)	≥12K

　　RS-485 与 RS-422 一样,其最大传输距离约为 1219m,最大传输速率为 10Mbit/s。平衡双绞线的长度与传输速率成反比,传输速率在 100Kbit/s 以下,才可能使用规定最长的电缆长度。只有在很短的距离内才能获得最高速率传输。一般来说,100m 长双绞线的最大传输速率仅为 1Mbit/s。

　　RS-485 需要 2 个终接电阻,其阻值要求等于传输电缆的特性阻抗。在短距离传输时可不需终接电阻,即一般在 300m 以下时不需终接电阻。终接电阻接在传输总线的两端。

4.2 I²C 总线

　　I²C 总线是当今电子设计中应用非常广泛的串行总线之一,主要用于电压、温度监控,EEPROM 数据的读写,光模块的管理等方面。目前有很多半导体集成电路上都集成了 I²C 接口。带有 I²C 总线协议的接口的单片机有 CYGNAL 的 C8051F0XX 系列,三星的 S3C24XX 系列,Philips 的 P87LPC7XX 系列,Microchip 的 PIC16C6XX 系列等。很多外围器件(如存储器、监控芯片等)也提供 I²C 接口。

4.2.1 I²C 总线概念

内部整合电路(inter-integrated circuit, I²C)是一种串行通信总线, 使用多主从架构, 由 Philips 公司在 19 世纪 80 年代为了让主板、嵌入式系统或手机连接低速周边装置而发展起来的。截至 2006 年 11 月 1 日, 使用 I²C 协定不需要为其专利付费, 但制造商仍然需要付费, 以获得 I²C 从属装置位置。

1. I²C 总线结构

I²C 总线只有两根, 即串行参考时钟(serial clock, SCL)和串行数据(serial data, SDA), 这两根线均为集电极开路口输出结构, 允许多个器件连接于这两根线上。I²C 总线的速率可支持标准、快速和高速等多种模式。I²C 总线结构如图 4-6 所示。

如图 4-6 所示, I²C 是集电极开路(OC)或漏极开路(OD)输出结构, 使用时必须在芯片外部进行上拉, 上拉电阻 R 的取值与 I²C 总线上所挂器件数量及 I²C 总线的速率有关, 一般是标准模式下 R 选取 10kΩ, 快速模式下 R 选取 1kΩ。I²C 总线上挂的 I²C 器件越多, 就要求 I²C 的驱动能力越强, R 的取值就越小。实际设计中, 一般是先选取 4.7kΩ 上拉电阻, 然后在调试的时候根据实测的 I²C 波形再调整 R 的值。

I²C 总线上允许挂接 I²C 器件的数量由以下两个条件决定。

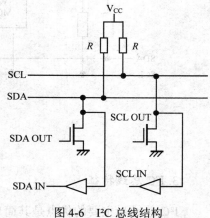

图 4-6 I²C 总线结构

(1) I²C 从设备的地址位数。I²C 标准中有 7 位地址和 10 位地址两种。如果是 7 位地址, 则允许挂接的 I²C 器件的数量为 $2^7=128$, 如果是 10 位地址, 则允许挂接的 I²C 器件的数量为 $2^{10}=1024$。一般来说, I²C 总线上挂接的 I²C 器件不会太多, 所以现在几乎所有的 I²C 器件都使用 7 位地址。

(2) 挂接在 I²C 总线上所有 I²C 器件的引脚寄生电容之和。I²C 总线规范要求, I²C 总线容性负载最大不能超过 470pF。

2. I²C 总线连接

I²C 规范运用主从双向通信, 发送数据到总线上的器件被定义为发送器, 接收数据的器件被定义为接收器, 每个器件都有唯一的地址。在信息传输的过程中, I²C 总线上并接的每一器件既是主控器(或被控器), 又是发送器(或接收器), 这取决于它所要完成的功能。完整的 I²C 总线术语定义如表 4-3 所示。

如图 4-7 所示, I²C 总线支持 SDA 和 SCL 在连接到总线的器件间传递信息。每个器件都有一个唯一的地址识别(无论是微控制器 MCU、LCD 驱动器、存储器或是键盘接口), 而且都可以作为一个发送器或接收器(由器件的功能决定)。在 I²C 总线上, 通常主机是初始化总线的数据传输并产生允许传输的时钟信号的器件，此时任何被寻址的器件都被认为是从机。

表 4-3 I²C 总线术语的定义

术语	描述
发送器	发送数据到总线的器件
接收器	从总线接收数据的器件
主机	初始化发送、产生时钟信号和终止发送的器件
从机	被主机寻址的器件
多主机	同时有多于一个主机尝试控制总线，但不破坏报文
仲裁	在有多个主机同时尝试控制总线的情况下，只允许其中一个控制总线并使报文不被破坏的过程
同步	两个或多个器件同步时钟信号的过程

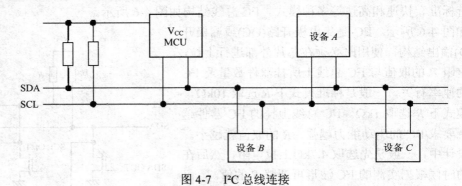

图 4-7 I²C 总线连接

3. I²C 总线特征

I²C 总线最主要的优点是其简单性和有效性。由于接口直接在组件之上，所以 I²C 总线占用的空间非常小，从而减少了电路板的空间和芯片引脚的数量，降低了互连成本。I²C 总线特征如下。

(1) 只要求两条总线线路：一条串行数据线 SDA 和一条串行时钟线 SCL。在硬件上，二线制的 I²C 串行总线使得各 IC 只需最简单的连接，而且总线接口都集中在 IC 中，不需要另加总线接口电路。

(2) 每个连接到总线的器件都可以通过唯一的地址和一直存在的简单主机/从机关系软件设定地址，主机可以作为主机发送器或主机接收器。

(3) 支持多主控(multimastering)，其中任何能够进行发送和接收的设备都可以称为主总线。如果两个或更多主机同时初始化，则数据传输可以通过冲突检测和仲裁防止数据被破坏。

(4) 串行的 8 位双向数据传输位速率在标准模式下可达 100Kbit/s，快速模式下可达 400Kbit/s，高速模式下可达 3.4Mbit/s。

(5) 连接到相同总线的 IC 数量只受到设备的地址位数和总线的最大电容(470pF)限制。如果在总线中加上 82B715 总线远程驱动器，则可以把总线电容限制扩展 10 倍，传输距离可增加到 15m。

4.2.2 I²C总线信号状态

I²C总线按字节传输,即每次传输8bit二进制数据,传输完毕后等待接收端的应答信号ACK,收到应答信号后再传输下一字节。下面对I²C总线通信过程中出现的几种信号状态进行分析。

1. 总线空闲状态

I²C总线的SDA和SCL两条信号线同时处于高电平时,规定为总线的空闲状态。此时各个器件的输出级场效应管均处于截止状态,即释放总线,由两条信号线各自的上拉电阻把电平拉高。

2. 启动信号

在时钟线SCL保持高电平期间,数据线SDA上的电平被拉低(负跳变),定义为I²C总线的启动信号,它标志着一次数据传输的开始,如图4-8所示。启动信号是一种电平跳变时序信号,而不是一个电平信号。启动信号是由主控器主动建立的,在建立该信号之前I²C总线必须处于空闲状态。

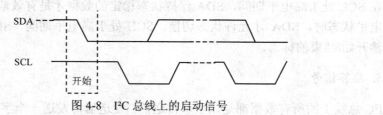

图4-8 I²C总线上的启动信号

3. 停止信号

在SCL保持高电平期间,SDA被释放,使得SDA返回高电平(正跳变),称为I²C总线的停止信号,它标志着一次数据传输的终止,如图4-9所示。停止信号也是一种电平跳变时序信号,而不是一个电平信号,停止信号也是由主控器主动建立的,建立该信号之后,I²C总线将返回空闲状态。

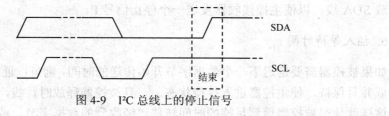

图4-9 I²C总线上的停止信号

4. 数据位传送

发送到SDA线上的每个字节必须为8bit,每次传输可以发送的字节数量不受限制。

每个字节后必须跟一个响应位。首先传输的是数据的最高位(MSB)，如果从机要完成一些其他功能(如一个内部中断服务程序)后才能接收或发送下一个完整的数据字节，可以使时钟线 SCL 保持低电平，迫使主机进入等待状态，从机准备好接收下一个数据字节并释放时钟线 SCL 后，数据传输会继续。

在 I²C 总线上传送的每一位数据都有一个时钟脉冲相对应(或同步控制)，即在 SCL 的配合下，在 SDA 上逐位地串行传送每一位数据。进行数据传送时，在 SCL 呈现高电平期间，SDA 上的电平必须保持稳定，低电平为数据 0，高电平为数据 1。只有在 SCL 为低电平期间，才允许 SDA 上的电平改变状态，如图 4-10 所示。

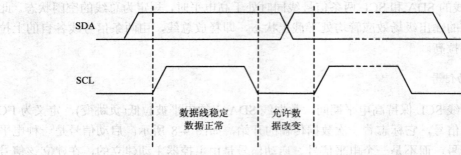

图 4-10 I²C 总线上的数据位传送

在 SCL 处于高电平期间，SDA 保持状态稳定的数据才是有效数据，只有在 SCL 处于低电平状态时，SDA 才允许状态切换。SCL 处于高电平期间，SDA 状态发生改变，是传输开始/结束的标志。

5. 应答信号

I²C 总线上的所有数据都是以字节传送的，发送器每发送一个字节，就在时钟脉冲 9 期间释放数据线，由接收器反馈一个应答信号。应答信号为低电平时，规定为有效应答位(ACK)，表示接收器已经成功接收了该字节。应答信号为高电平时，规定为非应答位(NACK)，一般表示接收器没有成功接收该字节。

对于 ACK 的要求是，接收器在第 9 个时钟脉冲之前的低电平期间将 SDA 线拉低，并且确保在该时钟的高电平期间为稳定的低电平，如图 4-11 所示。如果接收器是主控器，则在它收到最后一个字节后，发送一个 NACK 信号，以通知被控发送器结束数据发送，并释放 SDA 线，以便主控接收器发送一个停止信号 P。

6. 插入等待时间

如果被控器需要延迟下一个数据字节开始传送的时间，则可以通过把时钟线 SCL 电平拉低并且保持，使主控器进入等待状态。一旦被控器释放时钟线，数据传输就得以继续，这样就使得被控器得到足够的时间转移已经收到的数据字节，或者准备好即将发送的数据字节。例如，带有 CPU 的被控器在对收到的地址字节作出应答之后，需要一定的时间执行中断服务子程序，期间就把 SCL 线钳位在低电平上，直到处理妥当后才释放 SCL 线，进而使主控器继续后续数据字节的发送，如图 4-12 所示。

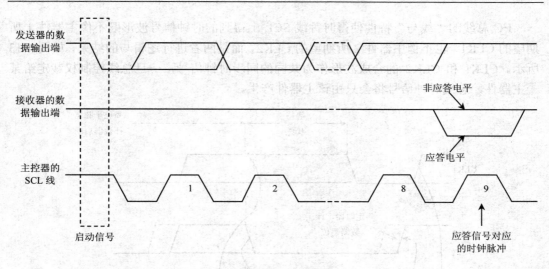

图 4-11　I²C 总线上的应答时序

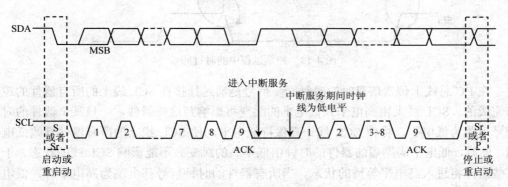

图 4-12　I²C 总线的数据传输

7. 重启动信号

在主控器控制总线期间完成了一次数据通信(发送或接收)之后，如果想继续占用总线再进行一次数据通信，而又不释放总线，就需要利用重启动 Sr 信号时序实现。

如图 4-12 所示，重启动信号 Sr 既作为前一次数据传输的结束，又作为后一次数据传输的开始。利用重启动信号的优点是，在前后两次通信之间主控器不需要释放总线，这样就不会丢失总线的控制权，即不让其他主器件节点抢占总线。

8. 时钟同步

如果在某一 I²C 总线系统中存在两个主器件节点，分别记为主器件 1 和主器件 2，其时钟输出端分别为 CLK1 和 CLK2，它们都有控制总线的能力。假设在某一期间两者相继向 SCL 线发出了波形不同的时钟脉冲序列 CLK1 和 CLK2(时钟脉冲的高、低电平宽度都是依靠各自内部专用计数器定时产生的)，在总线控制权还没有裁定之前这种现象是可能出现的。

I²C 总线的"线与"特性使得时钟线 SCL 上得到的时钟信号波形既不像主器件 1 所期望的 CLK1, 也不像主器件 2 所期望的 CLK2, 而是两者进行逻辑与的结果,如图 4-13 所示。CLKI 和 CLK2 的合成波形作为共同的同步时钟信号,一旦总线控制权裁定给某一主器件,总线时钟信号将会只由该主器件产生。

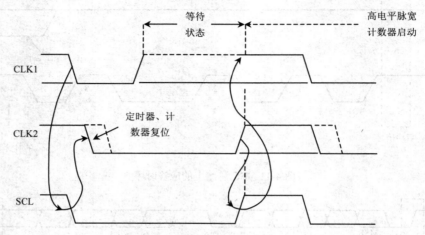

图 4-13 仲裁过程中的时钟同步

在 I²C 总线上传送信息时的时钟同步信号是通过挂接在 SCL 线上的所有器件的逻辑与完成的。SCL 线上由高电平到低电平的跳变将影响到这些器件,一旦某个器件的时钟信号下跳为低电平,将使 SCL 线一直保持低电平,使 SCL 线上的所有器件开始低电平期。此时,低电平周期短的器件的时钟由低至高的跳变并不能影响 SCL 线的状态,于是这些器件将进入高电平等待的状态。当所有器件的时钟信号都上跳为高电平时,低电平期结束,SCL 线被释放返回高电平,即所有的器件都同时开始它们的高电平期。之后,第一个结束高电平期的器件又将 SCL 线拉成低电平,这样就在 SCL 线上产生一个同步时钟。可见,时钟低电平时间由时钟低电平期最长的器件确定,而时钟高电平时间由时钟高电平期最短的器件确定,这就是时钟同步。

9. 总线冲突和总线仲裁

假如在某 I²C 总线系统中存在两个主器件节点,分别记为主器件 1 和主器件 2,其数据输出端分别为 DATA1 和 DATA2,它们都有控制总线的能力,这就存在发生总线冲突(写冲突)的可能性。假设在某一瞬间两者相继向总线发出了启动信号,I²C 总线的"线与"特性使得在数据线 SDA 上得到的信号波形是 DATA1 和 DATA2 两者相与的结果。

在总线被启动后,主器件 1 企图发送数据 101⋯,主器件 2 企图发送数据 100101⋯。两个主器件在每次发出一个数据位的同时都要对自己输出端的信号电平进行抽检,只要抽检的结果与它们自己预期的电平相符,就会继续占用总线,总线控制权也就得不到裁定结果。

主器件 1 的第三位期望发送 1,也就是在第三个时钟周期内送出高电平。在该时钟周期的高电平期间,主器件 1 进行例行抽检时,结果检测到一个不相匹配的低电平 0,

这时主器件 1 只好放弃总线控制权。因此，主器件 2 就成了总线的唯一控制者，总线控制权也就最终得出了裁定结果，从而实现了总线仲裁的功能。

从以上总线仲裁的完成过程可以得出，仲裁过程中主器件 1 和主器件 2 都不会丢失数据，各个主器件没有优先级别之分，总线控制权是随机裁定的，即使是抢先发送启动信号的主器件 1，最终也并没有得到控制权。

系统实际上遵循的是"低电平优先"的仲裁原则，将总线判给在数据线上先发送低电平的主器件，而其他发送高电平的主器件将失去总线控制权，如图 4-14 所示。

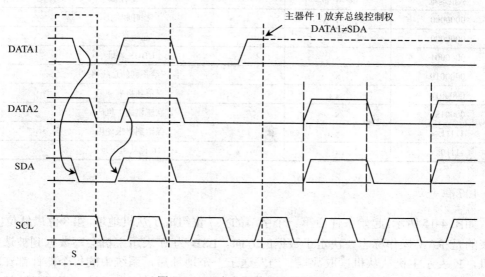

图 4-14 两个主器件的仲裁过程

特别需要注意的是，当重复起始条件或停止条件发送到 I²C 总线时，仲裁过程仍在进行，因此仲裁不能在下列情况之间进行。

(1) 重复起始条件和数据位。
(2) 停止条件和数据位。
(3) 重复起始条件和停止条件。

10. 总线封锁状态

在特殊情况下，想要禁止所有发生在 I²C 总线上的通信活动，封锁或关闭总线是一种可行途径，只要挂接于该总线上的任意一个器件将时钟线 SCL 锁定在低电平即可。

4.2.3 I²C 总线寻址操作

I²C 总线的寻址过程通常是指起始条件后的第一个字节决定了主机选择哪个从机，例外的情况是可以寻址所有器件的广播呼叫地址。使用这个地址时理论上所有器件都会发出一个响应，也可以使器件忽略这个地址。

从机地址由一个固定和一个可编程的部分构成，从机地址的可编程部分使相同的器件可以连接到同一 I²C 总线上。器件可编程地址位的数量确定了连接到同一总线上的相同器件数量。例如,器件有 3 个可编程的地址位,那么同一总线上共可以连接 8 个相同的器件。在实际应用中,用户通过修改同一总线上的可编程地址部分来防止地址冲突。

I²C 总线委员会协调 I²C 地址的分配,相关的信息可以从 Philips 代理商处获得。其中 I²C 保留的两组 8 位地址(0000xxxx)和(1111xxxx)的用途见表 4-4。

表 4-4 I²C 保留地址

从机地址	R/$\overline{W}$ 位	说明
0000000	0	广播呼叫地址
0000000	1	起始字节
0000001	x	CBUS 地址
0000010	x	保留给不同的总线格式
0000011	x	保留到将来使用
00001xx	x	高速模式主机码
11111xx	x	保留到将来使用
11110xx	x	10 位从机寻址

1. 7 位寻址

如图 4-15 所示,起始条件后第一个字节的头 7 位组成了从机地址,第 8 位最低位(LSB)代表的是 R/$\overline{W}$ 操作标志,决定了数据的方向。LSB 为 0 表示主机会写数据到被选中的从机,1 表示主机从从机读取数据。当发送了一个地址后,系统中的每个器件都在起始条件后将头 7 位与自己的地址比较。如果一样,则认为它被主机寻址,至于是从机接收器还是从机发送器都由 R/$\overline{W}$ 位决定。

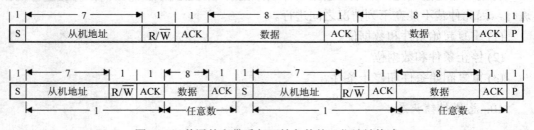

图 4-15 普通的和带重复开始条件的 7 位地址格式

2. 10 位寻址

10 位寻址不会影响已有的 7 位寻址,有 7 位和 10 位地址的器件可以连接到相同的 I²C 总线,它们都能用于标准模式和高速模式系统。

如图 4-16 所示,10 位寻址采用了表 4-4 保留的 11110xx 作为起始条件(S),或重复起始条件(Sr)的后第一字节的头 7 位。第一字节的第 8 位是 R/$\overline{W}$ 位,决定了传输的方向,第一字节的最低位是 0,表示主机将写数据到选中的从机,1 表示主机将从从机读取数据。

如果 R/W 位是 0,则第一字节的最后两位(xx)是 10 位地址的两个最高位(MSB),第二字节是 10 位从机地址剩下的 8 位；如果 R/$\overline{\text{W}}$ 位是 1，则下一个字节是从机发送给主机的数据。也就是说，10 位地址主要针对写操作，此时整个 10 位从机地址由起始条件或重复起始条件后的头两个字节组成。

图 4-16 I²C 总线 10 位地址格式

4.2.4 I²C 总线时序参数

I²C 总线的主要时序参数有开始建立时间 $t_{SU:STA}$、开始保持时间 $t_{HD:STA}$、数据建立时间 $t_{SU:DAT}$、数据保持时间 $t_{HD:DAT}$、结束建立时间 $t_{SU:STO}$，如图 4-17 所示。

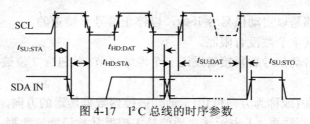

图 4-17 I²C 总线的时序参数

开始建立时间：SCL 上升至幅度的 90% 与 SDA 下降至幅度的 90% 之间的时间间隔。

开始保持时间：SDA 下降至幅度的 10% 与 SCL 下降至幅度的 10% 之间的时间间隔。

数据建立时间：SDA 上升至幅度的 90% 或 SDA 下降至幅度的 10% 与 SCL 上升至幅度的 10% 之间的时间间隔。

数据保持时间：SCL 下降至幅度的 10% 与 SDA 上升至幅度的 10% 或 SDA 下降至幅度的 90% 之间的时间间隔。

结束建立时间：SCL 上升至幅度的 90% 与 SDA 上升至幅度的 90% 之间的时间间隔。

I²C 总线的时序参数要求如表 4-5 所示。

表 4-5 I²C 总线的时序参数要求

参数	标准模式		快速模式	
	最小值	最大值	最小值	最大值
$t_{SU:STA}$	4.7μs		0.6μs	
$t_{HD:STA}$	4.7μs		0.6μs	
$t_{SU:DAT}$	250ns		100ns	
$t_{HD:DAT}$	0μs	3.45μs	0μs	0.9μs
$t_{SU:STO}$	4.0μs		0.6μs	

4.2.5 I²C 总线完整通信过程

在 I²C 总线的数据传输过程中，主控器和被控器工作在两个相反的状态，并且在一次通信过程中一般不发生转换。主控器为发送器(主控发送器)时被控器为接收器(被控接收器)，主控器为接收器(主控接收器)时被控器为发送器(被控发送器)。

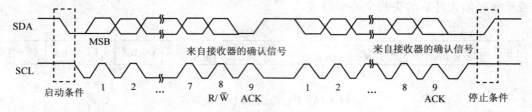

图 4-18　一个完整通信过程的 I²C 总线信号时序

图 4-18 为一次完整的 I²C 通信过程时序，在 I²C 总线上进行的每一次通信过程都存在如下规律。

(1) 由主控器主动发起，并且以发送启动信号 S 和停止信号 P 分别来控制总线和释放总线。

(2) 通信过程都是以启动信号 S 开始，以停止信号 P 结束的。

(3) 传送的数据字节数没有限制。

(4) 主控器在启动信号后紧接着发送一个地址字节，其包含 7 位被控器地址码和 1 位读/写控制位 R/$\overline{W}$。

(5) 读/写控制位(或称为方向位)用于通知被控器数据传送的方向，0 表示这次通信是由主控器向被控器写数据，1 表示这次通信是主控器从被控器读数据。

(6) 每传送 1 个地址字节或数据字节共需要 9 个时钟脉冲，其中第 1～8 个时钟脉冲对应的是由发送器向接收器发送的信息，第 9 个时钟脉冲对应的是由接收器向发送器反馈的一个应答位 ACK。

(7) 所有挂接到 I²C 总线上的被控器都接收启动信号后的地址字节，并且把接收到的 7 位地址码和自己的地址进行比较，如果相符即为主控器寻址的被控器，在第 9 个时钟脉冲期间反馈应答信号。

(8) 每个数据字节在传送时都是高位(MSB)在前。

4.3　USB 总线

USB(universal serial bus)是一个外部总线标准，用于规范计算机与外部设备的连接和通信。USB 由 Intel、IBM、Compaq、Microsoft、NEC、Digital、North Telecom 七家公司组成的 USBIF(USB Implement Forum)在 1994 年共同提出，自 1996 年推出 USB1.0 版本后，已成功替代串口和并口，成为智能设备的必配接口之一。

USB 最大的特点是支持热插拔和即插即用，当设备插入时，主机侦测此设备并加载所需的驱动程式，使用远比 PCI 和 ISA 总线方便，同时 USB 设备大多以小、轻、薄见长，携带比较方便。此外，USB 还可通过 USB 集线器连接多个设备，最高可连接至 127 个设备。因此，随着大量支持 USB 的智能设备的普及，USB 逐步成为智能设备的标准接口。

4.3.1 USB 总线发展历史

USBIF 自 1994 年 11 月 11 日发表了 USB0.7 版本以来,USB 版本经历了多年的发展,到现在已经发展为 3.0 版本,其各个版本的相关信息如表 4-6 所示。

表 4-6 USB 总线版本信息

版本	推出时间	最大输出电流	速率称号	速率
USB0.7	1994 年 11 月			
USB0.8	1994 年 12 月			
USB0.9	1995 年 4 月		—	
USB0.99	1995 年 8 月			
USB1.0 RC	1995 年 11 月			
USB1.0	1996 年 1 月	500mA	低速	1.5Mbit/s
USB1.1	1998 年 9 月		全速	12Mbit/s
USB2.0	2000 年 4 月		高速	480Mbit/s
USB3.0	2008 年 11 月	900mA	超高速	5.0Gbit/s(光纤 25Gbit/s)

1. USB1.0/1.1

USBIF 于 1996 年 1 月 15 日正式发布了 USB1.0,USB1.0 支持两种传输速率,低速方式的传输速率为 1.5Mbit/s,全速方式的传输速率为 12Mbit/s,最大输出电流为 500mA。1998 年升级为 USB1.1,修正了 1.0 版已发现的问题,特别是增加了关于 USB 集线器的内容,传输速率仍然不变。USB1.1 向下兼容 USB1.0,因此对于一般使用者而言,感受不到 USB1.1 与 USB1.0 的规范差异。

在 1996 年,个人计算机(PC)的 USB 接口就出现了,但由于缺乏软件及硬件设备的支持,这些 PC 的 USB 接口大多闲置未用。1998 年后,随着微软在 Windows 98 中内置了对 USB 接口的支持模块,同时 USB 设备日渐增多,USB 接口才逐步走进了实用阶段。

2. USB2.0

USB2.0 规范在 2000 年 4 月发布,其由 USB1.1 规范演变而来,最高传输速率达到 480Mbit/s,即 60MB/s,是 USB1.0/1.1 设备的 40 倍,足以满足大多数外设的速率要求。USB2.0 中的增强主机控制器接口(EHCI)定义了一个与 USB1.1 兼容的架构,它可以用 USB2.0 的驱动程序驱动 USB1.1 设备,也就是说,所有支持 USB1.1 的设备都可以直接在 USB2.0 的接口上使用,而不必担心兼容性问题,即 USB 连接线、插头等附件都可以直接使用。

由于当时制定的标准有了变化,USB 规范就产生了 3 种速度选择:480Mbit/s、12Mbit/s 和 1.5Mbit/s。2003 年 6 月,当 USB2.0 标准深入人心之后,USB 的规格和标准被重新命名。即将 USB1.1 改成了 USB2.0 Full Speed(全速版),同时将 USB2.0 改成了 USB2.0

High-Speed(高速版)，并同时公布了新的标志。高速版的 USB2.0 速度超过了全速版的 USB2.0。现在市面上不少闪存盘和 MP3 采用的都是 USB2.0，其实就是原来 USB1.1，被命名为 USB2.0 Full Speed 版本，传输速率只有 12Mbit/s，与高速版的 480Mbit/s 有很大的差距。

用于实现外设到主机或 USB 集线器连接的是 USB 线缆，从严格意义上讲，USB 线缆属于 USB 器件的接口部分。如图 4-19 所示，USB 线缆由 4 根线组成，其中一根是电源线 V_{BUS}，一根是地线 GND，其余两根是用于差动信号传输的数据线(D+和 D−)。将数据流驱动成为差动信号来传输的方法可以有效地提高信号的抗干扰能力(EMI)。USB2.0 可以通过 USB 线缆为其外设提供不高于 500mA(+5V)的总线电流，那些完全依靠 USB 线缆来提供电源的器件被称为总线供电器件(bus-powered device)，而自带电源的器件则被称为自供电外设(self-powered device)。

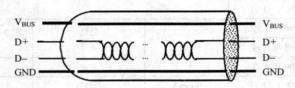

图 4-19　USB2.0 线缆

USB2.0 在数据线末端设置端接电阻的思路非常巧妙，使得在集线器来判别所连接的外设是高速外设或是低速外设时，只需要检测在外设被初次连接时，D+或 D−上的信号是高或是低即可。因为对于 USB 协议来讲，要求低速外设在其 D−端并联一个 1.5kΩ 的接地电阻，而高速外设则在 D+端接同样的电阻。在加电时，根据低速外设的 D−线和高速外设的 D+线所处的状态，集线器就很容易判别器件的种类，从而为器件配置不同的信息。

为提高数据传输的可靠性、系统的兼容性及标准化程度，USB 协议对用于 USB 的线缆提出了较为严格的要求。约束电缆长度的一个重要原因是电缆延迟，如用于高速传输的 USB 线缆，其最大长度不应超过 5m(USB2.0)，而用于低速传输的线缆则最大长度为 3m(USB1.1)，每根数据线的电阻应为标准的 90Ω，如图 4-20 所示。

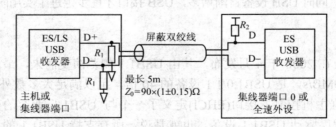

图 4-20　USB 外设的线缆和电阻连接图

3. USB3.0

2008 年 11 月，USB3.0 标准由 Intel、微软、惠普、德州仪器、NEC、ST-NXP 等业界巨头组成的 USB3.0 推广联盟宣布，该组织负责制定的新一代 USB3.0 标准已经正式完成并公开发布。新规范提供了 USB2.0 十倍的传输速率和更高的节能效率,可广泛用于 PC 外围设备和消费电子产品。USB3.0 在实际设备应用中被称为超速版 USB,顺应此前的全速版 USB1.1 和高速版 USB2.0。USB3.0 的最大传输带宽高达 5.0Gbit/s,也就是 625MB/s,同时在使用 A 型接口时向下兼容。

USB3.0 采用新的分组路由传输技术,线缆设计了 8 条内部线路,除 V_{BUS} 和 GND 作为电源提供线外,其余 3 对均为数据传输线路,其中保留了 D+与 D−两条兼容 USB2.0 的线路,新增了 SSRX 与 SSTX 等专为新版所设的线路,如表 4-7 所示。

表 4-7 USB3.0 A 标准接口定义

引脚编号	颜色	信号名称(A 型接口)	信号名称(B 型接口)
1	红色	V_{BUS}	
2	白色	D−	
3	绿色	D+	
4	黑色	GND	
5	蓝色	StdA_SSRX−	StdA_SSTX−
6	黄色	StdA_SSRX+	StdA_SSTX+
7	(屏蔽)	GND_DRAIN	
8	紫色	StdA_SSTX−	StdA_SSRX−
9	橙色	StdA_SSTX+	StdA_SSRX+

USB3.0 的 A 标准接口继续采用了与以前版本一样的尺寸方案,外观以蓝色区分,只是内部触点有变化,新的触点并排位于目前 4 个触点的后方,如图 4-21 所示。

图 4-21 USB3.0 A 标准接口

USB2.0 基于半双工二线制总线,只能提供单向数据流传输,而 USB3.0 采用了四线制差分信号线,支持双向并发数据流传输,这也是新规范速度猛增的关键原因。除此之外,USB3.0 还引入了新的电源管理机制,供电标准为 900mA,支持待机、休眠和暂停等状态,并采用了三级多层电源管理技术,可以为不同设备提供不同的电源管理方案。USB3.0 技术支持铜缆和光纤两种线缆,使用光纤连接之后,传输速率可以达到 25Gbit/s。

4. USB OTG 补充标准

USB 技术的发展使得 PC 和周边设备能够通过简单的方式、适度的制造成本将各种数据传输速率的设备连接在一起，上述应用都可以通过 USB 总线在 PC 的控制下进行数据交换。但这种方便的交换方式一旦离开了 PC，各设备间就无法利用 USB 进行操作，因为没有一个从设备能够充当 PC 一样的主设备。

USB OTG(USB on-the-go)是近年发展起来的技术，2001 年 12 月 18 日由 USB 应用者论坛公布了 1.0 版本，2006 年 12 月发布了 1.3 版本，主要应用于各种不同的设备或移动设备间的连接，进行数据交换，特别是 PDA、移动电话、消费类设备。可改变如数码照相机、摄像机、打印机等设备间多种不同制式的连接器，解决了多达 7 种制式的存储卡间数据交换的不便。

USB OTG 技术实现在没有主设备的情况下，USB 各从设备间的数据传送。例如，数码照相机直接连接到打印机上，通过 OTG 技术连接两台设备间的 USB 接口，将拍出的相片立即打印出来，也可以将数码照相机中的数据通过 OTG 发送到 USB 接口的移动硬盘上。在 OTG 产品中增加主设备能力，适应点到点的连接，使用这种能力可以在两个设备间动态地切换。使用 OTG 技术后，不会影响原设备和 PC 的连接，同时使得市场上已有的超过 10 亿个 USB 设备也能直接通过 OTG 互连。

5. 无线 USB

无线 USB (wireless USB，WUSB)是 2004 年 Intel 公司春季技术峰会由无线 USB 促进联盟(Wireless USB Promoter Group)提出的一个全新无线传输标准，2005 年 5 月 USB IF(Implementers Forum)发表了 Rev1.0 规范。WUSB 这个高速有效的连接接口的诞生是为了取消电缆的负担，以加强 USB 所不具有的功能。标准的数据传输速率与目前的有线 USB2.0 标准是一样的，均为 480Mbit/s，两者的区别在于无线 USB 要求在 PC 或外设中装备无线收发装置以代替电缆连线。

WUSB 采用超宽带技术 (ultra wide band, UWB)进行通信。目前无线局域网的 802.11g 协议采用位于 2.4GHz 附近的一小段频带进行通信，而超宽带技术则采用 3.1~10.6GHz 的频带进行通信，其采用 WiMedia Alliance 推荐的多频道直交频率多重分割(multiband OFDM)方式。WUSB 技术实现上相对简单且功耗只有 802.11 的一半，在距离计算机 3m 的范围内，WUSB 设备的传输速率将保持 480Mbit/s。在 10m 范围内，传输速率将下降到 110Mbit/s。然而随着技术的发展，WUSB 的传输速率将会达到 1Gbit/s 甚至更快。

WUSB 的基本连接原理是网络集线器拓扑，所有通过主机传输的数据都会连接上 WUSB 主机，然后分配给每个设备不同的地址和带宽，这些设备和主机之间的关系被称为群，它们通过点对点的方式传输。WUSB 主机能在 WUSB 群中识别多达 127 个 WUSB 设备。此外，WUSB 群能够在交叠空间中以最小的冲突共存，因此 WUSB 单元可以同时连接到两个不同的 WUSB 主机。

目前，USB 论坛已经认证了一大批符合无线 USB1.0 规范的 PC 和网络集线器。

4.3.2 USB 总线相关概念

一个基于计算机的 USB 系统可以在层次上被分为三部分，即 USB 主机(USB host)、USB 设备(USB device)和 USB 连接。

1. USB 主机

一个 USB 系统仅可以有一个主机，为 USB 器件连接主机系统提供主机接口的部件被称为 USB 主机控制器。USB 主机控制器是一个由硬件、软件和固件(firmware)组成的复合体。一块具有 USB 接口的主板通常集成了一个称为根集线器的部件，它为主机提供一到多个可以连接其他 USB 外设的 USB 扩展接口，通常在主板上见到的 USB 接口都是由根集线器提供的。主机所具有的功能包括：检测 USB 设备的插入和拔出，管理主机与设备之间的数据流，对设备进行必要的控制，收集各种状态信息，为插入的设备供电。

2. USB 设备

USB 设备可以分为两种，即 USB 集线器和 USB 功能设备(function device)。作为 USB 总线的扩展部件，USB 集线器必须满足以下特征。

(1) 为自己和其他外设连接提供可扩展的下行和上行(downstream and upstream)接口。

(2) 支持 USB 总线的电源管理机制。

(3) 支持总线传输失败的检测和恢复。

(4) 可以自动检测下行端口上外设的连接和摘除，并向主机报告。

(5) 支持低速外设和高速外设的同时连接。

从以上要求出发，USB 集线器在硬件上由两部分组成：集线器应答器(hub repeater)和集线器控制器(hub controller)。

集线器应答器响应主机对 USB 外设的设置，以及对连接到它下行端口的 USB 功能部件的连接和摘除(attached and detached)的检测、分类，并将其端口信息传送给主机，它也负责如"总线传输失败检测"这样的错误处理。

而集线器控制器则提供主机到集线器之间数据传输的物理机制。同大多数计算机外设一样，USB 集线器也有一个用来向主机表明自己身份的 BIOS 系统。这块位于 USB 集线器上的 ROM 通过 USB 描述符使主机可以配置这个 USB 集线器，并监控它的每个接口。

USB 功能设备即为主机系统提供某种功能的 USB 设备，如一个 USB 的移动硬盘、一台 USB 接口的数字摄像机、USB 的键盘或鼠标等。USB 的功能器件作为 USB 外设，必须保持和 USB 协议的完全兼容，并可以响应标准的 USB 操作。同样，用于表明自己身份的 BIOS 对于 USB 外设也是必不可少的，这在 USB 外设上被称为协议层。

在物理机制上，一个 USB 外设可以由四部分构成(图 4-22)：用于实现和 USB 协议兼容的 SIE 部分，用于存储描述符、存储实现外设特殊功能程序及厂家信息的协议层(ROM)，用于实现外设功能的传感器及对数据进行简单处理的数字信号处理器(DSP)部分，将外设连接到主机或 USB 集线器的接口部分。

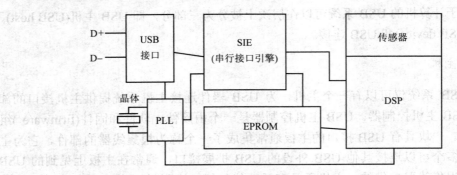

图 4-22　一个典型的 USB 功能器件结构图

组成外设的传感器件和 DSP 随外设具体应用的不同而有所不同。如对于一个 CMOS 数字摄像头，它的 CMOS 光电耦合器及其 DSP 部分并不因为使用什么样的接口方式而有所改变(如早期的摄像头都采用 ECP 的并口增强模式来进行图像数据的传输，而现在几乎都是USB接口)。因而重点是USB外设接口的部分，即USB器件微控制器(USB device microcontroller)。SIE (serial interface engine)是 USB 外设最重要的硬件组成部分之一，它主要由以下四部分组成。

(1) 硬件上用来完成 NRZI 编/译码和加/去填充位操作的 NRZI/Bit Buffing 和 NRZO/Bit Unstuffing 部分。

(2) 硬件上产生数据循环冗余校验码并对数据包进行循环冗余校验的循环冗余校验码的检验和生成部分。

(3) 用来将并行数据转化成 USB 串行数据的并/串转换部分(packet encode)，将主机发送的 USB 数据包转化成可以识别的并行数据的串/并转换部分(packet decode)。

(4) 检测和产生 SOP (每个数据包的同步字段)和 EOP 信号的部分。

USB 外设使用一段代码来存储关于该外设工作的一些重要信息，称为 USB 的协议层(protocol layer)。协议层是一台 USB 外设能够被主机正确识别和配置并正常工作的前提，它不仅存储了诸如厂家识别号、外设所属的类型(是集线器还是功能设备，是低速还是高速设备)、电源管理等常规信息，更重要的是还存储了外设的设备类型、器件配置信息、功能部件的描述、接口信息等，其存储方式都采用描述符(descriptor)的方式。描述符采用 USB 协议所规定的结构和代码排列(关于描述符的详细信息请参阅 USB 协议标准)。USB 主机通过在外设的协议层和主机之间建立 Endpoint0 信道、采用控制传输的方式对这些信息进行存取。

依附在总线上的设备可以是需要特定驱动程序的完全定制的设备，它们可能属于某个设备类别。这些类别定义了某种设备的行为和接口描述符，这样一个驱动程序可能用于所有该类别的设备。一般操作系统都支持这些设备类别，为其提供通用驱动程序。设备分类由 USB 设计论坛设备工作组决定，并分配 ID。

如果一个设备类型属于整个设备,则该设备的描述符的 bDeviceClass 域保存类别 ID。如果它只是设备的一个接口,其 ID 保存在接口描述符的 bInterfaceClass 域。它们都占用 1B,所以最多有 254 种设备类别(0x00 和 0xff 保留)。当 bDeviceClass 为 0x00 时,操作系统会检查每个接口的 bInterfaceClass,以确定其类别。每种类别可选支持子类别和协议子定义(protocol subdefinition),这样可以用于主设备类型的不断修订。常用设备类别和 ID 如表 4-8 所示。

表 4-8 常用 USB 设备类别和 ID

ID	设备	例子
0x00	保留值	无
0x01	音效设备	声卡
0x02	USB 通信控制设备	网卡、调制解调器、串行接口
0x03	人机界面设备(HID)	键盘、鼠标
0x05	物理界面设备	控制杆
0x06	静止图像捕捉设备	图像扫描仪、图像转换协议
0x07	打印设备	打印机
0x08	大容量访问设备	快闪设备、移动硬盘、存储卡读卡机、数码照相机
0x09	集线器	集线器
0x0a	通信设备	调制解调器、网络配置卡、ISDN、传真
0x0b	智能卡设备	读卡器
0x0e	图像设备	摄像头
0xe0	无线传输设备	蓝牙
0xfe	特殊的应用	红外线数据桥接器
0xff	定制设备	供应商特定

3. USB 连接

所谓 USB 连接实际上是指 USB 设备和 USB 主机进行通信的方法,它包括总线的拓扑(由一点分出多点的网络形式),即外设和主机连接的模式;各层之间的关系,即组成 USB 系统的各个部分在完成一个特定的 USB 任务时,各自之间的分工与合作;数据流动的模式,即 USB 总线的数据传输方式;USB 的分时复用,因为 USB 提供的是一种共享连接方式,为了进行数据的同步传输,USB 对数据的传输和处理必须采用分时处理的机制。

USB 的总线拓扑如图 4-23 所示,它是一个星型结构,集线器位于每个星型结构的中心,USB 协议规定最多允许 5 级集线器进行级联,这种集线器级联的方式使得外设的扩展变得很容易。在 USB 的树型拓扑中,USB 集线器处于节点的中心位置,而每个功能部件都和 USB 主机形成唯一的点对点连接,USB 的集线器为 USB 的功能部件连接到主机提供了扩展接口。利用这种树型拓扑,USB 总线支持最多 127 个 USB 外设同时连接到主机系统。

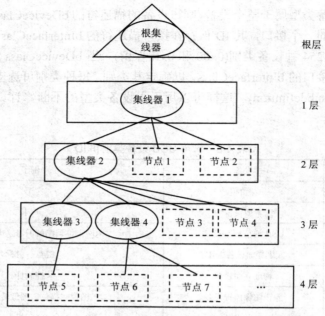

图 4-23 USB 的总线拓扑结构

数据流模式对于 USB 设备很关键。USB 协议支持以单向或双向的方式在 USB 主机和 USB 设备之间交换数据和控制信息。USB 的数据传输是在主机和 USB 设备上的特定端点之间进行的，一个给定的 USB 设备支持多个数据传输端点。USB 主机将分别处理 USB 设备的任一端点与其他端点上的通信，这种主端口和 USB 设备之间的联系称为管道。USB 的体系结构中有基本的数据传送类型，任一给定的管道都必须能够支持其中一种传输方式。

4. USB 的加载过程和使用

当 USB 设备接入集线器或根集线器后，主机控制器和主机软件(host controller and host software)能自动侦测到设备的接入。然后主机软件读取一系列数据用于确认设备特征，如主机 ID、产品 ID、接口工作方式、电源消耗量等参数。之后主机分配给外设一个单独的地址，该地址是动态分配的，各次可能不同。分配完地址之后对设备进行初始化，初始化完成以后就可以对设备进行 I/O 操作了。

当 USB 外设初次接入一个 USB 系统时，主机就会为该 USB 外设分配一个唯一的 USB 地址(USB 系统最多可以分配 127 个这样的地址)，并作为该 USB 外设的唯一标识，这称为 USB 的总线枚举(bus enumeration)过程。USB 使用总线枚举的方法在计算机系统运行期间动态检测外设的连接和摘除，并动态地分配 USB 地址，从而在硬件意义上真正实现即插即用和热插拔。

在所有的 USB 信道之间动态分配带宽是 USB 总线的特征之一。当一台 USB 外设在连接(attached)并配置(configuration)以后，主机将会为该 USB 外设的信道分配 USB 带宽。而当该 USB 外设从 USB 系统中摘除(detached)或是处于挂起(suspended)状态时，则它所占用的 USB 带宽会被释放，并被其他 USB 外设所分享。这种分时复用的带宽分配机制大大提高了 USB 的带宽利用率。

作为一种先进的总线方式，USB 提供了基于主机的电源管理系统。USB 系统会在外设长时间(一般在 3.0ms 以上)处于非使用状态时自动将该设备挂起，当 USB 外设处于挂起状态时，USB 总线通过 USB 线缆为该设备仅仅提供 500μA 以下的电流，并把该外设所占用的 USB 带宽分配给其他 USB 外设。USB 的电源管理机制使它支持如远程唤醒这样的高级特性，当外设处于挂起状态时，必须先通过主机唤醒该设备，然后才可以执行 USB 操作。USB 的这种智能电源管理机制使得它特别适合如笔记本计算机之类的设备应用。

5. USB 编码方式

USB 使用 NRZI 编码方式。当数据为 0 时，电平翻转；当数据为 1 时，电平不翻转，如图 4-24 所示。

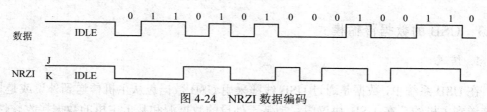

图 4-24　NRZI 数据编码

为了防止出现过长时间电平不变化的现象，在发送数据时采用位填充的方式处理。具体过程是，当遇见连续 6 个高电平时，就强制插入一个 0。经过位填充后的数据由串行接口引擎(SIE)将数据串行化和 NRZI 编码后，发送到 USB 的差分数据线上。接收端完成的过程和发送端刚好相反。图 4-25 是一串原始数据及其加填充位后和 NRZI 编码后的数据格式对比。

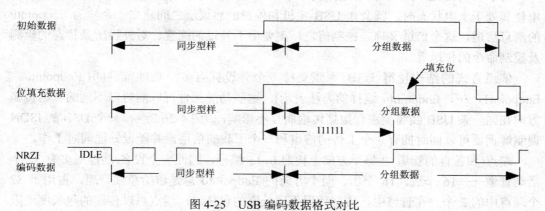

图 4-25　USB 编码数据格式对比

6. USB HCD

包含主机控制器和集线器的硬件为程序员提供了由硬件实现定义的接口主机控制器设备(host controller driver, HCD)，而实际上它在计算机上就是端口和内存映射。

USB1.0 和 USB1.1 的标准由两个竞争的 HCD 实现，开放主机控制器接口(OHCI)和通用主机控制器接口(UHCI)，VIA 公司采用了 UHCI，其他芯片组多使用 OHCI。它们的主要区别是 UHCI 更加依赖软件驱动，因此对 CPU 要求更高，但是自身的硬件会更廉价。OHCI 和 UHCI 的并存导致操作系统开发和硬件厂商都必须在两个方案上开发和测试，从而导致费用上升。因此 USB IF 在 USB2.0 的设计阶段坚持只能有一个实现规范，这就是扩展主机控制器接口 (EHCI)。

因为 EHCI 只支持高速传输，所以 EHCI 控制器包括 4 个虚拟的全速或者低速控制器。这里同样是 Intel 和 VIA 使用虚拟 UHCI，其他厂商一般使用 OHCI。在某些版本的 Windows 操作系统上打开设备管理器，如果设备说明中有"增强"，就能够确认它是 2.0 版本的。而在 Linux 系统中，使用命令 lspci 能够列出所有的 PCI 设备，其中 USB 被命名为 OHCI、UHCI 或者 EHCI，使用命令 lsusb 能够显示所有 USB 设备的信息，使用命令 dmesg 能够显示操作系统启动时关于 USB 设备的信息。

4.3.3 USB 的数据传输模式

1. 信道

在 USB 系统中，数据是通过 USB 线缆采用 USB 数据包从主机传送到外设或是从外设传送到主机的。在 USB 协议中，把基于外设的数据源和基于主机的数据接收软件(或者方向相反)之间的数据传输模式称为信道或管道(pipe)。信道分为流模式的信道(stream pipe)和消息模式的信道(message pipe)两种。信道和外设所定义的数据带宽、数据传输模式以及外设的功能部件的特性(如缓存大小、数据传输的方向等)相关。只要 USB 外设与主机连接，就会在主机和外设之间建立信道。

对于任何 USB 外设，在它连接到一个 USB 系统中，并被 USB 主机经 USB 线缆加电使其处于上电状态时，就会在 USB 主机和外设的协议层之间建立一个称为 Endpoint0 的消息信道，这个信道又称为控制信道，主要用于外设的配置、对外设所处状态的检测及控制命令的传送等。

信道方式的结构使得 USB 系统支持一个外设拥有多个功能部件(用 Endpoint0，Endpoint1，…，Endpoint$n$ 这样的方法表示)，这些功能部件可以同时以不同的数据传输方向在同一条 USB 线缆上进行数据传输而互不影响，如图 4-26 所示。一个 USB 的 ISDN 调制解调器可以同时拥有一个上传的信道和一个下载的信道，并能很好地同时工作。

端点(和各自的管道)在每个方向上按照 0~15 编号，因此一个设备/功能最多有 32 个活动管道——16 个进，16 个出。两个方向的 Endpoint0 总是留给总线管理，占用了 32 个端点中的 2 个。在管道中，数据使用不同长度的包传递，端点可以传递的包长度上限一般是 2^nB，所以 USB 包经常包含的数据量依次有 8B、16B、32B、64B、128B、256B、512B、1024B。

一旦设备通过总线的集线器附加到主机控制器，主机控制器就给它分配一个主机上唯一的 7 位地址。主机控制器通过投票分配流量，一般是通过轮询模式实现，因此没有明确向主机控制器请求之前，设备不能传输数据。

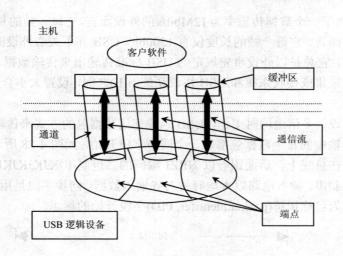

图 4-26　USB 的通信流及信道

为了访问端点，必须获得一个分层的配置。连接到主机的设备有且仅有一个设备描述符(device descriptor)，而设备描述符有若干配置描述符(configuration descriptor)。这些配置一般与状态相对应，如活跃和节能模式。每个配置描述符有若干接口描述符，用于描述设备的某个方面，可以有不同的用途。接口描述符有一个缺省接口设置(default interface setting)和多个替代接口设置(alternate interface setting)，它们都拥有端点描述符。一个端点能够在多个接口和替代接口设置之间复用。

2. 数据包格式

USB 是一种串行总线，即它的数据是一位一位地传送的。数据位被发送到总线的时候，首先是最低有效位(LSB)，跟着是下一个最低有效位，最后是最高有效位(MSB)。在图 4-27 中，包中单个的位和字段从左到右的顺序就是它们通过总线的顺序。

虽然 USB 把这些位形式的数据以数据包的形式来传送，但数据的同步也是必不可少的。USB1.0/1.1 规定，USB 的标准脉冲时钟为 12MHz，而其总线时钟为 1ms，即每隔 1ms，USB 设备应为 USB 线缆产生一个时钟脉冲序列。这个脉冲序列称为帧开始数据包(SOF)，主机利用 SOF 来同步 USB 数据的发送和接收，如图 4-27 所示。

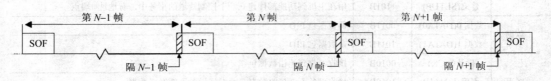

图 4-27　帧开始数据包在 USB 数据传输中的分布

帧号字段是一个 11 位的字段，主机每过一帧就将其内容加一。帧号字段达到其最大值 7FFH 时归零，且它仅在每个帧最初时刻的 SOF 标记中被发送。

由此可见,对于一个数据传输率为12Mbit/s的外设而言,它每一帧的长度为12000bit,而对于低速外设而言,它每一帧的长度仅有1500bit。USB并不关心外设的数据采集系统及其处理的速率,它总是以外设事先规定的USB标准传输率来传输数据。这就要求外设厂商必须在数据采集或接收系统和USB协议系统(SIE)之间,设置大小合适的FIFO来对数据进行缓存。

为实现多外设、多信道同时工作,USB总线使用数据包的方式来传输数据和控制信息。USB数据传输中的每个数据包都以一个同步字段开始,如图4-28所示。同步字段作为空闲状态出现在总线上,后面跟着以NRZI编码的二进制串KJKJKJKK。通过被定义为8位长的二进制串,输入电路以本地时钟对齐输入数据。同步字段是用于同步的机制,它的最后两位作为包标识符(packet identifer, PID)字段开始的标志。

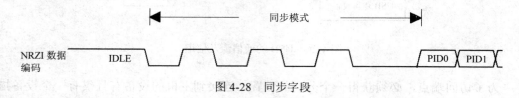

图4-28 同步字段

紧跟在同步字段之后的一段8bit的脉冲序列称为PID字段,如图4-29所示,PID字段的前四位用来标记该数据包的类型,后四位则作为对前四位的校验。

(LSB)							(MSB)
PID0	PID1	PID2	PID3	$\overline{PID0}$	$\overline{PID1}$	$\overline{PID2}$	$\overline{PID3}$

图4-29 PID字段

如表4-9所示,PID字段被分为标记PID(共有IN、OUT、SETUP或SOF四种)、数据PID(DATA0或DATA1)、握手PID(ACK、NAK或STALL)及特殊PID等。主机根据PID字段的类型来判断一个数据包中所包含的数据类型,并执行相应的操作。

表4-9 PID类型

PID类型	PID名	PID0~PID3	描述
标记	输出(OUT)	0001B	用在主机到功能部件的事务中,有地址+端点
	输入(IN)	1001B	用在功能部件到主机的事务中,有地址+端点
	帧开始(SOF)	0101B	帧开始标记和帧号
	建立(SETUP)	1101B	用在主机到功能部件建立一个控制管道的事务中,有地址+端点
数据	数据0(DATA0)	0011B	偶数据包PID
	数据1(DATA1)	1011B	奇数据包PID
握手	确认(ACK)	0010B	接收器收到无错数据包
	不确认(NAK)	1010B	接收设备不能接收数据,或发送设备不能发送数据
	停止(STALL)	1110B	端口挂起,或一个控制管道请求不被支持
专用	前同步(PRE)	1100B	主机发送的前同步字,打开到低速设备的下行总线通信

当一个USB外设初次连接时,USB系统会为这台外设分配唯一的USB地址,如图4-30

所示。这个地址通过地址寄存器来标记,以保证数据包不会传送到别的 USB 外设。7bit 的地址使得 USB 系统最大寻址为 127 台设备。

由于一台 USB 外设可能具有多个信道,因而在 ADDR 字段后会有一个附加的端点字段来标记不同的信道,如图 4-31 所示。所有的 USB 外设都必须支持 Endpoint0 信道,用 0000 来标记。对于全速设备,最大可以支持 16 个信道,而低速设备在 Endpoint0 之外最多有两个信道。

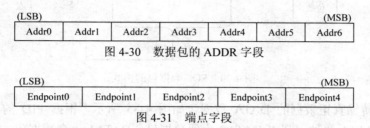

图 4-30 数据包的 ADDR 字段

图 4-31 端点字段

数据域作为 USB 数据传输的核心,在一个 USB 数据包中可以包含 0~1203B 的数据,如图 4-32 所示。帧数量字段则包含在帧开始数据包中,在有的应用场合,可以用帧数量字段作为数据的同步信号。

图 4-32 USB 的数据域位

为保证控制、块传送及中断传送中数据包的正确性,循环冗余校验字段被引用到如标记、数据、帧开始(SOF)等数据包中。

3. 数据包类型

在 USB 系统中,有 4 种形式的数据包:信令包(token packet)、数据包(data packet)、帧开始包(SOF packet)和握手包(handshake packet)。

(1) 信令包由 PID、ADDR、ENDP 和 CRC5 四个字段组成,如图 4-33 所示。它因 PID 字段的不同而分为输入类型(IN)、输出类型(OUT)和设置类型(SETUP)三种。信令包处于每一次 USB 传输的数据包前面,以指明这次 USB 操作的类型(PID 字段标记)、操作的对象(在 ADDR 和 ENDP 字段中指明)等信息。5bit 的循环冗余校验位用来确保标记数据包的正确性。

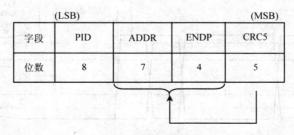

图 4-33 信令数据包的组成

(2) USB 主机会每隔 1ms 在 USB 总线上产生一个 SOF 的 USB 帧同步信号，SOF 数据包包含了这个脉冲序列的实际内容，如图 4-34 所示，它由 SOF 格式的 PID 字段、帧数量字段和 5bit 的循环冗余校验码组成。主机利用 SOF 数据包来同步数据的传送和接收。

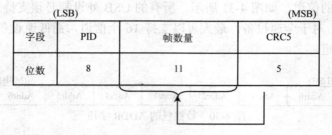

图 4-34 SOF 数据包的格式

(3) 用于传输真正数据的 DATA 数据包如图 4-35 所示，根据 PID 的不同可以分为 DATA0 和 DATA1 两种，其中 DATA0 为偶数据包，DATA1 为奇数据包。DATA 数据包的奇偶性分类易于数据的双流水处理，而用于控制传输的 DATA 数据包总是以 DATA0 来传送数据的。

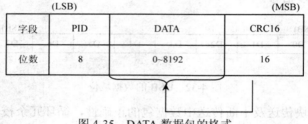

图 4-35 DATA 数据包的格式

字段	PID
(LSB)	(MSB)
位数	8

图 4-36 握手数据包

(4) 握手数据包仅包含一个 PID 字段，如图 4-36 所示。有 3 种类型的握手包：ACK 形式的 PID 表明此次 USB 传输没有发生错误，数据已经成功传输；NAK 形式的握手数据包则向主机表明此次 USB 传输因为循环冗余校验错误或别的原因而失败了，从而使得主机可以进行数据的重新传输；STALL 形式的握手数据包向主机报告外设此刻正处于挂起状态而无法完成数据的传输。

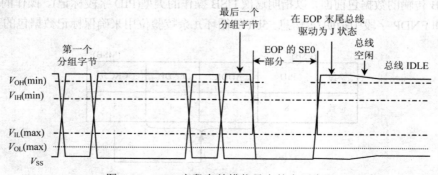

图 4-37 EOP 字段在差模信号中的电压表现

需要指出的是,每个数据包的结束都会有 2bit 的 EOP 字段作为数据包结束的标记,如图 4-37 所示。EOP 在差模信号中表现为 D+和 D−都处于 0 状态。对于全速 USB 外设而言,这个脉冲宽度为 160~175ns,而对于低速设备则为 1.25~1.50μs。无论其后是否有其他数据包,USB 线缆都会在 EOP 字段后紧跟 1bit 的总线空闲位。USB 主机或外设利用 EOP 来判断一个数据包的结束。

4. 数据传输模式

每个 USB 信道对应着一种特定的 USB 传输模式,根据不同的需要,USB 外设可以为 USB 信道指定不同的 USB 传输模式。目前 USB 总线支持 4 种数据传输模式。

(1) 控制传输模式。控制传输用于在外设初次连接时对器件进行配置,对外设的状态进行实时检测,对控制命令进行传送等,也可以在器件配置完成后被客户软件用于其他目的。Endpoint0 信道只可以采用控制传输模式。典型的控制 SETUP 事务如图 4-38 所示。

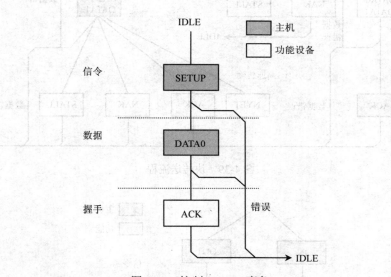

图 4-38 控制 SETUP 事务

(2) 块传送模式。块传送模式用于进行批量的、非实时的数据传输,如图 4-39 所示。例如,一台 USB 扫描仪即可采用块传送模式,以保证数据连续地在硬件层次上实时纠错地传送。采用块传送模式的信道所占用的 USB 带宽在实时带宽分配中具有最高的优先级。

(3) 同步传输模式。同步传输模式适用于要求数据连续地、实时地、以固定的数据传输率产生、传送并消耗的场合,如数字录像机等,其传输流程如图 4-40 所示。为保证数据传输的实时性,同步传输模式不进行数据错误的重试,也不在硬件层次上响应握手数据包,这样就可能使数据流中存在数据错误。为保证在同步传输数据流中致命错误出现的概率小到可以容忍的程度,而数据传输的延迟又不会对外设的性能造成太大影响,厂商必须为使用同步传输的信道选择一个合适的带宽,即必须在速度和品质之间作出权衡。

(4) 中断传输模式。如图 4-41 所示,中断传输模式适用于小批量的、点式、非连续的数据传输应用的场合,如用于人机交互的鼠标、键盘、游戏杆等。

通常情况下,数据采样率因采样精度和使用场合的不同而不同,如对于音频应用,可以采用 44.1kHz 或 48kHz 的采样率,而这个时钟并不和 USB 标准时钟对应。因而在实际应用中,为保证采集到的数据无丢失地打包和传送,必须在 SIE 和数据采集部件之间设立 FIFO,以便对数据进行缓冲存储。

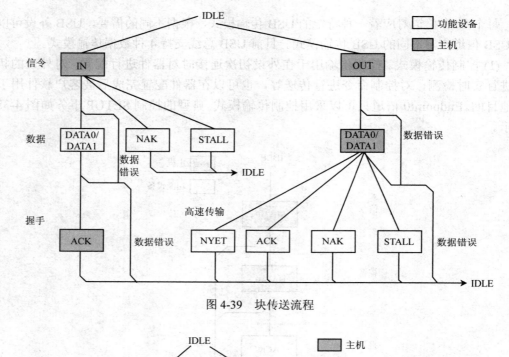

图 4-39 块传送流程

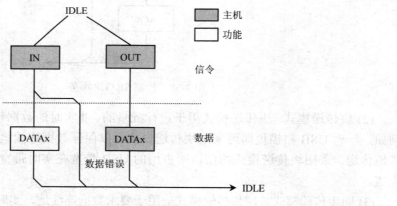

图 4-40 同步传输流程

对于采用块传送和同步传送的外设而言,FIFO 的作用显得尤为重要。例如,一台采用同步传输的 USB 数字摄像机,假设它的 CCD 为 720×576 像素,每个像素占用 3B,那么为保证数据正确地压缩、传输和接收,在动态采集中,FIFO 至少要存储一帧图像,即要求 FIFO 有 720×576×3 = 1.24416MB 的容量。

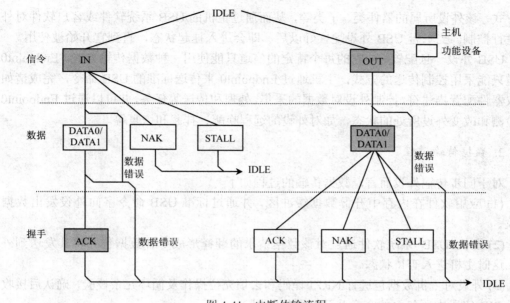

图 4-41 中断传输流程

4.3.4 USB 的数据传输

1. 初始化

USB 采用总线枚举的方法来标记和管理外设所处的状态,当一台 USB 外设初次连接到 USB 系统中后,通过 8 个步骤来完成它的初始化。

(1) USB 外设所连接的集线器检测到所连接的 USB 外设并自动通知主机,此时外设处于不可用状态。

(2) 主机通过对集线器的查询确认外设的连接状况。

(3) 主机可用这个集线器端口,并向集线器发送一个复位该端口的命令。

(4) 集线器将复位信号保持 10ms,为连接到该端口的外设提供 100mA 的总线电流,此时该外设处于上电状态,它的所有寄存器被清空并指向默认的地址。

(5) 在外设分配到唯一的 USB 地址之前,它的默认信道均使用主机的默认地址,然后主机通过读取外设协议层的描述符来了解该外设的默认信道所使用的实际最大数据有效载荷长度。

(6) 主机分配一个唯一的 USB 地址给该外设,并使它处于可寻址状态。

(7) 主机开始使用 Endpoint0 信道读取外设的器件配置描述符,这会花费几帧的时间。

(8) 基于器件配置描述符,主机为该外设指定一个配置值,这时外设即处于配置(configured)状态了,它所有的端点这时也处于配置值所描述的状态。从外设的角度来看,此时该外设已处于准备使用的状态。

在一台外设能被使用之前,它必须被配置。配置即主机根据外设的配置描述符来定义器件的配置寄存器,以便规定外设的所有端点的工作环境,如某信道所采用的数据传输方式，该外设所属的器件类、子类等，从而通过主机的 USB 系统软件或客户软件对外设进行控制。当一台 USB 外设配置好以后，即会进入挂起状态，直到它开始被使用。

USB 外设一旦配置好，它的每个特定的信道只能使用一种数据传输方式。Endpoint0 信道只能采用控制传送的方式，主机通过 Endpoint0 来传送标准的 USB 命令，完成诸如读取器件配置描述符、控制外设对数据的采集、处理和传送等任务，并可以通过 Endpoint0 来检测和改变外设所处的状态，如对外设的远程唤醒、挂起和恢复等。

2. 数据传输过程

对于同步传输外设而言，数据传输的过程如下。

(1) 应用软件在内存中开辟数据缓冲区，并通过标准 USB 命令字向外设发出数据请求。

(2) 主机 USB 系统软件通过对该数据请求的翻译形成令牌数据包并将其发送到外设，这时主机进入等待状态。

(3) 外设对主机数据包进行 NRZI 译码和去填充位操作及循环冗余校验，确认后接收主机 PID 字段中所包含的命令并开始采集数据。

(4) 采集到的并行数据首先进入 FIFO，并通过并/串转换部件形成串行脉冲。

(5) 根据器件配置寄存器的要求对数据进行符合条件的分割，配置数据包的 PID 字段等以形成原始数据包。

(6) 通过循环冗余校验产生器对每个数据包生成循环冗余校验码字段，SOP 和 EOP 信号产生器为该数据包加入同步字段头和数据包结束符。

(7) 外设数据包的 NRZI 编码和加填充位操作。

(8) 外设使用收发器将数据流驱动到 USB 线缆上。

(9) 主机控制器将收到的外设 USB 数据转化为普通数据，送到数据缓冲区进行数据的进一步处理。如果是控制传输、块传输或中断传输方式，则在数据被成功传送后，主机还会向外设发送 ACK 的握手数据包作为响应。

3. 通信开销

在 USB 数据通信的过程中，总线上传输的并不只是数据信息，还包括如同步信号、类型标识、校验码、握手信号等各种协议信息，因此实际数据传输的速率不可能达到总线传输的极限速率(如高速为 480Mbit/s)。

对于 USB2.0 的情况，由于采用了微帧结构，每帧分为 8 个微帧，且中断传输在每个微帧下可以传输 3 个数据包，而每包的数据也增加到 1024B，故可以计算出 USB2.0 的中断传输的最大速率提高到 $8 \times 3 \times 1024B/ms = 24MB/s$。

如表 4-10 所示，USB2.0 中最能体现高速传输特点的应属批量传输类型，其 53.248MB/s 的理论传输速度上限比较接近 60MB/s 的总线速度极限。因此，如果仅从获取最高数据传输的目标出发，应当选用批量传输工作方式。

USB 协议规定，控制传输应确保在低/全速时能够使用 10%的带宽，高速时能够使用 20%的带宽。而批量传输并没有保留任何带宽，即批量传输只有在控制传输和其他传输不需要使用其带宽的情况下，才能使用剩下的带宽。因此，尽管总线闲置时批量传输可以在一段时间内尽快地传输大量的数据，但总线忙时批量传输就可能工作很慢。

表 4-10 USB2.0 的数据实际最大传输速率

传输类型	数据包长度/B	每微帧最大传输次数	最大速率/(MB/s)
控制传输	64	31	15.872
中断传输	1024	3	24.576
批量传输	512	13	53.248
同步传输	1024	3	24.576

USB 的同步传输可以保证传输的速率恒定，而中断传输要求每帧或每个微帧都能为每个设备进行一次数据传输，从而确保主机对设备响应的实时性。然而同步传输和中断传输并不保留带宽，主机只有在总线确实能够分配足够带宽的情况下才会接受设备的通信要求，且实时传输不进行握手包的确认过程，因而不能确保数据传输的正确性。

人们通常所说的 480Mbit/s 是 USB2.0 总线传输速率的上限，考虑通信协议的开销后，实际数据的传输速率理论上最高只有 53MB/s(426Mbit/s)，实际综合条件下 15~25MB/s 都可以作为合理的高速目标。其次，追求数据的高速传输时应当考虑采用批量方式，但在多设备同时工作的场合应考虑实时响应，USB2.0 下的中断方式也是不错的选择。USB 设备中微处理器转发数据的传统方法不能适应高速数据传输的要求，必须建立 USB 端点 FIFO 和应用数据通道之间的直接联系。最后，为了真正实现数据的高速传输，必须综合考虑 PC 本身的软硬件配置、设备驱动程序开发和实际工作环境。

4.4 CAN 总线

控制器局域网络(controller area network, CAN)是德国 BOSCH 公司从 20 世纪 80 年代初为解决现代汽车中众多的控制与测试仪器之间的数据交换而开发的一种串行数据通信协议。CAN 为越来越多不同领域采用和推广，这就要求各种应用领域通信报文标准化。为此，1991 年 9 月 BOSCH 公司制定并发布了 CAN 技术规范 VERSION 2.0。该技术规范包括 A 和 B 两部分。VERSION 2.0A 给出了曾在 CAN 技术规范版本 1.2 中定义的 CAN 报文格式，提供了 11 位地址；而 VERSION 2.0B 给出了标准的和扩展的报文格式，提供了 29 位地址。此后，1993 年 11 月 ISO 正式发布了 CAN 国际标准 ISO11898(高速应用)和 ISO11519(低速应用)，为控制器局域网络标准化、规范化推广铺平了道路。

CAN 是一种多主方式的串行通信总线，它提供高安全等级及高效率的实时控制，更具备了侦错和优先权判别的机制，在这样的机制下，网络消息的传输变得更为可靠而有效率。CAN 基本设计规范要求有高的位速率、高抗电磁干扰性，而且能够检测出任何错误。其最大通信速率可达 1Mbit/s，当信号传输距离达到 10km 时，CAN 可提供 50Kbit/s 的数据传输速率。其采用的通信介质是双绞线、同轴电缆或光导纤维。

由于 CAN 总线本身的突出特点，其应用领域目前已不再局限于汽车行业，而向工程工业、机械工业、机器人、数控机床、医疗器械及传感器等领域发展，目前已成为工业数据通信的主流技术之一。

4.4.1 CAN 的分层结构

1. CAN 2.0A 分层结构

在 CAN 2.0A 中，为了达到设计透明度以及实现柔韧性的要求，CAN 2.0A 被细分为图 4-42 所示的不同层次。

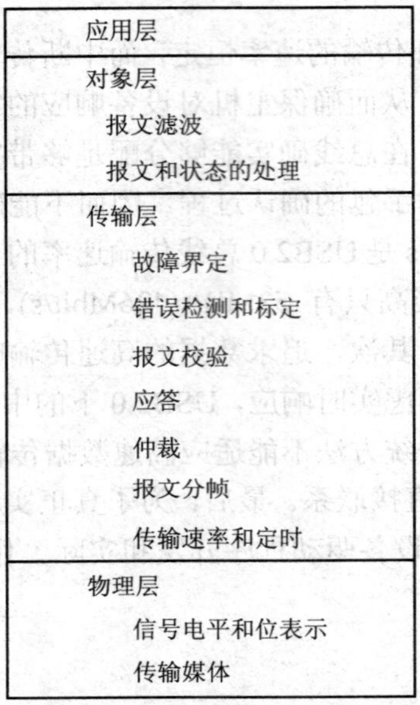

应用层
对象层
报文滤波
报文和状态的处理
传输层
故障界定
错误检测和标定
报文校验
应答
仲裁
报文分帧
传输速率和定时
物理层
信号电平和位表示
传输媒体

图 4-42　CAN 2.0A 的分层结构

对象层(object layer)和传输层(transfer layer)包括所有由 ISO/OSI 模型定义的数据链路层的服务和功能。对象层的功能是报文滤波以及报文和状态的处理，其作用范围包括查找被发送的报文，确定由实际要使用的传输层接收哪一个报文，为应用层相关硬件提供接口。

传输层是 CAN 协议的核心，它把接收到的报文提供给对象层，并接收来自对象层的报文。传输层的作用主要是传送规则，也就是控制帧结构、执行仲裁、错误检测、出错标定、故障界定。总线上什么时候开始发送新报文以及什么时候开始接收报文，均在传输层确定。位定时的一些普通功能也可以看做传输层的一部分。

物理层(physical layer)的作用是在不同节点之间根据所有的电气属性进行位信息的实际传输。同一网络内，物理层对于所有节点必须是相同的。

2. CAN 2.0B 分层结构

在 CAN 2.0B 中，根据 ISO/OSI 参考模型，CAN 2.0B 被细分为图 4-43 所示的不同层次。数据链路层中的逻辑链路控制(LLC)子层的作用范围是为远程数据请求以及数据传输提供服务,确定由实际要使用的 LLC 子层接收哪一个报文,为恢复管理和过载通知提供手段。

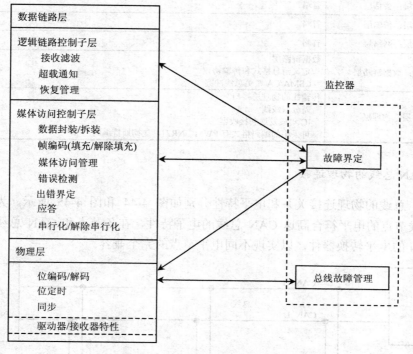

图 4-43 CAN 2.0B 的分层结构

媒体访问控制(MAC)子层的作用主要是传送规则,也就是控制帧结构、执行仲裁、错误检测、出错标定、故障界定。总线上什么时候开始发送新报文以及什么时候开始接收报文,均在 MAC 子层确定。位定时的一些普通功能也可以看做 MAC 子层的一部分。

物理层的作用是在不同节点之间根据所有的电气属性进行位的实际传输,同一网络的物理层对于所有节点是相同的。

CAN 总线是个开放的系统,其标准遵循 OSI 七层模式,而 CAN 的基本协议只有物理层协议和数据链路层协议。实际上,CAN 总线的核心技术是其 MAC 应用协议,主要解决数据冲突的 CSMA/CA 协议。CAN 总线一般用于小型的现场控制网络中,如果协议的结构过于复杂,网络的信息传输速率一定会变慢。因此,CAN 总线只用了 OSI 七层模型中的 3 层——物理层、数据链路层和应用层,被省略的 4 层协议一般由软件实现其功能,如表 4-11 所示。

表 4-11 OSI 七层协议和 CAN 总线协议层的对照关系

OSI 七层协议	CAN 总线协议
第 7 层:应用层	应用层 工业标准和汽车应用有细微差别 为通信、网络管理和实时操作系统提供接口
第 6 层:表示层	省略

续表

OSI 七层协议	CAN 总线协议
第 5 层：会话层	省略
第 4 层：传输层	省略
第 3 层：网络层	省略
第 2 层：数据链路层	数据链路层 　　定义消息格式和传输协议 　　CSMA/CA 避免总线冲突
第 1 层：物理层	传输线的物理层接口 　　差分双绞线 　　IC 集成发送和接收器 　　可采用的编码格式有 PWM、NRZI、曼彻斯特编码

3. CAN 总线的物理连接

CAN 总线的物理连接关系和电平特性分别如图 4-44 和图 4-45 所示。为使不同的 CAN 总线节点的电平符合高速 CAN 总线的电平特性，在各节点和 CAN 总线之间可以增加 CAN 的电平转换器件，以实现不同电平节点的完全兼容。

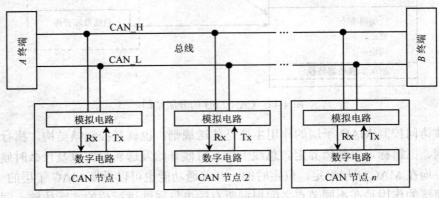

图 4-44　CAN 总线上节点的物理连接关系

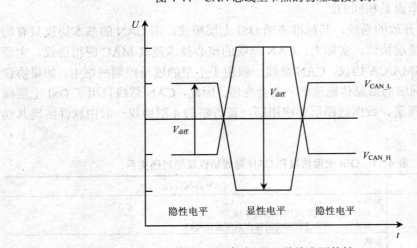

图 4-45　高速 CAN 总线电平特性

总线必须能够呈现两种逻辑状态：显性电平(逻辑 0)和隐性电平(逻辑 1)，假如有两个装置同时对总线传输不同的逻辑状态的消息，只有传送显性电平状态的装置能够成功传输数据并继续其动作。总线必须能分辨网络传输错误或是装置运作错误所产生的错误消息，并且可以将运作错误的装置关闭。

4.4.2 CAN 数据帧格式

CAN 协议支持的两种数据帧格式如图 4-46 所示，其唯一的不同之处是标识符长度，标准格式为 11 位，扩展格式为 29 位。每帧由 7 个不同的位场组成：帧起始(start of frame)、仲裁场(arbitration frame)、控制场(control frame)、数据场(data frame)、CRC 场(CRC frame)、应答场(ACK frame)、帧结尾(end of frame)，其中数据场的长度可以为 0。

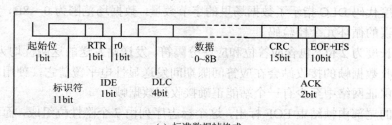

(a) 标准数据帧格式

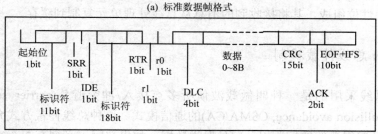

(b) 扩展数据帧格式

图 4-46 数据帧格式

数据帧的起始位(1bit)称为帧起始(SOF)，紧接着是仲裁场。标准格式帧与扩展格式帧的仲裁场格式不同。在标准格式中，仲裁场由 11 位识别符和 RTR 位组成，识别符位由 ID-28…ID-18 组成。在扩展格式中，仲裁场包括 29 位识别符、SRR 位、IDE 位、RTR 位，其识别符由 ID-28…ID-0 组成。

标准格式识别符的长度为 11bit，相当于扩展格式的基本 ID。这些位按 ID-28…ID-18 的顺序发送，最低位是 ID-18，7 个高位(ID-28…ID-22)必须不能全是隐性。扩展格式识别符和标准格式形成对比，扩展格式由 29bit 组成，其格式包含两部分：11 位基本 ID 和 18 位扩展 ID。其中基本 ID 包括 11 位，按 ID-28…ID-18 的顺序发送，相当于标准识别符的格式，基本 ID 定义扩展帧的基本优先权。扩展 ID 包括 18 位，它按 ID-17…ID-0 顺序发送。

在标准帧中，识别符后是 RTR。RTR 的全称为远程发送请求位(remote transmission request bit)。RTR 在数据帧里必须为显性，而在远程帧里必须为隐性。在扩展格式中，基本 ID 首先发送，其次是 SRR 位和 IDE 位，扩展 ID 的发送位于 IDE 位之后。

扩展格式中的 SRR 的全称是替代远程请求位(substitute remote request bit)，SRR 是隐性位，它在扩展格式的标准帧 RTR，代替标准帧的 RTR。因此，标准帧与扩展帧的冲突是通过标准帧优先于扩展帧这一途径得以解决的，扩展帧的基本 ID 如同标准帧的识别符。

IDE 的全称是识别符扩展位(identifier extension bit)，IDE 属于扩展格式的仲裁场或者标准格式的控制场。标准格式里的 IDE 位为显性，而扩展格式里的 IDE 位为隐性。

控制场由 6 位组成，标准格式的控制场格式和扩展格式的不同。标准格式里的控制场包括 IDE、保留位 r0 及数据长度代码 DLC。扩展格式里的控制场包括两个保留位：r1 和 r0 以及数据长度代码 DLC，其保留位必须发送为显性，但是接收器认可显性和隐性位的组合。

数据长度代码 DLC 指示了数据场里的字节数量，数据场范围为 0~8B，其后有一个检测数据错误的循环冗余校验码。

应答场长度为 2 位，包含应答位和应答分隔符。发送站发送的这两位均为隐性电平，这时正确接收数据帧的接收站会在应答间隙期间发送显性电平覆盖它，使用这种方法，发送站可以保证网络中至少有一个站能正确接收到数据帧。

数据帧的尾部由帧结束 EOF 标出，这个标志序列由 7 个隐性位组成，而内部帧空间 IFS 由 3 个隐性位组成，其将接收到的消息从总线处理单元复制到缓存。

4.4.3 CAN 总线仲裁机制

CAN 总线采用的是一种叫做载波侦听多点接入/冲突避免(carrier sense multiple access with collision avoidance, CSMA/CA)的通信模式。这种总线仲裁方式允许总线上的任何一个设备取得总线的控制权并向外发送数据。如果在同一时刻有 2 个或 2 个以上的设备要求发送数据，就会产生总线冲突，CAN 总线能够实时地检测这些冲突并对其进行仲裁，从而使具有高优先级的数据不受任何损坏地传输。

当总线处于空闲状态时呈隐性电平(逻辑 1)，此时任何节点都可以向总线发送显性电平(逻辑 0)作为帧的开始。如果 2 个或 2 个以上同时发送就会产生竞争。CAN 总线采用 CSMA/CA 方式访问总线，按位对标识符进行仲裁。各节点在向总线发送电平的同时，也对总线上的电平读取，并与自身发送的电平进行比较，如果电平相同则继续发送下一位，不同则停止发送并退出总线竞争。剩余的节点继续上述过程，直到总线上只剩下 1 个节点发送的电平，总线竞争结束，优先级高的节点获得总线的控制权。

CAN 总线以报文为单位进行数据传输，报文的优先级结合在 11 位标识符中(扩展帧的标识符 29 位)，具有最小二进制数的标识符的节点具有最高优先级。这种优先级一旦在系统设计时确定就不能随意更改，总线读取产生的冲突主要靠这些位仲裁解决。

如图 4-47 所示，节点 A 和节点 B 的标识符的第 10 位、第 9 位、第 8 位电平相同，因此两个节点侦听到的信息和它们发出的信息相同。第 7 位节点 B 发出一个 1，但从节点上接收到的消息却是 0，说明有更高优先级的节点占用总线发送消息。此时节点 B

会退出发送而处于单纯的侦听方式,节点 A 成功发送仲裁位从而获得总线的控制权,继而发送全部消息。

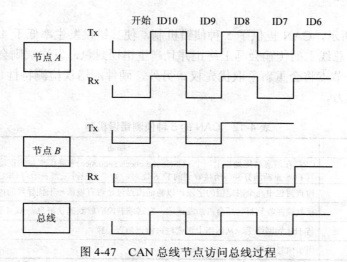

图 4-47 CAN 总线节点访问总线过程

总线中的信号持续跟踪最后获得总线控制权发出的报文,本例中节点 A 的报文将被跟踪。这种非破坏性位仲裁方法的优点在于,在网络最终确定哪个节点被传送前,报文的起始部分已经在网络中传输了,因此具有高优先级的节点数据传输没有任何延时。在获得总线控制权的节点发送数据的过程中,其他节点成为报文的接收节点,并且不会在总线再次空闲之前发送报文。

图 4-48 为 CAN 总线上节点的电平逻辑,总线上的节点电平对于总线电平而言是逻辑与的关系,只有当 3 个节点的电压都等于 1(隐性电平)时,总线才会保持在 1(隐性电平)状态。只要有 1 个节点切换到 0 状态(显性电平),总线就会被强制在 0 状态(显性电平)。这种避免总线冲突的仲裁方式能够使具有高优先级的消息没有延时地占用总线传输。

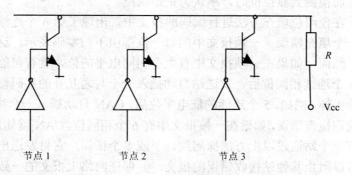

图 4-48 CAN 总线上节点的电平逻辑

当标准帧和扩展帧两种格式同时存在于同一个总线时,11bit 标识符的标准帧将会拥有比 29bit 标识符的扩展帧较高的优先位。可支持扩展帧的 CAN 控制器可正确地传送标准帧和扩展帧的消息,只支持标准帧的控制器则无法正确地传送扩展帧的消息。

4.4.4 错误处理

如表 4-12 所示，CAN 提供了 5 种侦错机制，使其错误发生率低于 4.7×10^{-11}。当一个错误发生时，总线上的传输会马上终止并且产生错误封包，发送端则会试着重新传送消息封包，各个节点将会重新争取优先权。另外，硬件的错误检测特性也增强了 CAN 的抗电磁干扰能力。

表 4-12 CAN 的 5 种侦测错误机制

名称	描述
CRC	CRC 在消息结尾处加上一个 FCS(frame check sequence)来确保消息的正确。接收消息端会将其 FCS 重新演算并与所接收到的 FCS 比对，如果不相符，则表示有 CRC 错误
帧检查	检查封包中几个固定值的字段，以验证该封包是否有被信号干扰导致的内容错误
ACK 错误	接收端在收到封包后会告知发送端，发送端若没有收到确认消息，ACK 错误便发生
位检测	传 1bit 到网络上，从网络上再读进来检查是否一致
填充错误	用于信号同步

CRC 错误：CRC 序列是由发送器 CRC 计算的结果组成的，接收器以和发送器相同的方法计算 CRC，如果计算的结果和接收到的 CRC 序列不同，则检测出一个 CRC 错误。

帧检查：这种方法通过位场检查帧的格式和大小来确定报文的正确性，用于检查格式上的错误。

ACK 错误：被接收到的帧由接收站通过明确的应答来确认，如果发送站未收到应答，那么表明接收站发现帧中有错误，也就是说应答的 ACK 场已损坏或网络中的报文无站接收。

位错误：向总线送出 1bit 的某个节点同时监视总线，当监视到总线位的电平和送出的电平不同时，则在该位时刻检测到一个位错误。但是在仲裁区的填充位流期间或应答间隙送出隐性位而检测到显性位时，不认为是错误位。

填充错误：在使用位填充方法进行编码的报文中，出现了第 6 个连续相同的位电平时，将检测出一个填充错误。一帧报文中的每一位都由不归零码表示，这样可保证位编码的最大效率，然而，如果在一帧报文中有太多相同电平的位，就有可能失去同步。为保证同步，在 5 个连续相同位后，发送站自动插入一个与之互补的补码位，接收时，这个填充位被自动丢掉。例如，5 个连续的低电平位后，CAN 自动插入一个高电平位。CAN 通过这种编码规则检查错误，如果在一帧报文中有 6 个相同位，CAN 就知道发生了错误。

如果至少有一个站通过以上方法探测到一个或多个错误，它将发送出错标志终止当前的发送，这可以阻止其他站接收错误的报文，并保证网络上报文的一致性。当大量发送数据被终止后，发送站会自动重新发送数据。作为规则，在探测到错误后 23 个位周期内重新开始发送。在特殊场合，系统的恢复时间为 31 个位周期。

但这种方法存在一个问题，即一个发生错误的站将导致所有数据被终止，其中也包括正确的数据。为此，CAN 协议提供一种将偶然错误从永久错误和局部站失败中区别出来的办法，这种方法可以通过对出错站统计评估来确定一个站本身的错误，并进入一种不会对其他站产生不良影响的运行方法来实现，即站可以通过关闭自己来阻止正常数据因被错误地当成不正确的数据而被终止。

4.4.5 CAN 总线的特点

CAN 总线主要有以下特点。

(1) CAN 协议一个最大的特点是废除了传统的站地址编码，而代之以对通信数据块进行编码。采用这种方法的优点是可使网络内的节点个数在理论上不受限制，数据块的标识码可由 11 位或 29 位二进制数组成，因此可以定义 2^{11} 或 2^{29} 个不同的数据块，这种数据块编码方式还可使不同的节点同时接收到相同的数据，这一点在分布式控制中非常重要。

(2) 可以多种方式工作，即每个节点机均可成为主机，且节点机之间也可进行通信。

(3) 采用非破坏性仲裁技术，当两个节点同时向网络上传送数据时，优先级低的节点主动停止发送数据，而优先级高的节点可不受影响继续传输数据，从而有效地避免了总线冲突。

(4) 采用短帧结构，每一帧的有效字节数为 8 个，数据传输时间短，受干扰的概率低，重新发送的时间短，可满足通常工业领域中控制命令、工作状态及测试数据的实时性要求。

(5) 每帧数据都有循环冗余校验及其他检错措施，保证了数据传输的高可靠性，适于在高干扰环境下使用。

(6) 节点在错误严重的情况下，具有自动关闭总线的功能，可切断它与总线的联系，以使总线上其他操作不受影响。

第 5 章　嵌入式操作系统

嵌入式操作系统(embedded operating system，EOS)是一种支持嵌入式系统应用的操作系统软件，通常包括与硬件相关的底层驱动软件、系统内核、设备驱动接口、通信协议、图形界面、标准化浏览器等，负责嵌入式系统的全部软硬件资源的分配、任务调度和控制、协调并发活动等。

5.1　嵌入式操作系统概述

5.1.1　嵌入式操作系统的发展

随着 Internet 技术的发展和信息家电的普及应用，嵌入式操作系统开始从单一功能向高专业化的方向发展，嵌入式操作系统伴随着嵌入式系统的发展经历了 4 个比较明显的阶段。

第一阶段：无操作系统的嵌入算法阶段。以单芯片为核心的可编程控制器形式的系统，具有与监测、伺服、指示设备相配合的功能。应用于一些专业性极强的工业控制系统中，通过汇编语言编程对系统进行直接控制，运行结束后清除内存。系统结构和功能都相对单一，处理效率较低，存储容量较小，几乎没有用户接口。

第二阶段：以嵌入式 CPU 为基础、简单操作系统为核心的嵌入式系统。CPU 种类繁多，通用性比较差；系统开销小，效率高；一般配备系统仿真器，操作系统具有一定的兼容性和扩展性；应用软件较专业，用户界面不够友好。

第三阶段：通用的嵌入式实时操作系统阶段，以嵌入式操作系统为核心的嵌入式系统。能运行于各种类型的微处理器上，兼容性好；内核精小，效率高，具有高度的模块化和扩展性；具备文件和目录管理、设备支持、多任务、网络支持、图形窗口和用户界面等功能；具有大量的应用程序接口(API)；嵌入式应用软件丰富。

第四阶段：以基于 Internet 为标志的嵌入式系统。这是一个正在迅速发展的阶段，目前大多数嵌入式系统还孤立于 Internet 之外，但随着 Internet 的发展以及 Internet 技术与信息家电、工业控制技术等结合的日益密切，嵌入式设备与 Internet 的结合将代表着嵌入式技术的真正未来。

目前，商业化嵌入式操作系统的发展主要受到用户嵌入式系统的功能需求、硬件资源以及嵌入式操作系统自身灵活性的制约。随着嵌入式系统功能的逐渐复杂，硬件所提供的条件越来越好，选择嵌入式操作系统也就越来越有必要了。到了高端产品阶段，可以说采用商业化嵌入式操作系统是最经济可行的方案，而这个阶段的应用也为嵌入式操作系统的发展指明了方向。

5.1.2 嵌入式操作系统的作用

嵌入式实时操作系统在目前的嵌入式应用中用得越来越广泛，尤其是在功能复杂、系统庞大的应用中显得越来越重要。

1. 嵌入式实时操作系统提高了系统的可靠性

在控制系统中，出于安全方面的考虑，要求系统起码不能崩溃，而且要有自愈能力。不仅要求在硬件设计方面提高系统的可靠性和抗干扰性，而且也应在软件设计方面提高系统的抗干扰性，尽可能地减少安全漏洞和安全隐患。长期以来的前后台系统软件设计在遇到强干扰时，运行的程序产生异常、出错、跑飞，甚至死循环，造成系统崩溃。而对于嵌入式实时操作系统管理的系统，这种干扰可能只会引起若干进程中的某一个被破坏，可以通过系统运行的监控进程对其进行修复。通常情况下，这个系统监控进程用来监视各进程的运行状况，遇到异常情况时采取一些利于系统稳定可靠的措施，如把有问题的任务清除掉。

2. 嵌入式实时操作系统充分发挥了 32 位 CPU 的多任务潜力

32 位 CPU 比 8 位、16 位 CPU 快，另外它本来是为运行多用户多任务操作系统而设计的，特别适合运行多任务实时系统。32 位 CPU 采用利于提高系统可靠性和稳定性的设计，使其更容易做到不崩溃。例如，CPU 运行状态分为系统态和用户态，将系统堆栈和用户堆栈分开，以及实时给出 CPU 的运行状态等，允许用户在系统设计中从硬件和软件两方面对实时内核的运行实施保护。如果还是采用以前的前后台方式，则无法发挥 32 位 CPU 的优势。从某种意义上说，没有操作系统的计算机(裸机)是没有用的。在嵌入式应用中，只有把 CPU 嵌入系统中，同时又嵌入操作系统，才是真正的计算机嵌入式应用。

3. 提高了开发效率和缩短了开发周期

在嵌入式实时操作系统环境下，开发一个复杂的应用程序时，通常可以按照软件工程中的解耦原则将整个程序分解为多个任务模块。每个任务模块的调试、修改几乎不影响其他模块。商业软件一般都提供了良好的多任务调试环境。

5.1.3 主流嵌入式操作系统

通常所说的嵌入式操作系统都是嵌入式实时操作系统(embedded real-time operation system)。它具有软件代码少、高度自动化、响应速度快等特点，特别适合要求实时和多任务的体系。目前在嵌入式领域广泛使用的操作系统有嵌入式 Linux、Windows Embedded、VxWorks 以及应用在智能手机和平板计算机上的 Android、iOS 等。几种有代表性的嵌入式操作系统如表 5-1 所示。

表 5-1 几种有代表性的嵌入式操作系统

嵌入式操作系统	简要概述	应用领域	主要产品
VxWorks	美国风河公司于 1983 年设计开发的一种嵌入式实时操作系统(RTOS)，是嵌入式开发环境的关键组成部分	广泛应用在通信、军事、航空航天等高精尖技术及实时性要求极高的领域	美国的 F-16 战斗机、FA-18 战斗机、B-2 隐形轰炸机和爱国者导弹
Windows CE	微软公司嵌入式、移动计算平台的基础，它是一个开放的、可升级的 32 位嵌入式操作系统	计算机、PDA、智慧型家电用品及丰富的多媒体家庭影院	PDA、手持设备及 PC
Symbian	前身是英国 Psion 公司的 EPOC 操作系统，其理念是设计一个简单实用的手机操作系统	智能手机	摩托罗拉、诺基亚、三星、西门子和索尼爱立信等手机系统
Android	一种以 Linux 为基础的开放源码操作系统，主要使用于便携设备，是 Google 公司在 2007 年 11 月 5 日公布的手机操作系统	手机、PDA 及其他领域	三星、HTC、小米、魅族、华为、中兴等手机和电子产品
Linux	一种自由和开放源码的类 UNIX 操作系统，诞生于 1991 年 10 月 5 日	从手机、PDA、路由器和视频游戏控制台到台式计算机、大型机和超级计算机	RTLinux、uCLinux、Emdedix、XLinux、PoketLinux、MidoriLinux、红旗嵌入式 Linux
iOS	苹果公司最早于 2007 年 1 月 9 日的 Macworld 大会上公布的系统	手持设备	iPhone 系列、iTouch 系列还有 iPad 系列
Palm OS	Palm 公司开发的专用于 PDA 的一种操作系统，此系统是 3COM 公司的 Palm Computing 部开发的	PDA、手机	Palm IIIx、Palm V、Palm VII、IBM WorkPad C3
Hopen	凯思集团自主研制开发的嵌入式操作系统，是中国第一个实现手机自主软件产业化的操作系统	移动计算平台、家庭信息环境、通信计算平台等领域	
UC/OS-II	完全开源码，基于优先级的实时操作系统，缺乏必要的支持，没有功能强大的软件包	可免费用于学校教学，用于商用则需要付费	

5.2 Linux 操作系统

Linux 是一种自由和开放源码的类 UNIX 操作系统，存在许多不同的版本，但它们都使用了 Linux 内核。Linux 内核最初是由芬兰的 Linus Torvalds 于 1991 年 10 月 5 日独立发表的，目的是希望通过纯粹的开源协作来实现 UNIX 内核。随着开源协作开发方式的发展和不断成熟，众多厂商相继加入到 Linux 内核开发中，当前 Linux 内核已经可以完全取代 UNIX 内核，并将达到 UNIX 所无法达到的高度。

5.2.1 Linux 操作系统发展及特点

1. Linux 的发展

1991 年 10 月 5 日，Linus Torvalds 在 comp.os.minix 新闻组发布了大约有 1 万行代码的 Linux v0.01 版本。

1992 年，大约有 1000 人使用 Linux，基本上都属于真正意义上的黑客。

1993年，大约有100余名程序员参与了Linux内核代码的编写/修改工作，其中核心组由5人组成，此时Linux 0.99的代码大约有10万行，用户大约有10万个。

1994年3月，Linux 1.0发布，代码量为17万行，正式采用GPL协议。Linux的代码中充实了对不同硬件系统的支持，大大提高了跨平台移植性。

1995年，Linux可在Intel、Digital以及Sun SPARC处理器上运行了，用户量也超过了50万，相关介绍Linux的*Linux Journal*杂志的发行量也超过10万册。

1996年6月，Linux 2.0内核发布，此内核大约有40万行代码，并支持多个处理器。此时的Linux已经进入了实用阶段，全球大约有350万人使用。

1997年夏，好莱坞影片《泰坦尼克号》在制作特效中使用的160台Alpha图形工作站中有105台使用了Linux操作系统。

1998年是Linux迅猛发展的一年。RedHat 5.0获得了InfoWorld的操作系统奖项。1998年4月，Mozilla代码发布，成为Linux图形界面上的王牌浏览器。王牌搜索引擎Google现身，采用的也是Linux服务器。同时MySQL数据库也充分得到了发展。12月，IBM发布了适用于Linux的文件系统AFS 3.5、Jikes Java编辑器、Secure Mailer及DB2测试版，IBM的此番行为可以看做与Linux的第一次亲密接触。迫于Windows和Linux的压力，Sun逐渐开放了Java协议，并且在UltraSPARC上支持Linux操作系统。由此可见，1998年可以说是Linux与商业接触的一年。

1999年，IBM宣布与RedHat公司建立合作关系，以确保RedHat在IBM机器上正确运行。3月，第一届LinuxWorld大会的召开象征着Linux时代的来临。IBM、Compaq和Novell宣布投资RedHat公司，以前一直对Linux持否定态度的Oracle公司也宣布投资。5月，SGI公司宣布向Linux移植其先进的XFS文件系统。7月，IBM启动对Linux的支持服务，并发布了Linux DB2。

2000年初，Sun公司在Linux的压力下宣布Solaris8降低售价。事实上，Linux对Sun公司造成的冲击远比对Windows来得更大。2月，RedHat公司发布了嵌入式Linux开发环境，Linux在嵌入式行业的潜力逐渐被发掘出来。

2001年，Oracle公司宣布在OTN上的所有会员都可免费索取Oracle 9i的Linux版本。IBM则决定投入10亿美元扩大Linux系统的应用。5月，微软公开反对GPL，此举引起了一场大规模的论战。8月，红色代码爆发，引得许多站点纷纷从Windows操作系统转向使用Linux操作系统。12月，RedHat公司为IBM S/390大型计算机提供了Linux解决方案。

2002年是Linux企业化的一年。2月，微软公司迫于各州政府的压力，宣布扩大公开代码行动，这是Linux开源带来的深刻影响的结果。3月，内核开发者宣布新的Linux系统支持64位的计算机。

2003年，在Linux 2.6版内核发布之际，NEC宣布将在其手机中使用Linux操作系统，这代表着Linux成功进军手机领域。

2007年11月5日，Google发布基于Linux平台的开源手机操作系统Android，该平台由操作系统、中间件、用户界面和应用软件组成。2008年10月，第一部Android智能手机发布。2011年第一季度，Android在全球的市场份额首次超过塞班系统，跃居全球第一。2012年11月的数据显示，Android 占据全球智能手机操作系统市场 76%的份额，其中中国市场占有率为 90%。

2004年6月的统计报告显示，在世界 500 强超级计算机系统中，使用 Linux 操作系统的已经占到了 280 席，抢占了原本属于各种 UNIX 的份额。到了 2012 年，Linux 在超级计算机系统世界 500 强中就已占据操作系统的 94.2%。

2. Linux 的特点

Linux 凭借模块化、通用性、可扩展性、开源、社区支持和成本等方面的优势获得了用户的青睐。总结起来，Linux 具有以下特点。

(1) 开放性。开放性是指系统遵循世界标准规范，特别是遵循开放系统互联(OSI)国际标准。凡遵循国际标准所开发的硬件和软件都能彼此兼容，可方便地实现互连。Linux 采用 GPL 授权，除了把源代码公开以外，任何人都可以自由使用、修改、散布。而 Linux 核心本身采用模块化设计，人们很容易增减功能。由于 Linux 具有高可伸缩性，所以可以调出最适合特定硬件平台的核心。

(2) 多用户。多用户是指系统资源可以被不同用户各自拥有并使用，即每个用户对自己的资源有特定的权限，互不影响。Linux 和 UNIX 都具有多用户的特性。

(3) 多任务。多任务是现代计算机最主要的一个特点。它是指计算机可同时执行多个程序，而且各个程序的运行互相独立。Linux 系统调度每个进程平等地访问微处理器，由于 CPU 的处理速度非常快，其结果是启动的应用程序看起来好像在并行运行。

(4) 稳定性强。Linux 不属于任何一家公司，它却拥有全世界愿意投入自由软件的开发人员。在全球各处都有无数的人参与 Linux 核心的改进、调试与测试，也正因此造就了稳定性高的 Linux。所以 Linux 虽不是商业的产物，它的质量却不逊于商业产品。

(5) 设备独立性。设备独立性是指操作系统把所有外部设备统一当做文件来看待，只要安装它们的驱动程序，任何用户都可以像使用文件一样操纵、使用这些设备，而不必知道它们的具体存在形式。另外，用户可以免费得到 Linux 的内核源代码，因此，用户可以修改内核源代码，以便适应新增加的外部设备。

(6) 提供了丰富的网络功能。完善的内置网络是 Linux 的一大特点。Linux 在通信和网络功能方面优于其他操作系统，其所提供的完善、强大的网络功能支持 Internet、文件传输和远程访问。

(7) 可靠的系统安全。Linux 操作系统中采取了许多安全技术措施，包括对读/写进行权限控制、带保护的子系统、审计跟踪、核心授权等，这些措施为网络多用户环境中的用户提供了必要的安全保障。

(8) 良好的可移植性。可移植性是指将操作系统从一个平台转移到另一个平台，并使它仍然能按自身的方式运行的能力。Linux 一开始是基于 Intel 386 机器设计的，随着网络的散布，加上有许多工程师致力于各式平台的移植，使得 Linux 可以在 x86、MIPS、ARM/StrongARM、PowerPC、Motorola 68k、Hitachi SH3/SH4、Transmeta 等平台上运行。这些平台几乎覆盖了所有嵌入式系统的 CPU 种类，这就使得在硬件平台设计时可以考虑的 CPU 种类增加了不少。

(9) 应用软件多。自由软件世界里有个很大的特点就是软件多，授权几乎都是采用 GPL 方式，用户可以自由参考与使用，但是因为这些软件多半是由设计者利用空余时间开发的，不以营利为目的，所以并不能担保这些软件完全没有问题。尽管如此，仍有许多优秀软件出现，如 KDE、GNOME。

5.2.2 Linux 内核

Linux 源代码是完全公开的，任何人只要遵循 GPL，就可以对内核加以修改并发布给他人使用。因此，在广大编程人员的支持下，Linux 的内核版本不断更新，新的内核修改了旧内核的缺陷，并增加了许多新的特性。用户如果想在自己的系统中使用这些新的特性，或想根据自己的系统量身定制更高效、更稳定可靠的内核，只需要重新编译内核即可。

内核的编译工作完成之后，会生成一个可执行的二进制文件，该二进制文件放入嵌入式系统的 ROM 中，可以完成系统的上电、复位并自动运行。

1. 内核特征

内核是操作系统的内部核心程序，它向外部提供了对计算机设备的核心管理调用。操作系统的代码分为两部分，内核所在的地址空间称为内核空间，外部管理程序与用户进程所占据的地址空间称为外部空间(用户空间)。通常，一个程序会跨越两个空间，当执行到内核空间的一段代码时，称程序处于核心态，而当程序执行到外部空间代码时，称程序处于用户态。

单一内核(monolithic kernel)曾经是操作系统的主流，它是指操作系统中所有的系统相关功能都被封装在内核中。它们与外部程序处在不同的内存地址空间中，并通过各种方式防止外部程序直接访问内核中的数据结构。程序只能通过一套称为系统调用(system call)的界面访问内核结构。

近些年来，微内核(micro kernel)结构逐渐流行，成为操作系统的主要潮流。在微内核结构中，操作系统的内核只需要提供最基本、最核心的一部分操作(如创建和删除任务、内存管理、中断管理等)，而其他管理程序(如文件系统、网络协议栈等)则尽可能放在内核以外。这些外部程序可以独立运行，并对外部用户程序提供操作系统服务，服务之间使用进程间通信机制(IPC)进行交互。

如同面向对象程序设计带来的好处一样，微内核使操作系统内部结构变得简单清晰。在内核以外的外部程序分别独立运行，它们之间并不互相关联。这样，可以对这些程序分别进行维护和拆装，只要遵循已经规定好的界面，就不会对其他程序有任何干扰。这使得程序代码在维护上十分方便，体现了面向对象式软件的结构特征。

微内核的结构也存在不足之处。首先，程序代码之间的相互隔离使得整个系统丧失了许多优化的机会。其次，部分资源浪费在外部进程之间的通信上，这样，微内核结构在效率上必然低于传统的单一内核结构，这些效率损失将作为结构精简的代价。总体上讲，在当前的硬件条件下，微内核在效率上的损失小于其在结构上获得的收益，故微内核成为操作系统的一大潮流。

然而，Linux 系统恰恰使用了单一内核结构。这是由于 Linux 是一个实用主义的操作系统。Linus Torvalds 将代码执行效率作为自己操作系统的第一要务。在这样的发展过程中，参与 Linux 系统开发的程序员大多数为世界各地的黑客。比起结构的清晰，他们更加注重功能的强大和高效率的代码。于是，他们将大量的精力花在优化代码上，而这样的全局性优化必然以损失结构精练作为代价，从而导致 Linux 中的每个部件都不能被轻易拆出，否则会破坏整体效率。

虽然 Linux 是一个单一内核操作系统，但它与传统的单一内核操作系统 UNIX 不同。在普通的单一内核系统中，所有内核代码都是被静态编译连接的，而在 Linux 中，可以动态装入和卸载内核中的部分代码。Linux 中将这样的代码段称为模块(module)，并对模块给予了强有力的支持。在 Linux 中，可以在需要时自动装入和卸载模块。

Linux 的内核为非抢占式(non-preemptive)的，这就是说，Linux 并不能通过改变优先级来影响内核当前的执行流程。未经改造的 Linux 并不是一个"硬"实时操作系统。

Linux 操作系统的内核稳定而高效，以独占的方式执行底层任务，来保证其他程序的正常运行。它是整个操作系统的核心，具有独特的性质。

2. 进程管理

在实时系统中，进程管理策略一直以来都是一个热点问题。调度的实质是资源的分配，而实时任务的调度强调的是任务的时间约束。实时系统的基本问题就是要保证系统中的任务满足其时间要求，从而保证系统的实时性。此外，实时系统的重要特性不仅是实时性，还有正确性，实时系统结果的正确性不仅取决于系统逻辑结果的正确性，还取决于结果的产生时间，否则会造成不可预测的后果。

进程是动态的，在处理器执行机器代码时进程一直在变化。进程不但包括程序的指令和数据，而且包括程序计数器和 CPU 的所有寄存器，以及存储临时数据的进程堆栈。由此可见，正在执行的进程包括了处理器当前的一切活动。Linux 是一个多进程的操作系统，每个进程都有自己的权限和任务，某一进程的失败一般不会导致其他进程失败，进程之间可以通过由内核控制的机制相互通信。

在进程的整个运行期间，将会用到各种系统资源，会用到 CPU 运行它的指令，需要物理内存保存它的数据。它可能打开和使用各种文件，直接或间接地使用系统中的各种物理设备。Linux 系统内核必须了解进程本身的情况和进程所用到的各种资源，以便在多个进程之间合理地分配系统资源。

系统中最为宝贵的资源是 CPU，因为在一般情况下，一个系统只有一个 CPU。Linux 是一个多进程的操作系统，所以其他进程必须等到正在运行的进程空闲后才能运行。当正在运行的进程等待其他的系统资源时，Linux 内核将取得 CPU 的控制权，并将 CPU 分配给其他正在等待的进程。内核中的调度算法决定将 CPU 分配给哪一个进程。

进程管理程序能够进行进程的创建、激活、运行、阻塞、再运行、释放以及删除。进程管理程序执行下列操作：在多进程(或者任务、线程)系统中执行每一个进程，使得进程状态可以切换。进程顺序经过以下状态：创建、就绪或者激活、产生(创建且激活)、运行、阻塞、再运行、完成以及完成之后的就绪(当进程中存在无限循环时)。最后，释放或者删除(在长进程中，阻塞和再运行可以发生很多次)。

进程管理程序实现的功能有：使进程能够顺序执行或者在需要资源时发生阻塞，并使其在资源可用时继续运行；进行资源管理(包括 CPU 上的进程调度)实现与资源管理程序的逻辑链接；限制某些资源只在某些进程间共享；按照系统的资源分配机制分配资源；管理系统中的进程和资源。

不论采用何种方式，嵌入式操作系统必须管理多任务的执行与切换，因为某一时刻真正被 CPU 执行的任务只有一个，所以当同时存在许多不同的任务时，每个任务的状态都不相同。一个进程在其生存期内可处于一组不同的状态下，这组状态称为进程状态，如图 5-1 所示。

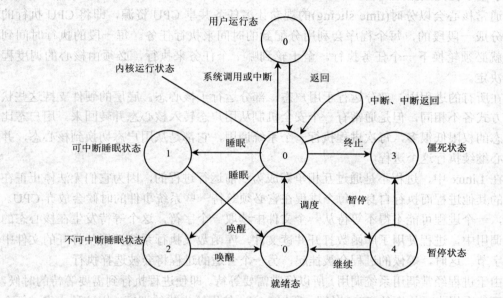

图 5-1 进程状态及其转换关系

(1) 运行状态(TASK_RUNNING)，当进程正在被 CPU 执行或已经准备就绪随时可由调度程序执行时，称该进程处于运行状态(running)。进程可以在内核态运行，也可以在用户态运行。当系统资源已经可用时，进程就被唤醒而进入准备运行状态，该状态称为就绪态。这些状态在内核中表示方法相同，都被称为 TASK_RUNNING 状态。

(2) 可中断睡眠状态(TASK_INTERRUPTIBLE)，当进程处于可中断等待状态时，系统不会调度该进程执行。当系统产生一个中断或者释放了进程正在等待的资源，或者进程收到一个信号，都可以唤醒进程，转换到就绪状态(运行状态)。

(3) 不可中断睡眠状态(TASK_UNINTERRUPTIBLE)，不可中断睡眠状态与可中断睡眠状态类似，但处于该状态的进程只有使用 wake_up()函数被明确唤醒时，才能转换到可运行的就绪状态。

(4) 暂停状态(TASK_STOPPED)，当进程收到信号 SIGSTOP、SIGTSTP、SIGTTIN 或 SIGTTOU 时就会进入暂停状态，可向其发送 SIGCONT 信号让进程转换到可运行状态。正在调试的进程可以处在暂停状态。

(5) 僵死状态(TASK_ZOMBIE)，当进程已停止运行，但其父进程还没有询问其状态时，则称该进程处于僵死状态。

只有当进程从内核运行态转换到睡眠状态时，内核才会进行进程切换操作。在内核态下运行的进程不能被其他进程抢占，而且一个进程不能改变另一个进程的状态。为了避免进程切换时造成内核数据错误，内核在执行临界区代码时会禁止一切中断。

Linux 进程是抢占式的，被抢占的进程仍然处于 TASK_RUNNING 状态，只是暂时没有被 CPU 运行。进程的抢占发生在进程处于用户态执行阶段，在内核态执行时是不能被抢占的。为了能让进程有效地使用系统资源，又能使进程有较快的响应时间，Linux 采用了基于优先级排队的调度策略。

通常核心会以分时(time slicing)的观念让多任务共享 CPU 资源，即将 CPU 执行的时间分成一段段的，每个程序会利用分配到的时间来执行任务。每一段的执行时间到了，就必须轮换下一个任务执行。至于轮到哪一个任务来执行，必须由核心的调度程序来决定。

在所有的进程中，部分运行于用户态，部分运行于核心态。底层的硬件支持这些状态的方式各不相同，但是通常有一个安全机制从用户态转入核心态并转回来。用户态比核心态的权限低很多，每次进程执行一个系统调用，它都是从用户态切换到核心态，并让核心继续执行这个进程。

在 Linux 中，进程不是通过互相争夺成为当前运行进程的，因为它们无法停止正在运行的其他进程而执行自身。每个进程在它必须等待一些系统事件的时候会放弃 CPU。例如，一个进程可能不得不等待从一个文件中读取一个字符，这个等待发生在核心态的系统调用中，进程使用了库函数打开并读文件，库函数又执行系统调用从打开的文件中读入字节。这时，等候的进程会被挂起，另一个合适的进程将会被选择执行。

由于进程经常调用系统调用，所以经常需要等待。即使进程执行到需要等待的时候，也有可能会用去不均衡的 CPU 时间，所以 Linux 使用抢先式的调度。用这种方案，每个进程允许运行少量一段时间，通常为 200ms，这段时间过去后，选择另一个进程运行，原来的进程等待一段时间直到它又重新运行，这个时间段就叫做时间片。

调度程序的任务就是选择当前可运行的进程中最值得运行的一个进程。一个可运行的进程是一个只等待 CPU 的进程，Linux 使用合理而简单的基于优先级的调度算法在系统当前的进程中进行选择。当它选择了准备运行的新进程时，就保存当前进程的状态、与处理器相关的寄存器，以及其他需要保存的上下文信息到进程的 task_struct 数据结构中。然后恢复要运行的新的进程的状态(又和处理器相关)，把系统的控制权交给这个进程。

3. 内存管理

内存管理(memory management)系统是操作系统中最为重要的部分，内存管理程序子系统负责控制进程对硬件内存资源的访问。这是通过硬件内存管理单元(memory management unit, MMU)来完成的，该单元提供进程内存引用与计算机的物理内存之间的映射。内存管理程序子系统为每个进程都维护一个这样的映射关系，使得两个进程可以访问同一个虚拟内存地址,而实际使用的却是不同的物理内存位置。此外,内存管理程序子系统支持交换,它把暂时不使用的内存页面移出内存,存放到永久性存储器(如硬盘存储器)中,这样,计算机就可以支持比物理内存要多的虚拟内存。

内存管理程序提供以下一些功能。

(1) 大地址空间。用户程序使用的内存数量可以超过物理上实际拥有的内存数量。

(2) 保护。进程的内存是私有的,不能被其他进程所读取和修改,而且内存管理程序可以防止进程覆盖代码和只读数据。

(3) 内存映射。可以把一个文件映射到虚拟内存区域,并把该文件当做内存来访问。

(4) 对物理内存的公平访问。内存管理程序确保所有的进程都能公平地访问计算机的内存资源,这样可以确保理想的系统性能。

(5) 共享内存。内存管理程序允许进程共享它们内存的一部分。

当处理器执行一个程序时,它从内存中读取指令并译码执行。当执行这条指令时,处理器可能需要在内存的某个位置读取或存储数据。进程不管是读取指令还是存取数据都要访问内存。

在一个虚拟内存系统中,所有程序涉及的内存地址均为虚拟内存地址,而不是机器的物理地址。处理器根据操作系统保存的一些信息将虚拟内存地址转换为物理地址。为了让这种转换更容易进行,虚拟内存和物理内存都分为大小固定的块,叫做页面(page)。每个页面有一个唯一的页面号,叫做PFN(page frame number)。Linux在Intel X86系统上使用4KB的页面。在这种分页方式下,一个虚拟内存地址由两部分组成:一部分是位移地址,另一部分是PFN。每当处理器遇到一个虚拟内存地址时,都将会分离出位移地址和PFN地址。然后再将PFN地址转换成物理地址,读取其中的位移地址的数据。处理器利用页面表(page table)来完成上述工作。

图5-2是进程X和进程Y的虚拟内存示意图。两个进程分别有自己的页面表,这些页面表用来将进程的虚拟内存页映射到物理内存页中。可以看出,进程X的虚拟内存页0映射到了物理内存页1,进程Y的虚拟内存页1映射到了物理内存4。页面表的每个入口一般都包括以下的内容。

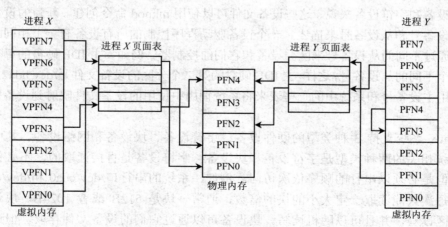

图 5-2 虚拟内存示意图

(1) 有效标志。此标志用于标明页面表入口是否可以使用。

(2) 物理页面号。页面表入口描述的物理页面号。

(3) 存取控制信息。该信息用来描述页面如何使用，例如，是否可写，是否包括可执行代码等。

处理器读取页面表时，使用虚拟内存页号作为页面表的位移，例如，虚拟内存页 5 是页面表的第六个元素。

在将虚拟内存地址转换成物理内存地址时，处理器首先将虚拟内存地址分解为 PFN 和位移值。例如，在图 5-2 中，一个页面的大小是 0x2000B(十进制的 8192)，那么进程 Y 的一个虚拟内存地址 0x2194 将被分解成虚拟内存页号 PFN 为 1 和位移 0x194。

然后处理器使用 PFN 作为进程页面表的位移值来查找页面表的入口。如果该入口是有效入口，则处理器从中取出物理内存的页面号。如果入口是无效入口，则处理器产生一个页面错误给操作系统，并将控制权交给操作系统。

假定此处是一个有效入口，则处理器取出物理页面号并乘以物理页面的大小，以便得到此物理页面在内存中的地址，最后加上位移值。

再看上面的例子：进程 Y 的 PFN 为 1，映射到物理内存页号为 4，则此页从 0x8000(4×0x2000)开始，再加上位移 0x194，得到最终的物理地址为 0x8194。

4. 设备管理

计算机系统中的物理设备都有自己的硬件控制器。每个硬件控制器都有自己的控制及状态寄存器(CSR)，而且随设备的不同而不同。CSR 用来启动和停止设备、初始化设备以及诊断设备错误。设备驱动程序一般集成在操作系统内核，这样，不同的应用程序就可以共享这些代码。设备驱动程序实际上是处理或操作硬件控制器的软件，从本质上讲，它们是内核中具有高特权级的、驻留内存的、可共享的底层硬件处理例程。

设备驱动程序的一个基本特点就是对设备的抽象处理。系统中的所有硬件设备看起来都与一般的文件一样，它们可以使用处理文件的标准系统调用来打开、关闭和读写。系统中的每个设备都由一个设备文件来代表，例如，主 IDE 硬盘的设备文件是/dev/hda。对于块设备和字符设备来说，这些设备文件可以使用 mknod 命令创建。新建的设备文件使用主设备号和从设备号来描述。一个设备驱动程序控制的所有设备有一个相同的主设备号，通过不同的从设备号来区分设备和它们的控制器。例如，主 IDE 硬盘的每个分区都有一个不同的从设备号，这样，主 IDE 硬盘的第二个分区的设备文件是/dev/hda2。Linux 系统使用主设备号和系统中的一些表来将系统调用中使用的设备文件映射到设备驱动程序中。

Linux 系统支持 3 种类型的硬件设备：字符设备、块设备和网络设备。其中与文件子系统相关的两种类型是字符设备和块设备。字符设备是直接读取的，不必使用缓冲区，但是必须以串行的顺序依次访问。例如，系统的串行口/dev/cua0 和/dev/cua1。块设备每次只能读取一定大小的块的倍数，通常一块是 512B 或者 1024B。块设备通过缓冲区读写，并且可以随机读写。块设备可以通过它们的设备文件存取，但通常是通过文件系统存取的。只有块设备支持挂接的文件系统。网络设备是通过 BSD 套接字界面存取的。

Linux 系统支持多种设备，这些设备的驱动程序之间有以下共同特点。

(1) 内核代码。由于设备驱动程序是系统内核的一部分，所以如果驱动程序出现错误，将可能严重破坏整个系统。

(2) 内核接口。设备驱动程序必须为系统内核或者它们的子系统提供一个标准接口。例如，一个终端驱动程序必须为 Linux 内核提供一个文件 I/O 接口。一个 SCSI 设备驱动程序应该为 SCSI 子系统提供一个 SCSI 设备接口，同时，SCSI 子系统也应为系统内核提供文件 I/O 和缓冲区。

(3) 内核机制和服务。设备驱动程序会使用一些标准的内核服务。

(4) 可装入。大多数 Linux 设备驱动程序都可以在需要时装入内核，在不需要时卸载。

(5) 可设置。Linux 系统设备驱动程序可以集成为系统内核的一部分，至于哪一部分需要集成到内核中，可以在系统编译时设置。

(6) 动态性。当系统启动并且各个设备驱动程序初始化以后，驱动程序将维护其控制的设备。如果设备驱动程序控制的设备不存在，也不会妨碍系统的运行。在这种情况下，设备的驱动程序只是多占用了一点系统内存而已。

Linux 系统和设备驱动程序之间使用标准的交互接口。无论是字符设备、块设备还是网络设备的设备驱动程序，当系统内核请求它们的服务时，都使用同样的接口。这样，Linux 系统内核可以用同样的方法来使用完全不同的各种设备。

Linux 系统是一个动态的操作系统，每当 Linux 系统内核启动时，它都有可能检测到不同的物理设备，这样就可能需要不同的驱动程序。Linux 允许在构建系统内核时使用设置脚本将设备驱动程序包括在系统内核中。这些驱动程序在系统启动时初始化，它们可能找不到所控制的设备，其他的设备驱动程序可以在需要时作为内核模块装入系统内核中。为了适应设备驱动程序的这种动态特性，设备驱动程序在其初始化时就在系统内核中进行登记。Linux 系统使用设备驱动程序的登记表作为内核和驱动程序接口的一部分，这些表中包括指向处理程序的指针和其他信息。

所有的设备驱动程序都支持文件操作接口。可见，每个设备都可以当做文件系统中的一个文件(文件是指设备特殊文件)来进行访问。因为内核的大部分都是通过这个文件接口来处理设备的，通过实现设备相关代码来支持这个抽象的文件系统，则加入新设备驱动程序的操作会变得简单一些。因为存在大量不同的硬件设备，所以越容易编写新的设备驱动程序越好，这一点非常重要。

5.3 RTLinux 实时操作系统

嵌入式系统大多是实时系统，实时系统可以定义为对外部事件及时响应的系统，在接到数据的同时，能够在规定的时间内予以响应，以足够快的速度处理，及时将处理结果送出的一种处理系统。

需要强调的是，实时就是在规定的时间内必须正确地完成操作，完成操作的时间有操作系统的因素，也有用户软件的因素。非实时操作系统指操作系统无法保证哪怕是最高优先级任务开始执行的最后时限。而软实时操作系统指的是操作系统只能保证在一定时间内执行最高优先级的用户代码,对用户软件是否能及时完成操作,操作系统则无法保证。硬实时就是操作系统一直负责到操作在规定时间内完成。

非实时、软实时、硬实时 3 个概念的区别并不是以速度为标准的,它是一个确定性概念。Linux 与 RTLinux 相比,在高优先级任务到达时,无论是最短时间还是平均时间,Linux 均优于 RTLinux,但是 RTLinux 的最后时限优于 Linux,所以 RTLinux 的实时性优于 Linux,这就是确定性的含义。即使使用非屏蔽中断完成的操作也只能算软实时,不能算硬实时,因为非屏蔽中断并不能确定何时完成工作。只有"非屏蔽中断+执行时间确定的 ISR"才可以称为硬实时系统,因为这个系统可明确告诉什么时候完成操作。

采用实时操作系统的意义在于能够及时处理各种突发的事件,即处理各种中断。实时操作系统通常具有以下几个特征。

(1) 高精度计时系统。计时精度是影响实时性的一个重要因素。在实时应用系统中,经常需要精确确定实时地操作某个设备或执行某个任务,或精确地计算一个时间函数。这些不仅依赖于一些硬件提供的时钟精度,也依赖于实时操作系统实现的高精度计时功能。

(2) 多级中断机制。一个实时应用系统通常需要处理多种外部信息或事件,但处理的紧迫程度有轻重缓急之分。有的必须立即作出反应,有的则可以延后处理。因此,需要建立多级中断嵌套处理机制,以确保对紧迫程度较高的实时事件进行及时响应和处理。

(3) 实时调度机制。实时调度是实时系统中实时性得到保证的关键部分,实时操作系统不仅要及时响应实时事件中断,同时也要及时调度运行实时任务。处理机调度并不能随心所欲地进行,因为涉及两个进程之间的切换,只能在确保安全切换的时间点上进行。实时调度机制包括两方面,一方面是在调度策略和算法上保证优先调度实时任务;另一方面是建立更多安全切换时间点,保证及时调度实时任务。

现有的 Linux 是一个通用的操作系统,虽然它采用了许多技术来提高系统的运行和反应速度,但它本质上不是一个实时操作系统,应用于嵌入式环境中还存在诸多不足,具体表现如下。

(1) 关中断问题。在系统调用中,为了保护临界区资源,Linux 处于内核临界区时,中断会被系统屏蔽,这就意味着如果当前进程正处于临界区,即使它的优先级较低,也会延迟高优先级的中断请求。在实时应用中,这是一个十分严重的问题。

(2) 进程调度问题。Linux 采用标准的 UNIX 技术使得内核是不可抢占的。采用基于固定时间片的可变优先级调度,不论进程的优先级多低,Linux 总会在某个时候分给该进程一个时间片运行,即使同时有可以运行的高优先级进程,它也必须等待低优先级进程的时间片用完,这对于一些要求高优先级进程立即抢占 CPU 的实时应用是不能满足要求的。

(3) 时钟问题。Linux 为了提高系统的平均吞吐率,将时钟中断的最小间隔设置为 10ms,这对于一个周期性的实时任务来说,间隔要求小于 10ms 时,就不能满足实时任务的需要。如果要把时钟的间隔改小以满足周期性的实时任务的需要,由于 Linux 的进程切换比较费时,时钟中断越频繁,花在中断处理上的时间就越多,系统的大部分时间都是在进行进程调度，而不能进行正常的处理。

从以上分析可知，Linux 是一个通用操作系统，将它应用于嵌入式实时环境仍有许多不足，特别是在运行内核线程时，Linux 关闭中断，此外还有分时的调度、时间不确定、缺乏高精度的计时器等问题。所以要对现有的 Linux 进行改造，即要对 Linux 进行实时化。下面以 RTLinux 为例介绍嵌入式实时 Linux 操作系统。

5.3.1 RTLinux 简介

RTLinux(real-time Linux)是由美国新墨西哥州的有限状态机实验室(Finite State Machine Labs，FSM Labs)在 1999 年利用 Linux 开发的面向实时和嵌入式应用的操作系统，RTLinux 有一个由社区支持的免费版本，称为 RTLinux Free，以及一个来自 FSM Labs 的商业版本，称为 RTLinux Pro，它采用独创的双内核方式和中断虚拟化技术实现 Linux 实时化。RTLinux 在 2007 年被风河公司收购后，在开源社区就变得不活跃了。不过 RTLinux 的变种 RTAI (real-time application interface)仍然活跃于开源社区。

随着 RTLinux 与风河公司的 Linux 设备软件平台的结合，电子设备制造商将能够获得一种成熟可靠的全新技术，用于各种复杂多样的基于 Linux 的下一代应用的开发，满足它们对硬实时特性的需求。风河公司将推出集成 RTLinux 技术的 Linux 版消费者设备风河平台，适用于各种高性能、硬实时的解决方案，如功能型手机、各种需要高容量流媒体的数字图像应用，以及包括车辆避撞系统在内的各类车载应用等。集成 RTLinux 技术的 Linux 版消费者设备风河平台将把各种基于 Linux 的高速包交换设备软件应用提升到一个全新的高性能级别，例如，需要硬实时特性的高速 IP 包交换路由系统等。

RTLinux 是源代码开放的具有硬实时特性的多任务操作系统，它是通过底层对 Linux 实施改造的产物。通过在 Linux 内核与硬件中断之间增加一个精巧的可抢先的实时内核，把标准的 Linux 内核作为实时内核的一个进程与用户进程一起调度，即原始的 Linux 内核通过 RTLinux 内核访问硬件。这样，所有硬件实际上都是由 RTLinux 来进行管理的。标准的 Linux 内核的优先级最低，可以被实时进程抢断。正常的 Linux 进程仍可以在 Linux 内核上运行，这样既可以使用标准分时操作系统即 Linux 的各种服务，又能提供低延时的实时环境。

RTLinux 引领的双内核方式通过中断虚拟化的方式能够很好地实现硬实时，虽然其需要为实时任务专门设计一套编程接口，而且实时任务与非实时任务的通信也要使用专门的通信机制，但由于其具有硬实时性，在一些工业控制等实时要求高的领域有重要的应用。

在双内核方式中，实时内核接管中断，而非实时内核(Linux 内核)使用一个软件标志位作为其虚拟中断，以虚拟中断的方式把中断控制器完全交给实时内核，因而能达到很好的实时响应性能。双内核方式除了编程接口的不统一之外，还有其他不足之处，例如，实时内核没有自己的内存管理功能，在内存的分配上仍然依赖于 Linux；实时内核虽然接管了中断，但中断现场仍然是 Linux 来保存和恢复的。可以说实时内核和非实时内核是紧密耦合的，这对于系统的维护以及稳定性有一定的不利之处。

实际上，将 Linux 作为客户操作系统运行于实时内核之上的方式是嵌入式虚拟化的内容。嵌入式虚拟化(embedded virtualization)又名 Hypervisor，是最近几年热门的研究内容，它是为了弥补传统操作系统在实时性、安全性、多核扩展方面的不足而提出的。针对系统实时性的 Hypervisor 方案目前主要有 WindRiver hypervisor、OKL4、Lynx OS、Xenomai 等。嵌入式虚拟化代表了解决 Linux 实时问题的目前最为先进的方法，目前仍处于推广阶段，开源的方案也比较少。

5.3.2 RTLinux 内核结构

在 Linux 操作系统中，调度算法(基于最大吞吐量准则)、设备驱动、不可中断的系统调用、中断屏蔽以及虚拟内存的使用等因素，都会导致系统在时间上的不可预测性，这决定了 Linux 操作系统不能处理硬实时任务。

为了保持原有 Linux 的强大功能，这其中包括网络连接、用户界面等，同时又能够满足硬实时应用的要求，新墨西哥州立大学的 FSM 实验室提出了用虚拟机(virtual machine)技术改造 Linux 内核的思想，即在 Linux 内核与硬件之间增加一个虚拟层(通常称为虚拟机)，构筑一个小的时间上可预测的与 Linux 内核分开的实时内核，使得在其中运行的实时进程满足硬实时性。并且 RTLinux 和 Linux 构成一个完备的整体，能够完成既包括实时部分又包括非实时部分的复杂任务。RTLinux 是源代码开放的具有硬实时特性的多任务操作系统，它是通过底层对 Linux 实施改造的产物。

RTLinux 并没有重写 Linux 的内核，因为这样做工作量会非常大，而且将会失去 Linux 的兼容性。RTLinux 实现了一个高效的、可抢先的实时调度核心，并把 Linux 作为此核心的一个优先级最低的进程运行，用户可以编写自己的实时进程，和标准 Linux 共同运行。实时调度模块的调度算法是基于优先级的抢占式调度方法，其运行速度快，系统在满足硬实时应用方面有很好的效果。如图 5-3 所示，在 Linux 内核和中断控制硬件之间增加了一个 RTLinux 内核，Linux 的控制信号要先交给 RTLinux 内核进行处理。

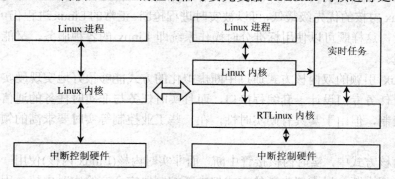

图 5-3 Linux 内核细节与 RTLinux 内核细节的比较

在 Linux 中，用禁止中断的方法作为同步机制，通过向 X86 处理器发送 sti 和 cli 宏指令来实现开中断和关中断，关中断和开中断的混合使用使得中断的分配延时不可预测。而 RTLinux 修改了这些宏指令，分别用宏 S_STI 和 S_CLI 替换。

如图 5-4 所示，RTLinux 引入了一个虚拟层，采用在 Linux 内核和中断控制硬件之间增加一层仿真软件的方法截取所有的硬件中断。其将所有的中断分成 Linux 中断和实时中断两类，如果是实时中断，则继续向硬件发出中断请求。如果收到的中断信号是普通 Linux 中断，就设置一个标志位，等到 RTLinux 内核空闲时通过软中断传递给 Linux 内核去处理。这样就使得 Linux 永远不能禁止中断。无论 Linux 处于什么状态，它都不会对实时系统的中断响应时间增加任何延迟，从而避免了时间上的不可预测性。Linux 程序的屏蔽中断(cli)虽不能禁止实时中断的发生，却可以用来中断 Linux。Linux 不能中断自己，而 RTLinux 可以。

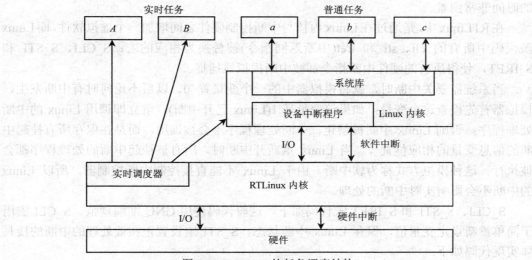

图 5-4 RTLinux 的任务调度结构

RTLinux 在默认情况下采用优先级调度策略，即系统调度器根据各个实时任务的优先级来确定执行的先后次序。优先级高的先执行，优先级低的后执行，这样就保证了实时进程的迅速调度。同时，RTLinux 也支持其他调度策略，如最短时限最先调度(EDP)、确定周期调度(RM)。RTLinux 将任务调度器本身设计成一个可装载的内核模块，用户可以根据自己的实际需要编写适合自己的调度算法。

对于一个操作系统而言，精确的定时机制虽然可以提高任务调度器的效率，但会增加 CPU 处理定时中断的时间开销。RTLinux 对时间精度和时钟中断处理的时间开销进行了折中考虑。不是像 Linux 那样将 8254 定时器设计成 10ms 产生一次定时中断的固定模式，而是将定时器芯片设置为终端计时中断方式。根据进程的时间需要，不断调整定时器的定时间隔。这样不仅可以获得高定时精度，同时使中断处理的开销又最小。

这里体现了 RTLinux 设计过程中的原则：在实时模块中的工作量尽量少，如果能在 Linux 中完成而不影响实时性能，就尽量在 Linux 中完成，因此，RTLinux 内核可以尽量做得简单。在 RTLinux 内核中，不应该等待资源，也不需要使用共享旋转锁。实时任务和 Linux 进程之间的通信也是非阻塞的，从来不用等待进队列和出队列的数据。RTLinux 将系统和设备的初始化交给了 Linux 完成，将对动态资源的申请和分配也交给了 Linux。

RTLinux 使用静态分配内存的方法来完成硬件实时任务，因为在没有内存资源的时候，被阻塞的线程是不可能具有实时能力的。

5.3.3 中断模拟

要在标准 Linux 上增加硬实时能力，首先遇到的一个问题是 Linux 为了达到同步而使用关中断方式，即混杂在一块的关中断和开中断操作(X86 处理器的 cli 和 sti 机器指令)造成不可确定的中断分配延迟。Linux 内核是一整块大的内核，在提供系统服务各个部分之间没有一个保护的分界线，因此改写 Linux 内核非常困难，从而造成要限定关中断的时间非常困难。

在 RTLinux 中，是通过在 Linux 内核与中断控制硬件之间增加一个虚拟软件，即 Linux 源代码中所有的 cli、sti 和 iret(中断返回指令)被替换为相应的宏：S_CLI，S_STI 和 S_IRET，使得所有的硬件中断指令都被中断模拟器捕捉。

当系统需要关中断时，就将模拟器中的一个变量置 0。以后不论何时有中断发生，模拟器首先检查这个变量：如果该变量是 1(Linux 已开中断)，就立即调用 Linux 的中断处理程序；否则 Linux 中断被禁止，中断处理程序不会被调用，而是在保存所有挂起中断的信息变量的相应位置 1。当 Linux 重新开中断时，所有被挂起中断的处理程序都会被执行。这种模拟方式称为软中断。由于 Linux 不能直接控制中断控制器，所以 Linux 的中断不会影响实时中断的处理。

S_CLI、S_STI 和 S_IRET 宏代码如下，这段代码使用 GNU 汇编规范。S_CLI 宏用于简单重新设定变量值，保存 Linux 中断状态。S_STI 宏设置正在被处理的中断的栈具体实现代码如下：

```
S_CLI:movl $0, SFIF
S_IRET:push %ds
       pushl %eax
       pushl %edx
       movl $KERNEL_DS, %edx
       mov %dx, %ds
       cli
       movl SFREQ, %edx
       andl SFMASK, %edx
       bsrl %edx, %eax
       jz not_found
       movl $0, SFIF
       sti
       jmp SFIDF(, %eax, 4)
not_found:
       movl $1, SFIF
       sti
```

```
            popl %edx
            popl %eax
            pop %ds
            iret
S_STI:      pushfl
            pushl $KERNEL_CS
            pushl $done_STI
            S_IRET
done_STI:
```

S_IRET 宏模拟中断返回，它先保存一些寄存器和初始化指向内核的数据段寄存器。然后存取全局变量，扫描所有为挂起的中断而设置的屏蔽位。如果没有发现挂起的中断，则设置中断状态变量，并执行硬件的中断返回指令。如果发现有挂起的中断，则跳转到 Linux 的中断处理程序进行处理。当一个中断处理程序返回后，依次跳转到下一个未处理中断处理程序，直到没有中断再挂起为止。

5.3.4 实时调度

实时系统最大的特点是响应时间要有保证，POSIX1003.b 中指出，实时系统指系统能够在限定的响应时间内提供所需水平的服务。Donald Gillies 提出了一个更为通俗的实时系统定义：一个实时系统是指计算的正确性不仅取决于程序的逻辑正确性，而且取决于结果产生的时间的系统。如果系统的时间约束条件得不到满足，就会发生系统错误。

实时系统应用的特殊性决定了其实现的严格性，这种约束主要是时限约束。时限约束是指在规定的时间内完成相关的计算任务。实时系统的这种实时性在很大程度上取决于实时任务调度算法。实时任务调度是指在有限的系统资源(如 CPU 等)下，为一系列任务决定何时以及在哪个处理器上运行，并分配任务运行所需要的资源，以保证其约束时间(截止期限)、时序约束和资源约束得到满足。

实时调度算法的好坏直接影响系统的吞吐量(单位时间内系统可以处理任务的数量)、系统的响应时间，甚至任务能否得以成功调度，实时调度器的首要任务是满足所有实时任务的时间要求。有很多方法表示时间的约束和很多的调度策略，但不存在一个适合所有任务的调度策略。

在大多数实时系统中，调度器由许多复杂的代码块组成，它不可能扩展到适用于任何情况，用户只能通过参数来改变调度器的行为，这往往是不够的。在 RTLinux 中，允许用户编写自己的调度器代码，并把它实现为一个可装载的内核模块，这就使得可以比较不同的调度策略和算法，以找到一种最适合自己应用的调度方式。

1. 实现的调度器

RTLinux 迄今为止实现了两种调度器。一个是基于优先级的占先式调度器，调度策略是：赋予每个任务一个唯一的优先级，假如有几个任务处于就绪状态，优先级最高的那个将运行。只要一个优先级更高的任务就绪，它就可以中断当前较低优先级任务的执行。这个调度器直接支持周期任务，每个任务的周期和开始时间都可以给定。另一个是中断驱动的(非周期的)任务调度器，它通过定义和调用中断处理程序来完成。

按照每个任务的周期和它们的终止时间，可以根据速率单调调度算法(rate monotonic scheduling algorithm，RMS)决定每个任务的优先级。根据这个算法，周期短的任务有高的优先级。对于有 N 个任务的实时调度来说，满足下面公式的实时任务将能够成功地调度，每个任务都不会超过它的最终期限(deadline)，即

$$\frac{C_1}{T_1} + \frac{C_2}{T_2} + \cdots + \frac{C_n}{T_n} \leq n(2^{1/n} - 1)$$

式中，C_i 为任务 i 在每个周期的最长的执行时间，T_i 为任务 i 的周期。非周期任务将被处理为周期任务，同样赋予一个优先级。

调度器把 Linux 当成一个具有最低优先级的任务，只在没有实时任务运行时运行。为此，从 Linux 切换到实时任务时，软中断状态将被记录，而且禁止软中断。切换回来后，软中断状态将恢复。

另外一个调度器是根据最早期限有限算法(earliest deadline first，EDF)实现的。这个算法中没有静态的优先级，而是最靠近最终期限的任务总是最先执行。

2. 设计用户自己的调度器

RTLinux 作为开放的系统，具有以下优势方便用户设计自己的调度器，以实现自己特有的调度方式：一个分时复用的基于优先级调度的内核，有精确可靠的时间片划分，精确的时钟控制原语，快且可预测的中断响应和进程切换时间。

RTLinux 的调度器在文件 rtl-sched.c 和 rtl-schedule.h 中定义，实时进程可以在创建时用函数 pthread_attr_setschedparam()设置或在运行中用函数 pthread_setschedparam()改变其优先级。调度器将 Linux 系统的优先级设为–1，而所有实时进程的优先级大于 0，从而保证实时进程优先执行。用户需要改动的是 rtl_schedule(调度过程)函数，两个重要的数据结构 schedule_t()和 rtl_thread_struct()，以及任务队列 task_queue_list 和 task_queue_destlist。通过对以上数据结构和调度过程进行修改，用户就可以自己实现特定的调度算法。

5.3.5 计时

计算机是以严格精确的时间进行数字运算和数据处理的，最基本的时间单位是时钟周期，所以精确的时钟是操作系统进行准确调度工作必不可少的条件。执行调度就要求在特定的时间进行任务切换，不精确的时钟会导致调度偏差，从而导致无法预计的结果。所以提高时钟精度、减少调度偏差是非常重要的。如果时钟频率太低，对请求的反应就慢；频率太高，虽然可以快速反应，但会导致调度频繁，上下文切换也频繁，系统开销就大。系统设计者必须在时钟中断处理函数开销与计时精度之间作一个折中。

在操作系统中，时钟精度不高的原因之一是周期性时钟中断的使用，操作系统不得不将大量的时间开销用于处理时钟中断，Linux 操作系统也是如此。Linux 内核使用 3 种时钟：实时时钟(real time clock，RTC)、时间标记计数器(time stamp counter，TSC)、可编程间隔定时器(programmable interval timer，PIT)。前两种硬件设备允许内核跟踪当前的时间，而 PIT 则由内核编程，以固定的、预先设定的频率发出中断，用于 Linux 中任务的调度。在 Linux 中，它的中断频率被设为 100Hz，即大约每 10ms 产生一次定时中断。

在 RTLinux 中，主要采用单触发时钟(one-shot)中断来提高计时精度，即通过使用一个可编程间隔定时器来中断 CPU，使用这种模式可以使中断调度得到 1μs 左右的精度。单触发时钟中断需要在每次发生中断的时候检查每个进程的运行时间是否过期，并且把下一次时钟中断的时间设定为最近的过期时间。例如，中断之后，下次会过期的时间有 1ms、2ms、3ms，那么就设定下次时钟中断的时间为 1ms。

图 5-5 中显示周期性时钟每 10ms 依次过期，单触发时钟分别在 5ms、2ms、5ms 过期。这两种时钟中断方式各有什么优缺点呢？首先周期性时钟中断处理需要的整个时间比单触发时钟需要的时间要少，因为周期性时钟中断不需要每次都检查下一次过期时间，所以它的运行时间要比单触发方式的时间要少。

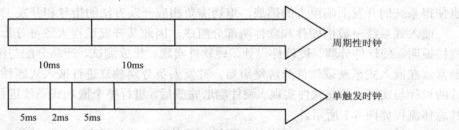

图 5-5 周期性时钟与单触发时钟的比较

对于单触发时钟中断方式，其每次中断的时间不一样，所以它的优点在于"弹性"。例如，正在控制一个机器人，只有少数地方需要作 2ms、5ms 的反应，10ms 的周期性时钟显然无法使用。但如果为了这个少数的 2ms、5ms，就把周期性时钟设定为 2ms 过期一次，那么会增加非常多的开销。因此，为了减少 CPU 处理中断的时间开销，同时提供高精确度，RTLinux 将定时芯片设置为计时中断方式(interrupt on terminal count)，仅当需要时才使用可编程的间隔定时器中断 CPU，这样不仅可以获得高定时精度，同时中断处理的开销最小。

目前，RTLinux 已经成功地广泛应用于航天飞机的空间数据采集、科学仪器测控和电影特技图像处理等领域，在电信、工业自动化和航空航天等实时领域也有成熟应用。随着信息技术的飞速发展，实时系统已经渗透到人们日常生活的各个层面，包括传统的数控领域、军事、制造业和通信业，甚至连潜力巨大的信息家电、媒体广播系统和数字影像设备都对实时性提出了越来越高的要求。

第 6 章 嵌入式软件开发平台

嵌入式软件开发主要是针对计算能力有限的 CPU 进行的软件开发，通常需要针对特定的嵌入式操作系统平台来完成，这些操作系统占用比较小的硬件资源，却有相对较高的执行调度效率。当前，嵌入式操作系统的种类比较多，其中 Linux 操作系统由于其开源特性和良好的稳定性成为最流行的嵌入式开发平台。

6.1 嵌入式软件开发过程

嵌入式系统设计中所面临的问题有许多是计算机系统设计中所面临的共性问题。但由于嵌入式系统并不是独立的，它与所嵌入的设备及其应用目标紧密关联，因此与通用台式计算机系统的设计相比较，嵌入式系统的实时性、并发性、分布性和高可靠性等特点使得系统的开发面临巨大的挑战，迫切需要相应开发方法的指导和开发工具的支持。

嵌入式系统一般由硬件和软件两部分组成，因此其开发过程大致可分为需求分析、规格说明、硬软件分解、硬软件设计、硬软件实现、集成测试、产品分配与维护等阶段。通常，在嵌入式系统硬软件分解结束后，开发人员分别独立进行嵌入式硬件和嵌入式软件的设计与实现，并在软件实现、硬件制造完成后，进行整个嵌入式系统进行集成测试，其总体流程如图 6-1 所示。

在系统总体开发中，由于嵌入式系统与硬件结合非常紧密，往往某些需求只有通过特定的硬件才能实现，因此需要进行处理器选型，以更好地满足产品需求。另外，对于有些硬件和软件都可以实现的功能，就需要在成本和性能上作出选择。往往通过硬件实现会增加产品的成本，但能大大提高产品的性能和可靠性。

嵌入式软件开发主要是指 RTOS 之上的应用程序开发，开发过程一般采用实时系统软件工程(software engineering for real-time system)生命周期的瀑布模型，并可考虑快速原型方法。由于嵌入式系统受资源限制，不可能建立庞大、复杂的开发平台，其开发平台和目标运行平台往往相互分离。因此，嵌入式软件的开发方式一般是在主机(host)上建立开发平台，进行应用程序的分析、设计、编码，然后主机同目标机(target)建立连接，将应用程序下载到目标机上进行交叉调试(cross debugging)、性能优化分析(profiling)和测试，最后将应用程序固化(burning)到目标机中实际运行。

嵌入式软件的开发工具根据不同的开发过程而有所差异，例如，需求分析阶段可以选择 IBM 的 Rational Rose 等软件，而在程序开发阶段可以采用 CodeWarrior 等，在调试阶段可以采用 Multi-ICE 等。同时，不同的嵌入式操作系统往往有配套的开发工具。

嵌入式系统的软件开发与通常软件开发的区别主要在于软件实现部分，嵌入式系统的软件开发又可以分为编译和调试两部分。

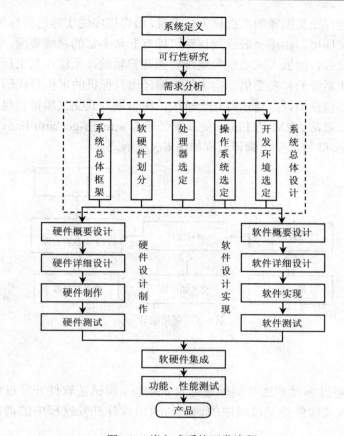

图 6-1 嵌入式系统开发流程

1. 交叉编译

嵌入式软件开发所采用的编译为交叉编译。所谓交叉编译就是在一个平台上生成可以在另一个平台上执行的代码。编译最主要的工作就是将程序转化成运行该程序的 CPU 所能识别的机器代码,不同的体系结构有不用的指令系统,因此不同的 CPU 需要有相应的编译器。而交叉编译就如同翻译一样,把相同的程序代码翻译成不同 CPU 的对应可执行文件。需要注意的是,编译器本身也是程序,也要在与之相对应的一个 CPU 平台上运行。嵌入式系统交叉编译环境如图 6-2 所示。

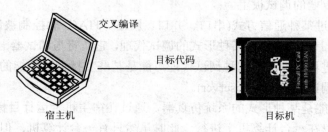

图 6-2 嵌入式系统交叉编译环境

这里一般将进行交叉编译的主机称为宿主机,而将程序的实际运行环境称为目标机,也就是嵌入式系统环境。由于一般通用计算机拥有非常丰富的系统资源、使用方便的集成环境和调试工具等,而嵌入式系统的系统资源非常紧缺,无法在其上运行相关的编译工具,所以嵌入式系统的开发要借助宿主机来编译出目标机的可执行代码。

由于编译过程包括编译、连接等几个阶段,所以嵌入式交叉编译也包括交叉编译、交叉连接等过程。通常 ARM 的 Linux 交叉编译器为 arm-elf-gcc\arm-linux-gcc 等,交叉连接器为 arm-linux-ld 等。交叉编译过程如图 6-3 所示。

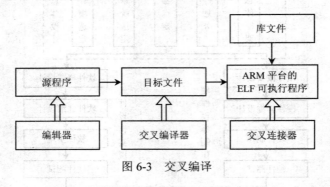

图 6-3　交叉编译

2. 交叉调试

嵌入式软件通过编译和连接后即进入调试阶段,调试是软件开发过程中必不可少的一个环节,嵌入式软件开发过程中的调试与通用软件开发过程中的调试方式有很大的差别。

在常用软件开发中,调试器与被调试程序往往运行在同一台计算机上,调试器是一个单独运行的进程,它通过操作系统提供的调试接口来控制被调试的过程。而在嵌入式软件开发中,调试是在宿主机和目标机之间进行的交叉调试,调试器仍然运行在宿主机和通用操作系统之上,被调试的进程却是运行在基于特定硬件平台的嵌入式操作系统中,调试器和被调试进程通过串口或者网络进行通信,调试器可以控制、访问被调试进程,读取被调试进程的当前状态,并能够改变被调试进程的运行状态。

嵌入式系统的交叉调试有多种方法,主要分为软件方式和硬件方式两种,它们一般具有如下特点。

(1) 调试器和被调试进程运行在不同的器件上,调试器运行在 PC 上,而被调试的进程则运行在各种专业的调试板上。

(2) 调试器通过某种通信方式(串口、并口、网络、JTAG 等)控制被调试进程。

(3) 在目标机上一般会具备某种形式的调试代理,它负责与调试器配合,共同完成对目标机上运行的进程的调试。这种调试代理可能是某些支持调试功能的硬件设备,也可能是某些专门的调试软件(如 gdbserver)。

(4) 目标机可能是某种形式的系统仿真器,通过在宿主机上运行目标机的仿真软件,整个调试过程可以在一台计算机上进行。此时虽然只有一台计算机,但是逻辑上仍然存在着宿主机和目标机的区别。

下面分别就软件调试和硬件调试两种方法进行详细介绍。

1) 软件调试

软件调试主要是通过插入调试桩的方式来进行的。调试桩方式进行调试是通过目标操作系统和调试器内分别调用某些功能模块，二者互通信息来进行调试的。该方式的典型调试器有 gdb 调试器。

gdb 的交叉调试器分为 gdbserver 和 gdbclint，其中 gdbserver 就作为调试桩安装在目标板上，gdbclint 就是驻于本地的 gdb 调试器。它们的调试原理如图 6-4 所示。

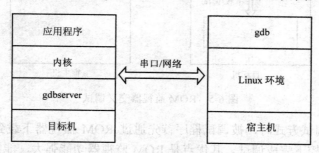

图 6-4　gdb 交叉调试

gdb 调试的工作流程如下。

(1) 建立调试器(本地 gdb)与目标机操作系统的通信连接，可通过串口、网络、并口等多种方式建立。

(2) 在目标机上开启 gdbserver 进程，并监听对应端口。在宿主机上运行调试器 gdb，这时 gdb 就会自动寻找远端的通信进程，也就是 gdbserver 所在的进程。

(3) 宿主机上的 gdb 通过 gdbserver 请求对目标机上的程序发出控制命令。这时，gdbserver 将请求转化为对程序的地址空间或目标平台的某些寄存器的访问。

(4) gdbserver 把目标操作系统的所有异常处理转向通信模块，并告知宿主机 gdb 当前有异常。

(5) 宿主机上的 gdb 向用户显示被调试程序产生了哪一类异常。

这样就完成了调试的整个过程，这个方案的实质是用软件接管目标机的全部异常处理及部分中断处理，并在其中插入调试端口通信模块，与主机的调试器进行交互。但是它只能在目标及系统初始化完毕、调试通信端口初始化完成后才能起作用，因此，一般只能用于调试运行于目标操作系统之上的应用程序，而不宜用来调试目标操作系统的内核代码及启动代码。

2) 硬件调试

相对于软件调试而言，使用硬件调试器可以获得更强大的调试功能和更优秀的调试性能。硬件调试器的基本原理是通过仿真硬件的执行过程，让开发者在调试时可以随时了解系统的当前执行情况。目前嵌入式系统开发中最常用到的硬件调试器是 ROM 监视器、ROMEmulator、In-CircuitEmulator 和 In-CircuitDebugger。

采用 ROM 监视器方式进行交叉调试需要在宿主机上运行调试器，在目标机上运行 ROM 监视器和被调试程序，宿主机通过调试器与目标机上的 ROM 监视器遵循远程调试协议建立通信连接。ROM 监视器可以是一段运行在目标机 ROM 上的可执行程序,也可以是一个专门的硬件调试设备,它负责监控目标机上被调试程序的运行情况,能够与宿主机端的调试器一同完成对应程序的调试,其原理如图 6-5 所示。

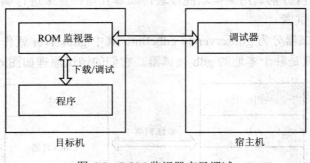

图 6-5 ROM 监视器交叉调试

在使用这种调试方式时,被调试程序首先通过 ROM 监视器下载到目标机,然后在 ROM 监视器的监控下完成调试。其优点是 ROM 监视器功能强大,能够完成设置断点、单步执行、查看寄存器、修改内存空间等各项调试功能。其缺点与软件调试一样,要使用 ROM 监视器目标机和宿主机必须建立通信连接。

采用 ROMEmulator 方式进行交叉调试需要使用 ROM 仿真器,并且它通常被插入目标机上的 ROM 插槽中,使用专门用于仿真目标机上的 ROM 芯片。在使用这种调试方式时,被调试程序首先下载到 ROM 仿真器中,等效于下载到目标机的 ROM 芯片上,然后在 ROM 仿真器中完成对目标程序的调试。其优点是避免了每次修改程序后都必须重新烧写到目标机的 ROM 中,缺点是 ROM 仿真器本身价格昂贵,功能相对来讲又比较单一,只适用于某些特定场合。

3. 基于 Linux 的开发流程

在一个嵌入式系统中使用 Linux 技术进行开发,根据应用的不同有不同的配置开发方法,但一般情况下都需要经过以下过程。

(1) 建立开发环境,操作系统一般使用通用的 Linux。选择定制安装或全部安装,通过网络下载相应的 GCC 交叉编译器或者安装厂家提供的相关交叉编译器进行安装。

(2) 配置开发主机,配置 MINICOM,串口配置一般参数为波特率 115200Baud/s,数据 8 位,停止位 1 位,无奇偶校验,软硬件流控设为无。MINICOM 软件的作用是作为调试嵌入式开发板的信息输出监视器和输入工具。配置网络主要是配置 NFS 文件系统,需要关闭防火墙,简化嵌入式网络调试环境设置过程。

(3) 建立引导装载程序 BOOTLOADER,从网络上下载一些公开源代码的 BOOTLOADER,根据具体芯片进行移植修改。有些芯片没有内置引导装载程序,这样就需要编写开发板上 Flash 的烧写程序。通常可以在网上下载相应的烧写程序,也有 Linux 下的公开源代码的 J-Flash 程序,但如果这些程序不能烧写开发板,就需要根据具体的电路进行源代码修改,这是让系统可以正常运行的第一步。

(4) 下载已经移植好的 Linux 操作系统，下载后再添加特定硬件的驱动程序，然后进行调试修改，对于带 MMU 的 CPU 可以使用模块方式调试驱动，而对于μCLinux 这样的系统只能编译内核进行调试。

(5) 建立根文件系统，从 http://www.busybox.net 下载使用 BUSYBOX 软件进行功能裁减，产生一个最基本的根文件系统，再根据应用的需要添加其他程序。由于 BUSYBOX 默认的启动脚本一般都不符合应用的需求，所以需要修改根文件系统中的启动脚本，其存放位置是/etc 目录下，包括/etc/init.d/rc.s、/etc/profile、/etc/.profile 等，以及自动 mount 文件系统的配置文件/etc/fstab，具体情况会随系统不同而有所差别。根文件系统在嵌入式系统中一般设为只读，需要使用 mkcramfs、genromfs 等工具产生映像烧写文件。

(6) 建立应用程序的 Flash 磁盘分区，一般使用 JFFS2(journaling flash file system version2)或 YAFFS(yet another flash file system)文件系统，这需要在内核中提供这些文件系统的驱动。有的系统使用一个线性 Flash(NOR 型，512KB~32MB)，有的系统使用非线性 Flash(NAND 型，8~512MB)，有的两个同时使用，需要根据应用规划 Flash 的分区方案。

(7) 开发应用程序，在 Linux 下用 C 语言开发的流程大体如下：
① 编写 C 程序源代码*.c；
② 预处理(pre-processing)；
③ 编译(compiling)；
④ 汇编(assembling)生成目标代码*.o；
⑤ 连接(linking)生成可执行文件；
⑥ 调试。

其中，第一步工作用编辑器来实现，用 Emacs、VI(M)都可以，中间的 4 步工作由 GCC 来完成，第六步工作由 GDB 之类的调试器来完成。

开发的应用程序可以放入根文件系统中，也可以放入 JFFS2/YAFFS 文件系统中，有的应用不使用根文件系统，而直接将应用程序和内核设计在一起，类似于μC/OS-Ⅱ的方式。最后是烧写内核、根文件系统和应用程序，并发布产品。

6.2 VI 编辑器

开发应用程序的第一步是编写程序源代码，Linux 系统提供了一个完整的编辑器家族，如 Ed、Ex、VI 和 Emacs 等。按功能可以将这些编辑器分为两大类：行编辑器(Ed、Ex)和全屏幕编辑器(VI、Emacs)。行编辑器每次只能对一行进行操作，使用起来很不方便。而全屏幕编辑器可以对整个屏幕进行编辑，用户编辑的文件直接显示在屏幕上，可以立即看到修改的结果，克服了行编辑器不直观的操作方式，便于用户学习和使用。

VI 是 Linux 系统的第一个全屏幕交互式编辑程序，它从诞生至今一直受到广大用户的青睐，历经数十年仍然是主要的文本编辑工具。Linux 系统上运行的 VI 实际上是 VIM(VI improved)，它在原 VI 的基础上增加了很多新的特性和功能。

6.2.1 VI 简介

VI(visual interface)是 1976 年由 Bill Joy 完成编写的,并由 BSD 发布,在大多数 UNIX 类系统中默认都提供该工具。VIM 从 VI 发展而来,由 Bram Moolenaar 在 1991 年发布,在原来 VI 的基础上增加了很多新的特性和功能,成为 Linux/UNIX 环境下最重要的开源编辑器之一。在 Linux 系统上运行的 VI 实际上就是 VIM,VIM 的基本使用方式和命令与原来的 VI 一致,因此下面介绍的方法和命令可以在任何兼容 VI 的编辑器上执行。为了方便,这里不再具体区分 VI 和 VIM,而是将两者统一称为 VI 编辑器。

VI 在 Linux 中的地位就像 Edit 程序在 DOS 中的地位一样,它可以执行输出、删除、查找、替换、块操作等众多文本操作,而且用户可以根据自己的需要对其进行定制。VI 不是一个排版程序,它不像 Word 或 WPS 那样可以对字体、格式、段落等其他属性进行设置,它只是一个文本编辑程序。

VI 没有菜单,只有命令,且命令繁多,要使用 VI 必须记住这些命令。VI 有 3 种基本工作模式,分别是命令模式(command mode)、插入模式(insert mode)和末行模式(last line mode)。各模式的功能及区别如下。

1. 命令模式

在 shell 环境中启动 VI 时,初始就是进入命令模式。在该模式下,用户可以输入各种合法的 VI 命令,用于管理自己的文档,包括控制屏幕光标的移动,字符、字或行的删除、移动、复制等。此时从键盘上输入的任何字符都作为编辑命令来解释。若输入的字符是合法的 VI 命令,则 VI 在接受用户命令之后完成相应的动作。若输入的字符不是 VI 的合法命令,则 VI 会响铃报警。需要注意的是,所输入的命令并不在屏幕上显示出来。不管用户处于何种模式,只要按一下 Esc 键,即可使 VI 进入命令行模式。

2. 插入模式

只有在插入模式下才可以进行文字输入。在命令模式下输入插入命令 i、附加命令 a、打开命令 o、修改命令 c、取代命令 r 或替换命令 s 都可以进入插入模式。在该模式下,用户输入的任何字符都被 VI 当做文件内容保存起来,并将其显示在屏幕上。在文本输入过程中,若想回到命令模式下,按 Esc 键即可。

3. 末行模式

在命令模式下,用户按":"键即可进入末行模式,此时 VI 会在显示窗口的最后一行(通常也是屏幕的最后一行)显示一个":"作为末行模式的提示符,等待用户输入命令。多数文件管理命令都是在此模式下执行的,如保存文件或退出 VI、寻找字符串、列出行号等。末行命令执行完毕后,VI 自动回到命令模式。有人把 VI 简化成两个模式,此时将末行模式也作为命令模式。VI 编辑器的 3 种工作模式之间的转换如图 6-6 所示。

VI 是用户系统上最为有用的标准文本编辑器,但是由于 VI 不是使用特殊的控制键来实现字符处理功能,而是使用所有常规的键盘键来触发命令,所以用户只能通过正常按键来输入命令,这使得许多初学者感到 VI 使用起来不太直观,并且比较麻烦。当键盘键触发命令时,VI 处于命令模式。只有 VI 处于特定的插入模式时,才可以在屏幕上输入真正的文本。除此之外,VI 命令繁多,难以记忆。然而,一旦开始学习 VI,就会发现它设计得非常好,只要按下一些键,就可以让 VI 完成许多复杂的工作。

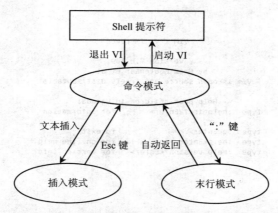

图 6-6 VI 编辑器的 3 种工作模式之间的转换

6.2.2 VI 的进入与退出

VI 是在 Linux 终端上运行的程序,它的所有操作都必须通过输入相应的命令完成。下面介绍如何启动 VI 编辑器、如何保存编辑的文件以及如何退出 VI。

1. 进入 VI

在终端 shell 提示符后输入 VI 命令或者 VIM 命令,启动 VI 编辑器,如图 6-7 所示,窗口上说明了 VIM 的维护人、版权等基本信息。此外,直接输入 VI 和想要编辑或新建的文件名,也可以进入 VI 界面。

进入 VI 之后,首先进入的就是命令模式。光标停在屏幕第一行第一列上,其余各行行首均有一个"~"符号,表示该行为空行。最后一行为状态行,显示当前正在编辑的文件名及其状态。如果被编辑文件已在系统中,则在屏幕上显示出该文件的内容,光标停在第一行第一列上,在状态行上显示出该文件的文件名、行数和字符数。

需要注意的是,初始的显示行数与用户所用的终端有关,一般的 CRT 终端可显示 25 行。在窗口系统中,显示行数与运行 VI 的窗口有关,也可以对显示行数进行设置。

当用 VI 建立一个新文件时,在进入 VI 的命令中可以不给出文件名,而在编辑完文件需要保存数据时,再由用户指定文件名。

进入 VI 时,用户不仅可以指定一个待编辑的文件名,还可以有许多附加的操作。例如,在 VI 后加上选项"+n",表示希望在进入 VI 之后光标处于文件中的第 n 行,选项"+"表示希望在进入 VI 之后光标处于文件最末行。

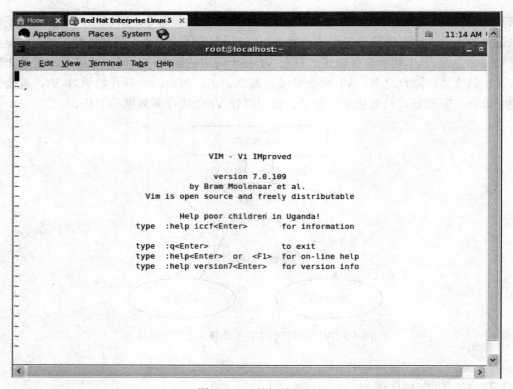

图 6-7　VI 的初始界面

如果在命令中指定一个模式串,则在进入 VI 后,光标处于文件中第一个与指定模式串匹配的行上。例如,执行命令"vi +/int example.c",则进入 VI 后光标将位于文件 example.c 中第一个 int 字符串上。

2. 保存文件和退出 VI

当编辑完文件,准备退出 VI 返回 shell 时,可以使用以下几种方法之一。

(1) 在命令模式下连按两次 Z 键,若当前编辑的文件曾被修改过,则 VI 保存该文件后退出,返回 shell;若当前编辑的文件没被修改过,则 VI 直接退出,返回 shell。

(2) 在末行模式下可以使用以下命令保存文件。

w:VI 保存当前编辑的文件,但并不退出 VI,而是继续等待用户输入命令。

w <newfile>:把当前文件的内容保存到指定的文件 newfile 中,而原有文件保持不变。若 newfile 是一个已存在的文件,则 VI 在窗口的状态行给出提示信息 File exists(use! to override),这条信息表示指定的文件已经存在。如果要替换原有文件的内容,则需要使用"!"。

w! <newfile>:把当前文件的内容保存到指定的文件 newfile 中,如果 newfile 已经存在,则覆盖原有内容。

在末行模式下,有 4 种方法可以退出 VI 并返回 shell。

q:系统退出 VI 返回 shell。使用此命令时,若没有保存编辑的文件,则 VI 在窗口的最末行显示信息 No write since last change(use! to overrides),该信息提示用户该文件被修改后没有保存，需要使用"!"放弃保存。出现此提示后，VI 并不退出，而是继续等待用户命令。

q!：VI 放弃所作修改而直接返回 shell。

wq：VI 先保存文件，然后再退出 VI 返回 shell。

x：该命令的功能与命令模式下的 zz 命令功能相同。

如果希望在浏览一个文件时不改变原文件，除了可以在退出 VI 时使用"q!"命令放弃所进行的编辑操作之外，还可以使用 view 命令。在 shell 提示符下，输入命令 view filename，则以只读方式打开文件 filename。此时，可以使用 VI 中的命令移动光标、搜索文本和退出 view，文件的内容不会发生任何变化。

6.2.3 VI 的编辑操作命令

1. VI 中的行号

VI 中的许多命令都要用到行号及行数等信息。当编辑的文件较多时，自己数行号是非常不方便的。为此，VI 提供了给文本加行号的功能。这些行号显示在屏幕的左边，而相应行的内容则显示在行号之后。在末行模式下输入 set number 或者 set nu 即可给文本加行号。需要说明的是，这里加的行号只是显示给用户看的，并不是文件内容的一部分。

在一个较大的文件中，用户可能需要了解光标当前处在哪一行，在文件中处于什么位置，可以在命令模式下输入命令 nu，此时 VI 会在显示窗口的最后一行显示当前的行号和该行的内容。

2. VI 中的字、句子和段

VI 中的许多命令都涉及字、句子和段的概念，下面简要介绍这几个概念。

在 VI 中，字有两种含义：一种是大写字，一种是小写字。当处于大写字方式时，字包括两个空格之间的所有内容。例如，对于一行文本"Hello，Linux!"，其中，逗号(,)和字母 L 之间有一个空格字符分隔。对于大写字而言，该文本只有 2 个字，一个是"Hello,"，另一个是"Linux!"。当处于小写字方式时，英文单词、标点符号和非字母字符等均被当成一个字。因此，以上文本就包括：Hello、逗号(,)、Linux 和感叹号(!)4 个字。

在 VI 中，使用大写命令一般是将字作为大写字来处理，使用小写命令则是将字作为小写字来处理。空行既可以看做一个小写字，也可以看做一个大写字来处理。

例如，b 或者 B 命令用于将光标向前移动一个字。当使用 b 命令时，光标在当前位置向前移动一个符合小写字要求的距离，而使用 B 命令则光标在当前位置向前移动一个符合大写字要求的距离。假设在上面的文本中，光标当前处在字母 L 上，若使用 b 命令，则光标移动一个小写字，即光标移动到逗号上；如果使用 B 命令，则光标将移动一个大写字，即光标移动到字母 H 上。

在 VI 中，句子被定义为以句号(.)、问号(?)和感叹号(!)结尾，且其后面至少有一个空格或一个换行符的字符序列。

在 VI 中，段被定义为以一个空白行开始和结束的文本片段。

3. 光标的移动操作

VI 中的光标移动既可以在命令模式下进行，也可以在插入模式下进行，其操作方法不尽相同。在插入模式下，可直接使用键盘上的 4 个方向键移动光标，而在命令模式下，有很多移动光标的方法。下面详细介绍在命令模式下移动光标的命令。

1) 相对文本移动

在当前行移动光标的命令如表 6-1 所示。

表 6-1　在当前行移动光标的命令

命令	含义
l 或者 "→"	右移一个字符(不会移到下一行)
h 或者 "←"	左移一个字符(不会移到上一行)
w	向右移到下一个字的字首
<n>w	右移 n 个字
b	移动到当前字的字首，已处于字首的，则移动到前一个字的字首
<n>b	左移 n 个字
e	移动到当前字的字尾，如果已处于字尾，则移动到下一个字的字尾
0(数字 0)	移动到当前行的行首
$	移动到当前行的行尾

在行之间移动光标的命令如表 6-2 所示。

表 6-2　在行之间移动光标的命令

命令	含义
j 或者 "↓"	移动到下一行，所在的列不变
+	移动到下一行行首
k 或者 "↑"	移到上一行，所在列不变
−	移动到上一行行首

在文本块间移动光标的命令如表 6-3 所示。

表 6-3　在文本块间移动光标的命令

命令	含义
)	移动到下一句句首
(	移动到当前句句首，如果已处于句首，则移动到前一句的句首
}	移动到下一段的段首
{	移动到当前段段首，如果已处于段首，则移动到前一段段首
[[	移动到当前章节的开头
]]	移动到下一章节的开头
e	移动到单词末尾
E	移动到单词末尾(忽略标点)

在文件范围内移动光标可使用 G 命令,其格式为:\[行号\] G,该命令的作用是将光标移至行号所指定的行的行首,这种移动称为绝对定位移动。若省略行号,则光标移至该文件的最后一行的行首。无论该文件有多少屏,都跳至最后一行。例如,1G 表示移动到文件的第 1 行。

2) 屏幕上的移动

VI 提供了 3 个使光标在全屏幕上移动并且文件本身不发生滚动的命令,分别是 H、M 和 L 命令。

(1) H 命令用于将光标移至屏幕首行的行首(左上角),也就是当前屏幕的第一行,而不是整个文件的第一行。若在 H 命令之前加上数字 n,则将光标移至屏幕第 n 行的行首。

(2) M 命令用于将光标移至屏幕显示文件的中间行的行首。如果当前屏幕已经充满,则移动到整个屏幕的中间行;如果并未充满屏幕,则移动到屏幕显示文本的中间行。利用此命令可以快速地将光标从屏幕的任意位置移至屏幕显示文件的中间行的行首。

(3) L 命令用于在文件显示内容占满一屏时,将光标移至屏幕上的底行的行首;当文件显示内容不足一屏时,该命令将光标移至文件的最后一行的行首。利用此命令可以快速准确地将光标移至屏幕底部或文件的最后一行。若在 L 命令之前加上数字 n,则将光标移至从屏幕底部算起第 n 行的行首。

4. 屏幕滚动

屏幕滚动命令用于以屏幕为单位移动光标,常用于文件的滚屏和分页显示。需要注意的是,屏幕命令不是光标移动命令,不能作为文本限定符用于删除命令中。

在命令模式下和插入模式下均可以使用屏幕滚动命令。

(1) 滚屏命令。滚屏命令主要有以下两个。

Ctrl+U 组合键:将屏幕向文件头方向翻滚半屏。

Ctrl+D 组合键:将屏幕向文件尾方向翻滚半屏。

可以在这两个命令之前加上一个数字 n,则屏幕向前或向后翻滚 n 行。同时,系统会记住这个值,以后再用 Ctrl+U 和 Ctrl+D 命令滚屏时,还会滚动相应的行数。

(2) 分页命令。分页命令也有两个,分别如下。

Ctrl+F 组合键或者 PgDn:将屏幕向文件尾方向翻滚一整屏(一页)。

Ctrl+B 组合键或者 PgUp:将屏幕向文件首方向翻滚一整屏(一页)。

同样也可以在这两个命令之前加上一个数字 n,使屏幕向前或向后翻滚 n 页。

(3) 状态命令。命令 Ctrl+G 在 VI 的状态行上显示 VI 的状态信息,包括正在编辑的文件名、是否修改过、文件的行数、光标之前的行占整个文件的百分比,以及光标当前所在的行号和列号。

(4) 屏幕调零命令。VI 提供了 3 个有关屏幕调零的命令,它们的格式分别如下:

\[行号\]z\[行数\]<回车>

\[行号\]z\[行数\].

\[行号\]z\[行数\]-

若省略行号和行数,这 3 个命令分别为将光标所在的当前行作为屏幕的首行、中间行和末行重新显示。若给出行号,那么该行号所对应的行就作为当前行显示在屏幕的首行、中间行和末行。若给出行数,则规定了在屏幕上显示的行数。

下面是屏幕调零命令的几个例子。

8z16<回车>:将文件中的第 8 行作为屏幕显示的首行,屏幕显示行数为 16 行。

15z.:将文件的第 15 行作为屏幕显示的中间行。

15z5-:将文件的第 15 行作为屏幕显示的末行,屏幕显示行数为 5 行。

5. 命令模式下的文本编辑

在命令模式下,可以执行简单的文本编辑功能,而且执行完相应的编辑命令后仍处于命令模式。

1) 文本的删除

在编辑文本时,经常需要删除一些不需要的文本。可以通过按相应的键将输错或不需要的文本删除,但此时有一个限制,就是当删除到行首之后,无法再删除上一行的内容。

在命令模式下,VI 提供了许多删除命令。文本删除命令通常由删除命令 x 或者 d 与要删除的文本对象的类型组成,而且在 x 和 d 前面可以加上数字来表示要删除的文本对象的个数。例如,5dw 表示要删除当前字和其后的 4 个字。

字符、字和行删除命令如表 6-4 所示。

表 6-4 字符、字和行删除命令

命令	含义
X 或 x	删除当前字符
dh	删除前一个字符
db	删除前一个字
dd	删除当前行
d$	删除从当前字符开始到行尾的所有字符
d0(数字 0)	删除从一个字符开始到行首的所有字符
<n>dd	删除从当前行开始的连续 n 行

文本块删除命令如表 6-5 所示。

表 6-5 文本块删除命令

命令	含义
d)	从当前字符开始删除到句末
d(	从当前字符开始删除到句首
d}	从当前字符开始删除到段落尾
d{	从当前字符开始删除到段落首

相对屏幕删除命令如表 6-6 所示。

表 6-6　相对屏幕删除命令

命令	含义
dH	删除从当前行到屏幕首行的内容
dM	删除从当前行到屏幕中间行的内容
dL	删除从当前行到屏幕末行的内容

2) 文本的查找

在命令模式下，要查找满足指定模式的文本，可以使用查找命令。常用的查找命令如表 6-7 所示。

表 6-7　命令模式下常用的查找命令

命令	含义
/<pattern><回车>	向文件尾方向查找符合该模式的文本
?<pattern><回车>	向文件头方向查找符合该模式的文本
n	向文件头方向重复前一个查找命令
N	向文件尾方向重复前一个查找命令

3) 文本的修改

文本内容的修改是指用新输入的文本代替需要修改的老文本，它相当于先用删除命令删除需要修改的内容，然后再用插入命令插入新的内容。在使用修改命令后，VI 进入插入模式，当输入完新的内容后，一定要再按 Esc 键才能回到命令模式，否则 VI 会一直认为是在插入模式下，此时输入的任何内容都被当做修改的新内容。

VI 提供了 3 种修改命令，分别是 c、C 和 cc。它们修改文本的范围是由光标的当前位置和光标移动命令二者限定的。下面分别介绍这 3 种修改命令。

(1) c 命令中 c 后紧跟光标移动命令，表示修改内容的范围是从光标当前位置开始到指定的位置为止。例如，命令 c$ 表示修改光标当前位置到该行末尾范围内的内容。命令 c0 表示修改光标当前位置到该行行首范围内的内容。命令 c7G 表示修改从当前行到第 7 行的所有文本。

(2) C 命令可以修改从光标当前位置开始到该行末尾或从光标当前位置开始到某行末尾范围内的内容。例如，命令 C 表示修改从光标当前位置开始到该行末尾的所有文本，其效果与命令 c$ 相同；命令 nC 表示修改从光标当前所在位置开始直到下面 $n-1$ 行的内容。

(3) cc 命令可以修改从光标所在行的行首到该行末尾或指定某行末尾范围内的内容。例如，命令 2cc 表示修改从光标所在行的行首到下一行的行尾的所有文本。

4) 文本的替换

文本的替换是指用指定的文本代替原来的文本。它同文本修改一样，也是先执行删除操作，再执行插入操作。VI 提供的替换命令有取代命令、替换命令和字替换命令。

(1) 取代命令 r 和 R。命令 r<字符>表示用随后输入的字符代替当前光标处的字符。例如，命令 ri 表示将当前光标处的字符用字符 i 取代。命令 4rA 表示把当前光标处的字符及其后的 3 个字符都取代为 A。

命令 R 表示用随后输入的文本取代从当前光标处到其后面的若干字符，每输入一个字符就取代原有的一个字符，直到按 Esc 键结束这次取代为止。若新输入的字符数超过原有的字符数，则多出部分就附加在后面。

(2) 替换命令 s 和 S。命令 s 表示用随后输入的文本替换当前光标所在的字符。如果只用一个新字符替换光标所在字符，则 s 命令与 r 命令功能类似，如 sh 与 rh 的作用都是将光标所在处的字符变为 h。但二者也有区别，r 命令仅完成置换，而 s 命令在完成置换的同时，将工作模式从命令模式转换为插入模式。因此，使用 s 命令时，首先输入命令 s，随后输入要替换的正文，最后一定要按 Esc 键结束插入模式，返回命令模式。

可以在 s 前面加一个数字 n，表示用 s 后输入的文本替换从光标所在字符开始到该字符后的 $n-1$ 个字符(共 n 个字符)。

命令 S 表示用新输入的正文替换光标当前行(整行)。如果在 S 之前给出一个数字 n，如 3n，则表示有 3 行(包括光标当前行及其下面 2 行)要被 S 命令之后输入的正文所替换。

(3) 字替换命令 cw。如果只希望将某个字的内容用其他文本串替换，则可以使用 cw 命令。cw 命令所替换的是一个狭义上的字。输入这个命令后，VI 将光标所在位置到该字字尾的内容删除，然后用户可输入任何文本内容。输入完成之后按 Esc 键，VI 即用所输入的内容替换原光标位置至相应字结尾的所有内容。

5) 文本行的合并

VI 提供了将文本中的某些行进行合并的命令。命令格式为\[n\]J，该命令的功能是把光标所在行与下面的 $n-1$ 行合并为一行，如果省略 n，则表示把光标所在行与下面一行合并。

6) 文本的复制与粘贴

VI 也提供了与 Windows 的剪贴板类似的功能。剪贴板是内存的一块缓冲区，复制命令就是把指定的内容复制到剪贴板上，而粘贴命令就是将剪贴板上的内容粘贴到光标处。VI 中的复制命令及其作用如下。

yw：将光标所在位置到字尾的字符复制到缓冲区。

\[n\]yw：将从光标所在位置开始的 n 个字复制到缓冲区。

yy：将光标所在的行复制到缓冲区。

\[n\]yy：将光标所在的行及其后的 $n-1$ 行(共 n 行)复制到缓冲区。例如，6yy 表示将光标所在的行开始的 6 行文字复制到缓冲区。

p：将缓冲区内的字符粘贴到光标所在位置。注意，所有的 y 命令必须与 p 命令配合才能完成复制与粘贴功能。

7) 文本的移动

在文件中移动文本也可以像在 Windows 中一样通过以下 3 步完成。

(1) 使用前面介绍的文本删除命令将要移动的文本删除(删除文本自动复制到缓冲区)。

(2) 使用前面介绍的光标移动命令将光标移动到目标位置。
(3) 使用 p 命令将刚删除的文本粘贴到目标位置。

6. 插入模式下的文本编辑

在命令模式下，用户输入的任何字符都被 VI 当做命令加以解释执行。如果希望将输入的字符当做文本内容，则首先应将 VI 的工作模式从命令模式切换到插入模式。在插入模式下，可以直接向文件中输入任何字符。在命令模式下，可以通过插入命令、附加命令或者打开命令使 VI 从命令模式进入插入模式。

(1) 插入命令。在命令模式下，执行 i 命令表示在光标所在位置开始插入文本，并且在插入过程中可以使用删除键删除错误的输入。此时 VI 处于插入状态，屏幕最下行显示"--插入--"字样。

例如，有一正在编辑的文件：Welcome to VI world!Come on!~，光标位于第一个"!"上，需在其前面插入"This is an example!"，则首先使用 i 命令，使 VI 进入插入模式，输入相应文本后，屏幕显示"Welcome to VI world This is an example!!Come on!~"。

由此可以看出，光标本来是在第一个"!"处，但是由于是从光标所在位置开始插入，所以这个"!"就被挤到了新插入的文本之后。

I 命令表示将光标移到当前行的行首，然后在其前插入文本。

(2) 附加命令。在命令模式下。执行 a 命令，表示从光标所在位置之后追加新文本。新输入的文本放在光标之后，原来光标后的文本将相应地向后移动。同样地，A 命令表示首先把光标移到所在行的行尾，从那里开始插入新文本。

(3) 打开命令。不论插入命令，还是附加命令，所插入的内容都是从当前行的某个位置开始的。若希望在某行之前或某行之后插入一些新行，则应使用打开命令。在命令模式下执行 o 命令，VI 将在光标所在行的下面开始新的一行，并将光标置于该行的行首，等待输入文本。与 o 命令相反，O 命令是在光标所在行的上面插入一行，并将光标置于该行的行首，等待输入文本。

7. 重复与取消命令

(1) 取消命令。取消上一个命令，也称为复原命令，是非常有用的命令，它可以取消前一次的误操作或不合适的操作对文件造成的影响，使之恢复到这种误操作或不合适操作执行之前的状态。

要取消上一个命令，可以在命令模式下输入字符 u 或 U。它们的功能都是取消刚才输入的命令，恢复到原来的情况。二者的区别在于，U 命令的功能是恢复到误操作命令前的情况，即如果插入命令后使用 U 命令，就删除刚刚插入的内容；如果删除命令后使用 U 命令，就相当于在光标处又插入刚刚删除的内容。这里把所有修改文本的命令都视为插入命令。而 u 命令的功能是把当前行恢复成被编辑前的状态，而不管此行被编辑了多少次。

早期的 VI 只允许一次取消操作，现在的 VI 允许使用命令 u 取消先前的多次操作。

(2) 重复命令。重复命令也是一个常用的命令，在文本编辑中经常会碰到需要重复执行一些操作的情况，这时就需要用到重复命令。它可以让用户方便地再执行一次前面刚完成的某个复杂的命令。重复命令只能在命令模式下工作，在该模式下按"."键即可执行重复命令。例如，命令"dd..."表示删除从当前行开始的 4 行文本。

6.2.4 VIM 对 VI 的改进

VIM 向后兼容 VI，且具有很多新特征，主要包括以下几点。

(1) 可以无限制地撤销操作。VI 只能撤销最后一次操作，而 VIM 可以无限制地依次撤销连续多个操作。

(2) 可移植性。VI 只能运行在 UNIX 类系统上，而 VIM 除了可以运行在各种 UNIX 系统上外，还可以运行在 Windows、Macintosh、OS/2、VMS 等其他系统上。

(3) 语法识别与显示。VIM 能根据所编辑文件的类型对不同的语法成分使用不同的颜色或形式进行显示。VIM 能对 200 多种不同的文件类型进行处理，还能识别出注释成分以及一些语法错误，这对编辑人员有很大帮助。

(4) 图形用户界面。VIM 不仅能在控制台上运行，而且能在许多 GUI 环境中运行，包括 X Window、Mac OS 及 Windows。它使用内置的楔子(widget)技术来实现滚动、分屏以及菜单功能，甚至可以操作剪贴板。

6.3 GCC 编译器

1984 年，Richard Stallman 发起了自由软件运动，GNU (Gnu's not UNIX)项目应运而生。3 年后，第一版 GCC(GNU C compiler)成为一款可移植、可优化、支持 ANSI C 的开源 C 编译器。随着 GCC 支持的语言越来越多，如 C++、Ada、Java、Objective-C、FORTRAN、Pascal 等，它的名称变成了 GNU Compiler Collection。

GCC 是 Linux 平台下最常用的编译程序，它是 Linux 平台编译器的事实标准。同时，在 Linux 平台下的嵌入式开发领域，GCC 也是用得最普遍的一种编译器。GCC 之所以被广泛采用，是因为它能支持各种不同的目标体系结构。目前，GCC 支持的体系结构有 40 余种，常见的有 X86 系列、Arm、PowerPC 等。此外，GCC 还能运行在不同的操作系统上，如 Linux、Solaris、Windows 等。

6.3.1 GCC 文件约定及总体编译选项

GCC 最基本的用法是：GCC[options] [filenames]，其中 options 就是编译器所需要的参数，filenames 给出相关的文件名称。通常 GCC 通过后缀名来区别输入文件的类别，其所遵循的部分扩展名及其含义约定规则如表 6-8 所示。对于一般的编译过程，主要涉及 GCC 的总体编译选项，如表 6-9 所示。表中的".o"选项是将经过 GCC 处理过的结果存为文件 file，这个结果文件可能是预处理文件、汇编文件、目标文件或者最终的可执行文件。假设被处理的源文件为 source.suffix，如果这个选项被省略了，那么生成的可执行文件默认名称为 a.out，目标文件默认名为 source.o，汇编文件默认名为 source.s，生成的预处理文件则发送到标准输出设备。

表 6-8 GCC 文件扩展名及其含义

扩展名	类型	可进行的操作方式
.c	C 语言源程序	预处理、编译、汇编、连接
.C，.cc，.cxx	C++语言源程序	预处理、编译、汇编、连接
.i	预处理后的 C 语言源程序	编译、汇编、连接
.ii	预处理后的 C++语言源程序	编译、汇编、连接
.s	预处理后的汇编程序	汇编、连接
.S	未预处理的汇编程序	预处理、汇编、连接
.o	目标文件	连接
.h	头文件	不进行任何操作
.a	编译后的静态库文件/存档文件	不进行任何操作
.so	编译后的动态库文件	不进行任何操作

表 6-9 GCC 总体编译选项

后缀名	所对应的语言
-c	只是编译不连接，生成目标文件".o"
-S	只是编译不汇编，生成汇编代码
-E	只进行预编译，不作其他处理
-g	在可执行程序中包含标准调试信息
-o file	把输出文件输出到 file 中
-v	打印出编译器内部编译各过程的命令行信息和编译器的版本
-x language	明确指出后面输入文件的语言，而不是通过文件名的后缀判断，其中 language 的可选值，有 C、C++等

6.3.2 GCC 的编译过程

对于 GUN 编译器来说，程序的编译要经历预处理、编译、汇编、连接 4 个阶段，如图 6-8 所示。首先，GCC 需要调用预处理程序，由它负责展开在源文件中定义的宏，并向其中插入 #include 语句所包含的内容；其次，GCC 会调用编译和汇编程序将处理后的源代码编译成目标代码；最后，GCC 会调用连接程序把生成的目标代码连接成一个可执行程序。

以 C 语言为例，首先在 VI 编辑器中输入如下代码，并保存为文件 hello.c 具体代码如下：

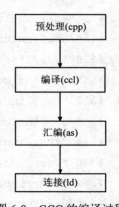

图 6-8 GCC 的编译过程

```
#include<stdio.h>
int main(void)
{
    printf("Hello GCC world!\n");
    return 0;
}
```

然后执行下面的命令编译和运行这段程序：

```
#gcc hello.c -o hello
#./hello
Hello GCC world!
```

从程序员的角度看，只需简单地执行一条 GCC 命令就可以了，但从编译器的角度来看，却需要完成一系列非常繁杂的工作。为了更好地理解 GCC 的工作过程，可以把上述编译过程分成几个步骤单独运行，并观察每步的运行结果。

1. 预处理阶段

在预处理阶段，输入的是 C 语言的源文件，通常为*.c 文件。这个阶段主要处理源文件中的#ifdef、#include 和#define 命令，将带有.h 之类的头文件编译进来。该阶段会生成一个中间文件*.i，但实际工作中通常不用专门生成这种文件，因为基本上用不到。若非要生成这种文件，则可以利用表 6-9 中的-E 选项，作用是让 GCC 在预处理结束后停止编译过程。对应的 GCC 命令如下：

```
#gcc -E hello.c -o hello.i
#cat hello.i | less
#1 "hello.c"
#1 "<built-in>"
#1 "<command line>"
#1 "hello.c"
#1 "/usr/include/stdio.h" 1 3 4
#28 "/usr/include/stdio.h" 3 4
#1 "/usr/include/features.h" 1 3 4
#329 "/usr/include/features.h" 3 4
#1 "/usr/include/sys/cdefs.h" 1 3 4
#313 "/usr/include/sys/cdefs.h" 3 4
#1 "/usr/include/bits/wordsize.h" 1 3 4
#314 "/usr/include/sys/cdefs.h" 2 3 4
#330 "/usr/include/features.h" 2 3 4
#352 "/usr/include/features.h" 3 4
#1 "/usr/include/gnu/stubs.h" 1 3 4
...
```

```
extern void funlockfile (FILE *__stream) __attribute__ ((__nothrow__));
#844 "/usr/include/stdio.h" 3 4
#2 "hello.c" 2
int main(void)
{
    printf("Hello GCC world!\n");
    return 0;
}
```

在此例中,就把 stdio.h 编译进来了。可使用 cat 查看文件 hello.i 的内容,会发现 stdio.h 的内容确实已经插入 hello.i 中,而其他应当被预处理的宏定义也都作了相应的处理,即 GCC 完成了预处理过程。

2. 编译阶段

在编译阶段,输入的是中间文件*.i,编译后生成汇编语言文件*.s。通过使用-S 命令来完成编译而不进入汇编阶段,对应的 GCC 命令如下:

```
#gcc -S hello.i -o hello.s
#cat hello.s
    .file   "hello.c"
    .section    .rodata
.LC0:
    .string "Hello GCC world!"
    .text
.globl main
    .type   main,@function
main:
    leal 4(%esp),%ecx
    andl $-16,%esp
    pushl -4(%ecx)
    pushl %ebp
    movl %esp,%ebp
    pushl %ecx
    subl $4,%esp
    movl $.LC0,(%esp)
    call puts
    movl $0,%eax
    addl $4,%esp
    popl %ecx
    popl %ebp
```

```
        leal -4(%ecx), %esp
        ret
        .size main,.-main
        .ident "GCC: (GNU) 4.1.1 20070105 (Red Hat 4.1.1-52)"
        .section .note.GNU-stack,"",@progbits
```

3. 汇编阶段

在汇编阶段，将输入的汇编文件*.s 转换成机器语言*.o，这时使用-c 命令实现。这个阶段对应的 GCC 命令如下：

```
#gcc -c hello.s -o hello.o
```

4. 连接阶段

成功编译之后，就进入了连接阶段。连接阶段将输入的机器代码文件*.o 与库文件汇集成一个可执行的二进制代码文件。这里首先要明白库的概念。hello.c 这个程序中没有 printf()的函数实现，且在预处理阶段包含进来的 stdio.h 中只有该函数的声明，而没有定义函数的实现，那么应如何实现 printf()？系统把这些函数的实现都放到名为 libc.so.6 的库文件里了，没有特别指定时，GCC 会到默认的搜索路径/usr/lib 下进行查找，也就是连接到 libc.so.6 库函数中来实现函数 printf()，这就是连接的作用。

函数库一般可分为静态库和动态库两种。静态库是指连接时把库文件的代码全部加到可执行文件中，因此生成的文件比较大，但是在运行时就不再需要库文件了，其后缀名一般为.a。动态库在连接时并没有把库文件的代码加入可执行文件中，而是在程序运行时连接文件加载库，这样可以节省系统的开销，动态库一般后缀名为.so。GCC 在编译时默认使用动态库，实现代码如下：

```
#gcc hello.o -o hello
#ls -l hello
-rwxr-xr-x 1 root root 4682 Apr 24 14:03 hello
#file hello
hello: ELF 32-bit LSB executable, Intel 80386, version 1 (SYSV), for
GNU/Linux 2.6.9, dynamically linked (uses shared libs), for GNU/Linux 2.6.9,
not stripped
```

至此，GCC 的整个编译连接过程就完成了。

6.3.3 警告提示功能

当 GCC 在编译过程中检查出错误时，就会中止编译。但检测到警告时却能继续编译生成可执行程序，因为警告只是针对程序结构的诊断信息，它不能说明程序一定有错误，而是存在风险，或者可能存在错误。虽然 GCC 提供了非常丰富的警告信息，但前提是已经启用了它们,否则它不会报告这些检测到的警告。常见的 GCC 警告和出错编译选项如表 6-10 所示。

表 6-10 GCC 警告和出错编译选项

选项	含义
-ansi	支持符合 ANSI 标准的 C 程序
-pedantic	允许发出 ANSI C 标准所列的全部警告信息
-pedantic-error	允许发出 ANSI C 标准所列的全部错误信息
-w	关闭所有告警
-Wall	允许发出 GCC 提供的所有有用的报警信息
-Werror	把所有的警告信息转化为错误信息,并在警告发生时中止编译过程

GCC 包含的出错检查和警告提示功能可以帮助程序员写出更加专业和优美的代码。例如,有以下一段代码(illcode.c):

```
#include<stdio.h>
void main(void)
{
    long long int var = 1;
    printf("It is not standard C code!\n");
}
```

这段代码写得很糟糕,仔细检查一下不难发现很多毛病:main()函数的返回值被声明为 void,但实际上应该是 int;使用了 GNU 语法扩展,即用 long long 来声明 64 位整数,不符合 ANSI/ISO C 语言标准;main()函数在终止前没有调用 return 语句。

当 GCC 在编译不符合 ANSI/ISO C 语言标准的源代码时,如果加上了-pedantic 选项,那么使用了扩展语法的地方将产生相应的警告信息:

```
#gcc -pedantic illcode.c -o illcode
illcode.c: In function 'main':
illcode.c:4: warning: ISO C90 does not support 'long long'
illcode.c:3:warning :return type of 'main' is not 'int'
```

需要注意的是,-pedantic 编译选项并不能保证被编译程序与 ANSI/ISO C 标准的完全兼容,它只能用来帮助程序员离这个目标越来越近。换句话说,-pedantic 选项能够帮助程序员发现一些不符合 ANSI/ISO C 标准的代码,但不是全部,事实上只有 ANSI/ISO C 语言标准中要求进行编译器诊断的那些情况才有可能被 GCC 发现并提出警告。

除了-pedantic 之外,GCC 还有一些其他编译选项也能够产生有用的警告信息,这些选项大多以-W 开头,其中最有价值的是-Wall,使用它能够使 GCC 产生尽可能多的警告信息,如有以下代码:

```
#gcc -Wall illcode.c -o illcode
illcode.c:3: warning: return type of 'main' is not 'int'
```

```
illcode.c: In function 'main':
illcode.c:4: warning: unused variable 'var'
```

-Wall 选项相当于同时使用了下列所有的选项。

unused-function：遇到仅声明过但尚未定义的静态函数时发出的警告。

unused-label：遇到声明过但不使用的标号的警告。

unused-parameter：从未用过的函数参数的警告。

unused-variable：在本地声明但从未用过的变量的警告。

unused-value：仅计算但从未用过的值的警告。

format：检查对 printf()和 scanf()等函数的调用，确认各个参数类型和格式串的一致性。

implicit-int：警告没有规定类型的声明。

implicit-function：在函数未经声明就使用时给予的警告。

char-subscripts：警告把 char 类型作为数组下标。这是常见错误，程序员经常忘记在某些机器上 char 有符号。

missing-braces：聚合初始化两边缺少大括号。

parentheses：在某些情况下如果忽略了括号，编译器就发出警告。

return-type：如果函数定义了返回类型，而默认类型是 int 型，编译器就发出警告。同时警告那些不带返回值的 return 语句，如果它们所属的函数并非 void 类型。

sequence-point：出现可疑的代码元素时，发出报警。

switch：如果某条 switch 语句的参数属于枚举类型，但是没有对应的 case 语句使用枚举元素，编译器就发出警告(在 switch 语句中使用 default 分支能够防止这个警告)。超出枚举范围的 case 语句同样会导致这个警告。

strict-aliasing：对变量别名进行最严格的检查。

unknown-pragmas：使用了不允许的#pragma。

uninitialized：在初始化之前就使用自动变量。

需要注意的是，各警告选项既然能使之生效，当然也能使之关闭。例如，假设想要使用-Wall 来启用选项，同时又要关闭 unused 警告，可以通过下面的命令来达到目的：

```
#gcc -Wall -Wno-unused illcode.c -o illcode
```

在处理警告方面，另一个常用的编译选项是-Werror，它要求 GCC 将所有的警告当成错误进行处理，这在使用自动编译工具(如 Make 等)时非常有用。如果编译时带上-Werror 选项，那么 GCC 会在所有产生警告的地方停止编译，迫使程序员对自己的代码进行修改。只有当相应的警告信息消除时，才能将编译过程继续朝前推进。对 illcode.c 的执行情况如下：

```
#gcc -Wall -Werror illcode.c -o illcode
cc1: warnings being treated as errors
illcode.c:3: warning: return type of 'main' is not 'int'
illcode.c: In function 'main':
illcode.c:4: warning: unused variable 'var'
```

GCC 给出的警告信息虽然从严格意义上说不能算是错误,但很可能成为错误的栖身之所。对程序员来讲,GCC 给出的警告信息是很有价值的,它们不仅可以帮助程序员写出更加健壮的程序,而且还是跟踪和调试程序的有力工具。建议在用 GCC 编译源代码时始终带上-Wall 选项,并把它逐渐培养成为一种习惯,这对找出常见的隐式编程错误很有帮助。

6.3.4 代码优化

代码优化指的是编译器通过分析源代码,找出其中尚未达到最优的部分,然后对其重新进行组合,目的是改善程序的执行性能。GCC 提供的代码优化功能非常强大,它通过编译选项-On 来控制优化代码的生成,其中 n 是一个代表优化级别的整数,O 表示不进行优化。需要注意的是,采用更高级的优化并不一定能得到效率更高的代码。对于不同版本的 GCC 来讲,n 的取值范围及其对应的优化效果可能并不完全相同,比较典型的范围是从 0 变化到 2 或 3。

编译时使用选项-O 可以告诉 GCC 同时减少代码的长度和执行时间,其效果等价于-O1。在这一级别上能够进行的优化类型虽然取决于目标处理器,但一般都会包括线程跳转(thread jump)和延迟退栈(deferred stack pops)两种优化。选项-O2 告诉 GCC 除了完成所有-O1 级别的优化之外,同时还要进行一些额外的调整工作,如处理器指令调度等。选项-O3 则除了完成所有-O2 级别的优化之外,还包括循环展开和其他一些与处理器特性相关的优化工作。

通常来说,数字越大优化的等级越高,同时也就意味着程序的运行速度越快。许多程序员都喜欢使用-O2 选项,因为它在优化长度、编译时间和代码大小之间取得了一个比较理想的平衡点。下面通过具体实例来对比 GCC 的代码优化功能,所用程序(optimize.c)如下:

```c
#include<stdio.h>
int main(void)
{
    double counter;
    double result;
    double temp;
    for(counter = 0; counter < 5000.0*5000.0*5000.0/50.0 + 5050; counter += (5 - 1) / 4)
    {
        temp = counter / 1979;
        result = counter;
    }
    printf("Result is %lf\n", result);
    return 0;
}
```

首先不加任何优化选项进行编译：
```
#gcc -Wall optimize.c -o optimize
```
借助 Linux 提供的 time 命令可以大致统计出该程序在运行时所需要的时间，代码如下：
```
#time ./optimize
Result is 2500005049.000000
real 1m2.968s
user 1m2.876s
sys 0m0.000s
```
接下来使用优化选项来对代码进行优化处理，代码如下：
```
#gcc -Wall -O optimize.c -o optimize
```
在同样的条件下再次测试运行时间，代码如下：
```
#time ./optimize
Result is 2500005049.000000
real 0m14.762s
user 0m14.577s
sys 0m0.044s
```

对比两次执行的输出结果，不难看出，程序的性能的确得到了很大程度的改善，由原来的 62s 缩短到了 14s。这个例子是专门针对 GCC 的优化功能而设计的，因此，优化前后程序的执行速度发生了很大的改变。尽管 GCC 的代码优化功能非常强大，但作为一名优秀的程序员，首先还是要力求能够手工编写出高质量的代码。如果编写的代码简短，并且逻辑性强，编译器就不会做太多的工作，甚至根本用不着优化。

优化代码虽然能够给程序带来更好的执行性能，但在以下一些场合应该避免优化代码。

(1) 程序开发的时候优化等级越高，消耗在编译上的时间就越长，因此在开发的时候最好不要使用优化选项，到软件发行或开发结束的时候，才考虑对最终生成的代码进行优化。

(2) 资源受限的时候，一些优化选项会增加可执行代码的体积，如果程序在运行时能够申请到的内存资源非常紧张(如一些实时嵌入式设备)，那就不要对代码进行优化，因为其带来的负面影响可能会产生非常严重的后果。

(3) 跟踪调试的时候对代码进行优化，某些代码可能会被删除或改写，或者为了取得更佳的性能而进行重组，从而使跟踪和调试变得异常困难。

6.3.5　库依赖

在 Linux 下开发软件时，完全不使用第三方函数库的情况是比较少见的，通常来讲都需要借助一个或多个函数库的支持才能够完成相应的功能。从程序员的角度看，函数库实际上就是一些头文件(.h)和库文件(.so 或者.a)的集合。虽然 Linux 下的大多数函数都默认将头文件放到/usr/include 目录下，将库文件放到/usr/lib 目录下，但并不是所有的情况都是这样。正因如此，GCC 在编译时必须有自己的方法来查找所需要的头文件和库文件，此时就会用到表 6-11 所示的编译选项。

表 6-11　GCC 库依赖编译选项

选项	含义
-I dir	在头文件的搜索路径列表中添加 dir 目录
-L dir	在库文件的搜索路径列表中添加 dir 目录
-static	连接静态库
-llibrary	连接名为 library 的库文件

GCC 采用搜索目录的方法来查找所需要的文件，-I 选项可以向 GCC 的头文件搜索路径中添加新的目录，这是在预编译过程中使用的参数。例如，如果在/home/fyang/include/目录下有编译时所需要的头文件，为了让 GCC 能够顺利地找到它们，就可以使用-I 选项例如：

```
#gcc stream.c -I /home/fyang/include -o stream
```

同样，如果使用了不在标准位置的库文件，那么可以通过-L 选项向 GCC 的库文件搜索路径中添加新的目录，这是在连接过程中使用的参数。例如，如果在/home/fyang/lib 目录下有连接时所需要的库文件 libstream.so，为了让 GCC 能够顺利地找到它，可以使用下面的命令：

```
#gcc stream.c -L /home/fyang/lib -l stream -o stream
```

值得好好解释一下的是-l 选项，它指示 GCC 连接库文件 libstream.so。Linux 下的库文件在命名时有一个约定，那就是应该以 lib 开头，由于所有的库文件都遵循了同样的规范，所以在用-l 选项指定连接的库文件名时可以省去 lib 三个字母，也就是说 GCC 在对-lstream 进行处理时，会自动连接名为 libstream.so 的文件。

Linux 下的库文件分为两大类，分别是动态连接库(通常以.so 结尾)和静态连接库(通常以.a 结尾)，两者的差别仅在于程序执行时所需的代码是在运行时动态加载的，还是在编译时静态加载的。默认情况下，GCC 在连接时优先使用动态连接库，只有当动态连接库不存在时才考虑使用静态连接库，如果需要可以在编译时加上-static 选项，强制使用静态连接库。例如，如果在/home/fyang/lib 目录下有连接时所需要的库文件 libstream.so 和 libstream.a，为了让 GCC 在连接时只用到静态连接库，可以使用下面的命令：

```
#gcc stream.c -L /home/fyang/lib -static -l stream -o stream
```

6.3.6　加速

在将源代码变成可执行文件的过程中，需要经过许多中间步骤，包含预处理、编译、汇编和连接。这些过程实际上是由不同的程序负责完成的。大多数情况下 GCC 可以为 Linux 程序员完成所有的后台工作，自动调用相应程序进行处理。

这样做有一个很明显的缺点，就是 GCC 在处理每个源文件时，最终都需要生成好几个临时文件才能完成相应的工作,从而无形中导致处理速度变慢。例如,GCC在处理一个源文件时,可能需要一个临时文件来保存预处理的输出、一个临时文件来保存编译器的输出、一个临时文件来保存汇编器的输出,而读写这些临时文件显然需要耗费一定的时间。当软件项目非常庞大的时候,花费在这上面的代价可能会变得很大。

解决的方法是,使用 Linux 提供的一种更加高效的通信方式——管道。它可以用来连接两个程序,其中一个程序的输出将被直接作为另一个程序的输入,这样就可以避免使用临时文件,但编译时需要消耗更多的内存。

在编译过程中使用管道是由 GCC 的-pipe 选项决定的。下面的这条命令就是借助 GCC 的管道功能来提高编译速度的,代码如下:

```
#gcc -pipe stream.c -o stream
```

在编译小型工程时使用管道,编译时间上的差异可能还不是很明显,但在源代码非常多的大型工程中,时间差异将变得非常明显。

6.4 GDB 调试器

一个功能强大的调试器不仅为程序员提供了跟踪程序执行的手段,而且还可以帮助程序员找到解决问题的方法。对于 Linux 程序员来讲,GDB(GNU debugger)通过与 GCC 的配合使用,为基于 Linux 的软件开发提供了一个完善的调试环境。

6.4.1 GCC 的 GDB 调试选项

默认情况下,GCC 在编译时不会将调试符号插入生成的二进制代码中,因为这样会增加可执行文件的大小。如果需要在编译时生成调试符号信息,可以使用 GCC 的-g 或者-ggdb 选项,如表 6-12 所示。

表 6-12 GCC 中与 GDB 相关的调试选项

选项	含义
-glevel	以操作系统的本地格式(stabs,COFF,XCOFF 或 DWARF)产生调试信息。GDB 可以直接利用这个信息,其他调试器也可以使用这个调试信息
-ggdblevel	使 GCC 为 GDB 生成扩展调试信息,此时不能用其他的调试器(如 DBX)来进行调试

GCC 在产生调试符号时,同样采用了分级的思路,开发人员可以通过在-g 选项后附加数字 1、2 或 3 来指定在代码中加入调试信息的多少。默认的级别是 2(-g2),此时产生的调试信息包括扩展的符号表、行号、局部或外部变量信息。级别 3(-g3)包含级别 2 中的所有调试信息以及源代码中定义的宏。级别 1(-g1)不包含局部变量和与行号有关的调试信息,因此只能够用于回溯跟踪和堆栈转储。回溯跟踪指的是监视程序在运行过程中的函数调用历史,堆栈转储则是一种以原始的十六进制格式保存程序执行环境的方法,两者都是经常用到的调试手段。

GCC 产生的调试符号具有普遍适应性，可以被许多调试器使用，但如果使用的是 GDB，那么就可以通过-ggdb 选项在生成的二进制代码中包含 GDB 专用的调试信息。这种做法的优点是可以方便 GDB 的调试工作，缺点是可能导致其他调试器(如 DBX)无法进行正常调试。选项-ggdb 能够接受的调试级别和-g 是完全一样的，它们对输出的调试符号有着相同的影响。

需要注意的是，使用任何一个调试选项都会使最终生成的二进制文件的大小急剧增加，同时增加程序在执行时的开销，因此调试选项通常仅在软件的开发和调试阶段使用。调试选项对生成代码大小的影响从下面的对比过程中可以看出，给出如下代码：

```
#gcc optimize.c -o optimize
#ls -l optimize
-rwxr-xr-x 1 root root 4771 Apr 24 18:53 optimize    (未加调试选项)

#gcc -g1 optimize.c -o optimize
#ls -l optimize
-rwxr-xr-x 1 root root 5631 Apr 24 18:54 optimize    (加入调试选项 level = 1)

#gcc -g2 optimize.c -o optimize
#ls -l optimize
-rwxr-xr-x 1 root root 6023 Apr 24 18:55 optimize    (加入调试选项 level = 2)

#gcc -g3 optimize.c -o optimize
#ls -l optimize
-rwxr-xr-x 1 root root 18739 Apr 24 18:56 optimize    (加入调试选项 level = 3)
```

虽然调试选项会增加文件的大小，但事实上 Linux 中的许多软件在测试版本甚至最终发行版本中仍然使用了调试选项来进行编译，这样做的目的是鼓励用户在发现问题时自己动手解决，这是 Linux 的一个显著特点。

6.4.2 GDB 基本命令

进入 GDB 命令行界面后，其命令可以通过查看帮助文档进行查找。由于 GDB 的命令很多，所以 GDB 的帮助文档将其分成了很多种类(class)，用户可以通过进一步查看相关类找到相应命令，代码如下：

```
(gdb)help
List of classes of commands:
```

```
aliases--Aliases of other commands
breakpoints--Making program stop at certain points
data--Examining data
files--Specifying and examining files
internals--Maintenance commands
obscure--obscure features
running--Running the program
stack--Examining the stack
status--Status inquiries
support--Support facilities
tracepoints--Tracing of Program execution without stopping the program
user-defined—User-defined commands
Type"help"followed by a class name for a list of commands in that class
Type"help"followed by command name for full documentation
Command name abbreviations are allowed if unambiguous
```

接着可以查找各分类的具体命令，代码如下：

```
(gdb)help breakpoints
Making program stop at certain points
List of commands:
awatch--Set a watchpoint for an expression
break--Set breakpoint at specified line or function
catch--Set catchpoints to catch eyents
Clear--Clear breakpoint at specified line or function
commands--Set commands to be executed when a breakpoint is hit
Condition--Specify breakpoint number N to break only if COND is true
delete--Delete some breakpoints or auto-display expressions
disable--Disable some breakpoints
enable--Enable some breakpoints
hbreak--Set a hardware assisted breakpoint
iqnore--Set ignore-count of breakpoint number N to COUNT
rbreak--Set a breakpoint for all functions matching REGEXP
rwatch--Set a read watchpoint for an expression
tbreak--Set a temporary breakpoint
tcatch--Set temporary catchpoints to catch events
thbreak--Set a temporary hardware assisted breakpoint
watch--Set a watchpoint for an expression
Type"help"followed by command name for full documentation
Command name abbreviations are allowed if unambiguous
```

若用户想要查找 break 命令，则可输入 help break 实现，代码如下：

```
(gdb)help break
Set breakpoint at specified line or function
break [LOCATION] [thread THREADNUM] [if CONDITION]
LOCATION may be a line number, function name, or "*" and an address
If a line number is specified, break at start of code for that line
If a function is specified, break at start of code for that function
If an address is specified, break at that exact address
With no LOCATION, uses current execution address of selected stack frame
This is useful for breaking on return to a stack frame
THREADNUM is the number from "info threads"
CONDITION is a boolean expression
Multiple breakpoints at one place are permitted, and useful if conditional
Do "help breakpoints" for info on other commands dealing with breakpoints
```

GDB 中的命令主要分为工作环境相关命令、设置断点与恢复命令、源代码查看命令、查看运行数据相关命令和修改运行参数命令。以下就分别对这几类命令进行介绍。

1. 工作环境相关命令

GDB 中不仅可以调试所运行的程序，而且可以对程序相关的工作环境进行相应的设定，甚至可以使用 shell 中的命令进行相关的操作，功能极其强大。GDB 常见工作环境相关命令如表 6-13 所示。

表 6-13 GDB 工作环境命令

命令格式	含义
set args	指定运行时的参数，如 set args2
show args	查看设置好的运行参数
path dir	设定程序的运行路径
show paths	查看程序的运行路径
set environment var[=value]	设置环境变量
show environment [var]	查看环境变量
cd dir	进入 dir 目录，相当于 shell 中的 cd 命令
pwd	显示当前工作目录
shell command	运行 shell 的 command 命令

2. 设置断点与恢复命令

GDB 中设置断点与恢复的常见命令如表 6-14 所示。

表 6-14　GDB 设置断点与恢复命令

命令格式	含义
info b	查看设置断点
break[文件名:]行号或函数名<条件表达式>	设置断点
tbreak[文件名:]行号或函数名<条件表达式>	设置临时断点，到达后被自动删除
delete[断点号]	删除指定断点，若无断点号则删除所有断点
disable[断点号]	停止指定断点，但使用 info b 仍能查看此断点，若无断点号则停止所有断点
enable[断点号]	激活指定断点，即激活被 disable 停止的断点
condition[断点号] <条件表达式>	修改对应断点的条件
ignore[断点号]<num>	在程序执行中，忽略对应断点 num 次
step	单步恢复程序运行，且进入函数调用
next	单步恢复程序运行，但不进入函数调用
finish	运行程序，直到当前函数完成返回
c	继续执行函数，直到函数结束或遇到新断点

3．源代码查看命令

在 GDB 中可以查看源代码以方便其他操作，它的常见相关命令如表 6-15 所示。

表 6-15　GDB 源代码查看命令

命令格式	含义
List<行号>|<函数名>	查看指定位置代码
file[文件名]	加载指定文件
forward-search　正则表达式	源代码的前向搜索
reverse-search　正则表达式	源代码的后向搜索
dir DIR	将路径 DIR 添加到源文件搜索路径的开头
show directories	显示源文件的当前搜索路径
info line	显示加载到 GDB 内存中的代码

4．查看运行数据相关命令

GDB 中查看运行数据是指当程序处于运行或暂停状态时，可以查看的变量及表达式的信息，其常见命令如表 6-16 所示。

5．修改运行参数命令

GDB 还可以修改运行时的参数，并使该变量按照用户当前输入的值继续运行。它的设置方法为：在单步执行的过程中，输入命令"set 变量=设定值"，在此之后程序就会按照该设定值运行。

表 6-16 GDB 查看运行数据命令

命令格式	含义
print 表达式|变量	查看程序运行时对应表达式和变量的值
x<n/f/u>	查看内存变量内容，其中 n 为整数，表示显示内存的长度，f 表示显示的格式，u 表示从当前地址往后请求显示的字节数
display 表达式	设定在单步运行或其他情况中，自动显示对应表达式的内容
backtrace	查看当前栈的情况，可以查到哪些被调用的函数尚未返回

6.4.3 GDB 使用流程

GDB 调试器是一款 GNU 开发组织并发布的 UNIX/Linux 下的程序调试工具。虽然它没有图形化的友好界面，但是它强大的功能足以与微软的 Visual Studio 等工具媲美。下面给出一段短小的程序，由此熟悉 GDB 的使用流程。

首先打开 Linux 下的编辑器 VI 编辑如下代码(gdb_test.c):

```c
#include<stdio.h>
long long multi(int n){
    int i;
    long long result = 1;
    for(i=1; i<=n; i++){
        result *= i;
    }
    return result;
}
int main(void){
    int i;
    long long result = 1;
    for(i=1; i<=10; i++){
        result *= i;
    }
    printf("result[1-10] = %lld \n", result );
    printf("result[1-20] = %lld \n", multi(20) );
    return 0;
}
```

在保存退出后使用 GCC 对 test.c 进行编译，注意一定要加上选项-g，这样编译出的可执行代码中才包含调试信息，否则之后 GDB 无法载入该可执行文件，代码如下：

```
#gcc -g -Wall gdb_test.c -o gdb_test
```

虽然这段程序没有错误，但调试完全正确的程序可以更容易了解 GDB 的使用流程。接下来就启动 GDB 进行调试。注意，GDB 调试的是可执行文件 gdb_test，而不是源文件 gdb_test.c。调试执行代码如下：

```
#gdb gdb_test
GNU gdb Red Hat Linux (6.5-16.el5rh)
Copyright 2006 Free Software Foundation, Inc.
GDB is free software, covered by the GNU General Public License, and you
arewelcome to change it and/or distribute copies of it under certain conditions.
Type "show copying" to see the conditions.
There is absolutely no warranty for GDB. Type "show warranty" for details.
This GDB was configured as "i386-redhat-linux-gnu"...Using host
libthread_db library "/lib/i686/nosegneg/libthread_db.so.1".
```

可以看出，在 GDB 的启动画面中指出了 GDB 的版本号、使用的库文件等信息，接下来就进入由 gdb 开头的命令行界面。

1. 查看文件

在 GDB 中输入 "l 1,25"（list 1,25)可以查看所载入文件的第 1~25 行源代码，注意，在 GDB 的命令中都可使用缩略形式的命令，如 l 代表 list，b 代表 breakpoint，p 代表 print 等。文件第 1~25 行源代码如下：

```
(gdb)list 1,25
1       #include<stdio.h>
2       long long multi(int n)
3       {
4           int i;
5           long long result=1;
6           for(i=1; i<=n; i++)
7           {
8               result*=i;
9           }
10          return result;
11      }
12
13      int main(void)
14      {
15          int i;
16          long long result=1;
17          for(i=1; i<=10; i++)
18          {
19              result*=i;
20          }
21          printf("result[1-10]=%lld\n", result);
```

```
22      Printf("result[1-20]=%lld\n", multi(20));
23      return 0;
24  }
```

可以看出，GDB 列出的源代码中明确地给出了对应的行号，这样就大大方便了代码的定位。

2. 设置断点

设置断点是调试程序中一个非常重要的手段，它可以使程序运行到一定位置时暂停，程序员在该位置处可以方便地查看变量的值、堆栈情况等，从而找出代码的问题所在。

GDB 中设置断点有多种方式，其中一种方法是按行设置断点，另外还可以设置函数断点和条件断点。按行设置断点非常简单，只需在 b 后加入对应的行号即可，代码如下：

```
(gdb) b 7
Breakpoint 3 at 0x8048372: file gdb_test.c ,line 7.
```

需要注意的是，在 GDB 中利用行号设置断点是指代码运行到对应行之前将其停止，如上例中，代码运行到第 7 行之前暂停(并没有运行第 7 行)。

GDB 中按函数设置断点时只需把函数名列在命令 b 之后。用户可以输入"info b"命令来查看设置断点情况，可以看到此时的断点实际是在函数的定义处，也就是在第 5 行处。具体代码如下：

```
(gdb) b multi
Breakpoint 4 at 0x804835b: file gdb_test.c, line 5
(gdb) info b
Num Type Disp Enb Address What
3    breakpoint  keep y 0x08048372 in multi at gdb_test.c:7
4    breakpoint  keep y 0x0804835b in multi at gdb_test.c:5
```

GDB 中设置条件断点的格式为"b 行数"或"函数名 if 表达式"。具体代码如下：

```
{gdb} b 7 if i==5
Breakpoint 6 at 0x8048372: file gdb_test. c, line 7
{gdb} info b
Mum Type        Disp Enb Address What
6    breakpoint  keep y 0x08048372 in multi at gdb_test.c:7
        stop only if i==5
{gdb} r
Starting program: /home/fyang/gdb_test
result [1-10]=3628800
Breakpoint 6, multi {n=20} at gdb_test.c: 8
8                   result*=i;
```

可以看到，该例实现了在第 7 行设置一个 $i==5$ 的条件断点。输入"r(run)"运行程序之后可以看出，程序确实在 i 为 5 时暂停运行。

3. 查看变量值

在程序暂停运行之后，程序员所要做的工作是查看断点处的相关变量值。在 GDB 中输入"p+变量值"即可，例如：

```
(gdb) p i
$1 = 5
```

GDB 在显示变量值时都会在对应值之前加上$N 标记，它是当前变量值的引用标记，所以以后若想再次引用此变量就可以直接写成$N，而无须写冗长的变量名。

4. 单步运行

单步运行可以使用命令"n(next)"或"s(step)"，它们之间的区别在于：有函数调用的时候，s 会进入该函数，而 n 不会进入该函数。因此，s 就类似于 Visual 等工具中的 step in，n 类似于 Visual 等工具中的 step over。关于它们的使用可参见如下代码：

```
(gdb) r
Starting program:/home/fyang/gdb_test
result [1-10]=3628800

Breakpoint 7, main( ) at gdb_test.c: 22
22          printf("result [1-20]=%lld\n", multi(20));
(gdb) n
result[1-20]=2432902008176640000
23          return 0;
(gdb) r
Starting program:/home/fyang/gdb_test
result[1-10]=3628800

Breakpoint 7, main( ) at gdb_test. c: 22
22          printf("result [1-20]=%lld\n", multi(20));
(gdb) s
multi (n=20) at gdb_test. c: 5
5           long long result=1;
```

可见，使用 n 后，程序显示函数 multi()的运行结果并向下执行，而使用 s 后则进入 multi()函数之中单步运行。

5. 恢复程序运行

在查看完所需变量及堆栈情况后，可以使用命令 c(continue)恢复程序的正常运行。这时，它会把剩余还未执行的程序执行完，并显示剩余程序中的执行结果。以下是使用 s 命令后恢复的执行结果：

```
(gdb) c
Continuing.
Result[1-20] = 2432902008176640000
Program exited normally.
```

可以看出，程序在运行完后退出，之后程序处于停止状态。

在 GDB 中，程序的运行状态有运行、暂停和停止 3 种，其中暂停状态为程序遇到了断点或观察点等，暂时停止运行，而此时函数的地址、函数参数、函数内的局部变量都会被压入栈中，故在这种状态下可以查看函数的变量值等各种属性。但在函数处于停止状态之后，栈就会自动撤销，也就无法查看各种信息了。

第 7 章 嵌入式 Linux 驱动开发

嵌入式系统中，操作系统是通过各种驱动程序来控制硬件设备的。设备驱动程序是操作系统内核和硬件设备之间的接口，它为应用程序屏蔽了硬件的细节，这样在应用程序看来，硬件设备只是一个设备文件，可以像操作普通文件一样对硬件设备进行操作。

7.1 Linux 设备驱动技术

7.1.1 Linux 设备驱动的特点

任何一个嵌入式系统都是由硬件系统和软件系统组成的。硬件系统和软件系统的协同保证了嵌入式系统的运行。硬件系统由集成电路和电子元器件构成，是所有软件得以运行的平台，程序代码的功能最终靠硬件系统上的组合逻辑和时序逻辑电路实现。

操作系统是介于应用程序和机器硬件之间的一个系统软件，它掩盖了系统硬件之间的差别，为用户提供了一个统一的应用编程接口。操作系统和应用程序构成了软件系统，应用程序通过应用编程接口使用操作系统提供的服务。而设备驱动程序是操作系统和硬件之间的接口，它为应用程序屏蔽了硬件的细节，使得应用程序只需要调用操作系统的应用编程接口就可以让硬件完成要求的工作。

不同种类、型号和厂家的设备都有自己的特性，要支持某种设备就必须提供这种设备的控制代码。如果要把所有设备的驱动程序都写在操作系统内核中，就必然会使内核变得过分庞大，不利于内核的开发和维护。解决这个问题需两步：第一步是把驱动程序从内核中分离出来；第二步是在内核和驱动程序之间定义一个统一的接口，双方通过这个接口通信。

因此，对 Linux 内核来说，驱动程序是一个设备的代表。当 Linux 内核需要与某个设备通信时，内核首先找到该设备的驱动程序，然后通过标准的接口调用驱动程序的相应函数完成与设备的通信。

由于定义了内核和驱动程序之间的接口，驱动程序的开发变得相对容易。设备驱动程序就是对内核和驱动程序之间接口函数的实现。硬件厂商和第三方用户都可以开发自己的驱动程序。设备驱动程序由一些私有数据和一组函数组成，它是 Linux 内核的一部分，设备通过驱动程序与内核其他部分交互。

初始化配置程序、I/O 程序和中断服务程序是 Linux 下的设备驱动程序的 3 个主要组成部分。初始化配置程序检测硬件存在与否，能不能正常工作，在可以正常工作的前提下初始化硬件。用户空间函数通过 I/O 程序完成数据的通信，应用程序进行的系统调用由该部分程序完成，Linux 内核负责用户态与内核态的切换。中断服务程序是硬件产生中断后被内核调用的一段程序代码，因为中断产生时 Linux 内核有正在运行的进程，所以中断服务程序禁止依赖进程的上下文。

计算机的周边外设越来越丰富，设备管理已经成为现代操作系统的一项重要任务，对于 Linux 来说也是这样。每次 Linux 内核新版本的发布，都伴随着一批设备驱动进入内核。在 Linux 内核中，驱动程序的代码量占了相当大的比例，而且其数量还在不断增长，从图 7-1 可以很明显地看到，在 Linux 内核中驱动程序的比例已经非常高了。

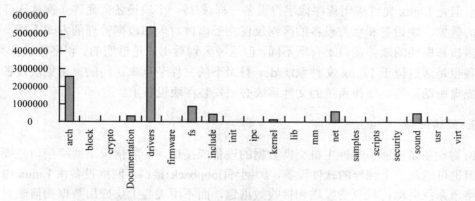

图 7-1　Linux 内核代码量的统计图(内核版本 2.6.29)

Linux 驱动程序种类繁多，但所有的驱动程序都具有以下特点。

(1) 设备驱动程序运行在内核态，是内核的一部分。如果驱动程序发生错误，就会导致很严重的后果，甚至系统崩溃。

(2) 实现标准的内核接口。设备驱动程序必须向 Linux 内核或它所在的系统提供一组函数来实现这些标准的内核接口函数。

(3) 只能使用标准的内核服务。虽然驱动程序运行在内核态，但它不能使用所有的内核服务，可以使用的内核服务也必须定义在一个接口函数中。

(4) 可装载、可配置。这样可以减小内核的大小，节约系统资源。

7.1.2　Linux 设备分类

Linux 内核对设备进行分类管理，共有 3 类：字符设备(character device)、块设备(block device)和网络设备(network interface)。每类设备驱动程序都向内核提供通用接口，内核使用这些通用接口与设备进行通信。

1. 字符设备

字符设备是一种可以当成字节流来存取的设备(如同文件)，字符驱动负责实现这种行为。这样的驱动常常至少实现 open、close、read 和 write 系统调用。Linux 文本控制台(/dev/console)和串口(/dev/ttyS0 及类似的设备)就是两个典型的字符设备，因为它们很好地展现了流的抽象。字符设备通过文件系统节点来存取，如/dev/tty1 和/dev/lp0。

字符设备和普通文件之间唯一的不同就是，对普通文件的访问可以前后移动访问位置，但是大部分字符设备只能顺序访问数据通道，不能随意改变访问位置。然而，也存在具有数据区特性的字符设备，访问它们的时候可前后移动访问位置，如帧抓取器，应用程序可以使用 mmap 或者 lseek 存取整个要求的图像。

2. 块设备

在大部分 Linux 系统中，块设备传送一个或多个长度是 512B(或更大的 2 的幂的数)的块。但是 Linux 允许应用程序像字符设备一样读/写一个块设备，允许一次传送任意多字节的数据。块设备和字符设备的区别仅仅在于内核对内部数据管理的方式不同，也就是在内核和驱动的软件接口上有所不同，但这种区别对用户是透明的。和字符设备类似，块设备也是通过位于 Linux 文件系统/dev 目录下的文件节点来访问的。常见块设备有硬盘、光盘驱动器等。操作系统的文件系统必须安装在块设备上。

3. 网络设备

网络设备是能够与其他主机交换数据的设备或接口。一般情况下网络接口是硬件设备，但也可能是一个纯粹的软件设备，如回环(loopback)接口。网络设备由 Linux 内核中的网络子系统驱动，只负责发送和接收数据包，而不用关心上层应用数据如何映射到实际的被发送数据包。

网络设备不是面向流的设备，因此将网络接口映射到文件系统中的节点(如/dev/tty1)比较困难。Linux 操作系统访问网络接口的方法是给它们分配一个唯一的名字(如 eth0)，这个名字在文件系统中不存在对应的节点。

内核和网络设备驱动程序间的通信完全不同于内核和字符以及块设备驱动程序之间的通信。内核调用一套和数据包传输相关的函数而不是标准函数 read、write 等。Linux 的网络系统主要是基于 BSDUNIX 的 socket 机制，在系统和驱动程序之间定义有专门的数据结构(sk_buff)进行数据的传递，支持对发送数据和接收数据的缓冲存储，提供流量控制机制和多协议的支持。

7.1.3 Linux 内核模块

在 Linux 系统下，设备驱动程序是指与具体设备有关、通过提供相应的调用接口、让 Linux 内核或应用程序能够正确地使用设备的程序。设备驱动常常以内核模块的形式出现，向内核提供必要的功能接口，让内核可以正确地管理特定设备。

由于设备驱动常常以内核模块的形式出现，开发设备驱动就相当于对 Linux 内核进行模块编程，一个 Linux 内核模块主要包含以下几部分。

(1) 模块加载函数。加载内核模块必须使用 insmod 或者 modprobe 命令实现，加载时模块的加载函数会自动被内核执行，完成本模块的初始化工作。模块的加载函数必须以"module_init(函数名)"的形式被指定，其执行成功返回 0，失败返回错误码。

(2) 模块卸载函数。此函数功能与模块加载函数相反。卸载模块使用 rmmod 命令实现，卸载时内核自动执行模块的卸载函数。

(3) 模块许可证声明。模块许可证声明用来指明内核模块的许可权限。在 Linux2.6 内核中,常见的模块许可证包括 Dual BSD/GPL、GPL、GPL v2、Proprietary、Dual MPL/GPL 和 GPL and additional rights。

(4) 模块参数(可选)。定义模块参数的方法是"module_param(参数名,参数类型,参数读写权限)",模块参数通常与模块内部全局变量对应。参数的类型包括 byte、short、ushort、int、uint、long、ulong、charp(字符指针)、bool 和 invbool(布尔的反)。

(5) 模块导出符号(可选)。模块导出符号用于模块间通信,导出符号多是函数或变量,导出后其他模块就能使用这些变量或函数。

(6) 模块作者信息声明(可选)。模块作者信息主要是驱动程序作者的个人信息。

7.1.4 Linux 设备模型

外部设备在物理上体现为一种层次关系,例如,把一个 U 盘插到计算机上,实际上这个 U 盘是接在 USB 集线器上,USB 集线器又接在 USB2.0 主机控制器(EHCI)上,最终 EHCI 挂在 PCI 总线上。这里的层次关系是 PCI→EHCI→USB 集线器→USB 硬盘。如果操作系统要进入休眠状态,首先要逐层通知所有的外设进入休眠模式,然后整个系统才可以休眠。因此,需要一个树状的结构把所有的外设组织起来,这就是最初建立 Linux 设备模型的目的。

Linux 驱动模型把很多设备共有的一些操作抽象出来,大大减小了重复编写驱动程序的工作量。同时 Linux 设备模型提供了一些辅助机制,如引用计数,让开发者可以安全高效地开发驱动程序。在 Linux 下,虚拟文件系统 sysfs 给用户提供了从用户空间访问内核设备的方法,它在 Linux 中的路径是/sys,这个目录并不是存储在硬盘上的真实文件系统,只有在系统启动之后才会建起来。

sysfs 文件系统将系统中的设备组织成层次结构,产生一个包括系统中所有硬件的层级视图,并展示设备驱动模型中各组件的层次关系,其结构示例如图 7-2 所示。

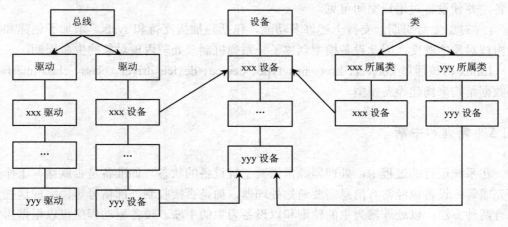

图 7-2 设备层次结构和层次关系

通过 sysfs 可以从内核中读取信息，也可以向内核写入信息。Linux 系统中的/sys 目录下包含的主要子目录作用如下。

(1) block 目录包含所有的块设备，是从块设备的角度来组织设备的。

(2) bus 目录包含系统中所有的总线类型，是从系统总线的角度来组织设备的，如 PCI 总线或者 USB 总线。

(3) class 目录指系统中的设备类型(如网卡设备、声卡设备、输入设备等)，如 PCI 设备或者 USB 设备等。

(4) dev 目录的视角是设备节点。

(5) devices 包含系统所有的设备，并根据设备挂接的总线类型组织成层次结构。

(6) firmware 目录包含了一些底层的子系统，如 ACPI、EFI 等。

(7) fs 目录里看到的是系统支持的所有文件系统。

(8) kernel 目录下包含的是一些内核的配置选项。

(9) modules 目录下包含的是所有内核模块的信息，内核模块实际上和设备之间是有对应关系的，通过这个目录可以找到相应设备或者反过来查找。

(10) power 目录存放的是系统电源管理的数据，用户可以通过它来查询目前的电源状态，甚至可以直接命令系统进入休眠等省电模式。

Linux 内核使用的设备模型还可支持多种不同的任务，这些任务包括以下几项。

(1) 电源管理和系统关机。设备模型使操作系统能以正确的顺序遍历系统硬件，从而保证设备电源的处理顺序。例如，一个 USB 主机控制器在处理完所有与其连接的设备之前是不能关闭的。

(2) 与用户空间的通信。sysfs 文件系统的实现与设备模型紧密相关，并向外界展示它所表述的结构，向用户空间提供系统信息以及改变操作参数的接口。

(3) 设备的热插拔。外围设备可根据用户的需要安装和卸载，这种功能是通过内核设备模型管理的热插拔机制实现的。

(4) 设备类型。设备模型包括将设备分类的机制，它在一个更高的功能层上描述这些设备，并使设备对用户空间可见。

(5) 对象生命周期。支持上述许多功能，包括热插拔支持和 sysfs，增加了创建和管理内核对象的难度，因此设备模型创建了一系列机制来处理内核对象的生命周期。

Linux 内核通过 kobject、kset、bus_type、device、device_driver、class、class-interface 等数据结构来构建设备模型。

7.1.5 轮询和中断

在系统运行的过程中，处理器经常需要了解设备的状态，如准备是否就绪、工作是否完成等；设备也经常有消息需要通知处理器，如是否接收到外部信号等。完成这些工作有两种方法：以处理器为主的轮询和以设备为主的中断。设备驱动程序可以根据需要选择其中的一种。

轮询就是处理器通过不断地读取设备的状态寄存器来了解设备的状态变化，如图 7-3

所示。如果设备处于就绪状态，就进行数据传输。否则驱动程序一直在轮询，处理器就不能做其他工作，这对处理器资源是一种浪费。为了减少对处理器资源的浪费，轮询的设备驱动程序通常使用定时器，在定时期间处理器做别的事情，定时器到期后，内核就调用驱动程序轮询一次，使用轮询设备无法将其状态变化主动通知处理器。

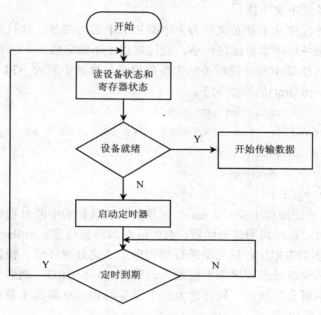

图 7-3 轮询处理流程图

中断指处理器暂停执行当前程序，转而处理其他程序，处理完其他程序后返回暂停执行的当前程序继续执行。中断有多种分类方法，依据中断是否可屏蔽分为可屏蔽中断与不可屏蔽中断，依据中断的入口跳转方法可分为向量中断和非向量中断。

采用向量中断的处理器不同的中断号对应不同的中断。当检测到某个中断后，处理器就自动跳转到与该中断对应的入口地址执行，不同中断号的中断拥有不同的入口地址。非向量中断是多个中断共享一个入口地址，进入该入口地址后通过软件来识别具体是哪个中断。二者的区别在于，向量中断由硬件提供中断服务程序入口地址，而非向量中断由软件提供中断服务程序入口地址。

中断设备在需要系统服务的时候会产生一个硬件中断通知处理器，该设备驱动程序的中断处理程序就会被调用来处理中断。为了提高系统的吞吐率，往往要求中断服务程序尽可能短小精悍。然而在大多数真实的系统中，中断服务程序往往要处理大量的工作，因此中断服务程序需要在短小精悍与处理大量工作之间寻求平衡。

Linux 内核采用将中断服务程序分解的方法来解决这个问题，把中断服务程序分为两部分：上半部(top half)和下半部(bottom half)。上半部被设计得短小精悍，大量复杂耗时的工作由下半部处理，以求得系统更高的吞吐量。上半部的功能是登记中断，当一个中断发生时，它进行相应的硬件读写后就把中断例程的下半部挂到该设备的下半部执行队列中。因此，上半部执行的速度就会很快，可以服务更多的中断请求。但仅有"登记中断"是远远不够的,因为中断的事件可能很复杂,所以 Linux 引入了一个下半部来完成中断事件的绝大多数使命。下半部和上半部最大的不同是下半部是可中断的,而上半部是不可中断的,下半部几乎做了中断处理程序所有的事情,而且可以被新的中断打断。下半部相对来说并不是非常紧急的,通常还是比较耗时的,因此由系统自行安排运行时机,不在中断服务上下文中执行。

然而中断服务程序并不是必须分为上半部和下半部两部分,这只是寻求平衡的一种策略。如果中断服务程序本身比较短小,就可以由上半部完成。

与 Linux 设备驱动中断处理相关的主要是申请与释放中断的 API 函数 request_irq() 和 free_irq()。request_irq()的原型如下:

```
int request_irq(unsigned int irq,
    void (*handler)(int irq, void *dev_id, struct pt_regs *regs),
    unsigned long irqflags,
    const char * devname,
    void *dev_id);
```

其中,irq 是要申请的硬件中断号;handler 是向系统登记的中断处理函数,是一个回调函数,中断发生时,系统调用这个函数;dev_id 参数将被传递;irqflags 是中断处理的属性,若设置 SA_INTERRUPT 标明中断处理程序是快速处理程序,快速处理程序被调用时屏蔽所有中断,一般处理程序则不屏蔽。若设置 SA_SHIRQ,则多个设备共享中断;dev_id 在中断共享时会用到,一般设置为这个设备的 device 结构本身或者 NULL。

free_irq()的原型如下:

```
void free_irq(unsigned int irq,void *dev_id);
```

其参数含义与 request_irq()函数一样。

7.1.6 驱动程序中的并发控制

并发是指两个以上执行单元同时、并行地执行。正在运行的进程中有一些共享资源,如全局变量、静态变量等,一旦并发执行的单元同时访问这些共享资源,就会导致冲突,出现严重错误。例如,假定有两个进程 A 和 B 正在独立地尝试向同一个设备文件的相同位置写入数据,因为两个进程对设备文件的同一位置赋值,显然只有一个赋值会成功。假设进程 B 胜出,如果进程 A 首先赋值,那么它的赋值将被进程 B 覆盖。在这种情况下,读取写入设备文件中的数据将发生错误。

Linux 系统中存在大量的并发来源,如对称多处理器系统,这种系统共享总线和存储设备,当多个处理器同时访问总线或存储设备时将出现竞态;支持抢占的内核,一个进程在内核执行的时候可能被另一个高优先级进程打断,进程与抢占它的进程访问共享资源时也会产生竞态;中断可以打断正在执行的进程,如果中断处理程序访问进程正在访问的资源,就会产生竞态。此外,中断也可能被更高优先级的中断打断,因此多个中断之间也可能产生竞态。

互斥访问是指同一时刻有且只有一个执行单元可以访问共享资源。临界区指访问共享资源的程序代码。要避免竞态必须互斥地访问共享资源,用某种互斥机制保护临界区。Linux 设备驱动程序中常用的互斥机制有信号量、原子操作、自旋锁和中断屏蔽。

自旋锁与信号量"类似而不类","类似"说的是它们功能上的相似性,"不类"指它们在本质和实现机理上完全不一样,不属于一类。自旋锁不会引起调用者睡眠,如果自旋锁已经被别的执行单元保持,调用者就一直循环查看是否该自旋锁的保持者已经释放了锁,"自旋"就是指"在原地打转"。而信号量则引起调用者睡眠,它把进程从运行队列拖出去,除非获得锁,这就是它们的"不类"。但无论信号量还是自旋锁,在任何时刻最多只能有一个保持者,即在任何时刻最多只能有一个执行单元获得锁,这就是它们的"类似"。

鉴于自旋锁与信号量的上述特点,一般而言,自旋锁适合于保持时间非常短的情况,它可以在任何上下文使用;信号量适合于保持时间较长的情况,只能在进程上下文使用。如果被保护的共享资源只在进程上下文访问,则可以以信号量来保护该共享资源,如果对共享资源的访问时间非常短,自旋锁也是好的选择。但如果被保护的共享资源需要在中断上下文访问(包括底半部即中断处理句柄和顶半部即软中断),就必须使用自旋锁。

7.1.7 外设 I/O 端口访问

Linux 系统中几乎每一种外设访问都是通过读写设备上的寄存器来进行的,通常包括控制寄存器、状态寄存器和数据寄存器三大类。外设的寄存器通常被连续编址,根据 CPU 体系结构的不同,CPU 对 I/O 端口的编址方式有以下两种。

(1) I/O 映射方式(I/O mapped)。典型地,如 X86 处理器为外设专门实现了一个单独的地址空间,称为 I/O 地址空间或者 I/O 端口空间,CPU 通过专门的 I/O 指令(如 X86 的 IN 和 OUT 指令)来访问这一空间的地址单元。

(2) 内存映射方式(memory mapped)。RISC 的 CPU(如 ARM、PowerPC 等)通常只实现一个物理地址空间,外设 I/O 端口成为内存的一部分。此时,CPU 可以像访问一个内存单元那样访问外设 I/O 端口,而不需要设立专门的外设 I/O 指令。但这两者在硬件实现上的差异对于软件来说是完全透明的,驱动程序开发人员可以将内存映射方式的 I/O 端口和外设内存统一看做 I/O 内存资源。

一般来说,在系统运行时,外设的 I/O 内存资源的物理地址是已知的,由硬件的设计决定。但是 CPU 通常并没有为这些已知的外设 I/O 内存资源的物理地址预定义虚拟地址范围,驱动程序并不能直接通过物理地址访问 I/O 内存资源,而必须将它们映射到核心虚地址空间内(通过页表),然后才能根据映射所得到的核心虚地址范围,通过相应指令访问这些 I/O 内存资源。

Linux 在 io.h 头文件中声明了 ioremap()函数,用来将 I/O 内存资源的物理地址映射到核心虚地址空间(3~4GB)中,ioremap()函数原型定义如下:

```
void * ioremap(unsigned long phys_addr, unsigned long size, unsigned long flags);
```

iounmap()函数用于取消 ioremap()所作的映射,原型定义如下:

```
void iounmap(void * addr);
```
这两个函数都是在 mm/ioremap.c 文件中实现的。

在将 I/O 内存资源的物理地址映射成核心虚地址后，理论上讲就可以像读写 RAM 那样直接读写 I/O 内存资源了。但为了保证驱动程序的跨平台可移植性，应该使用 Linux 中特定的函数来访问 I/O 内存资源，而不应该通过指向核心虚地址的指针来访问。读写 I/O 的 Linux 函数如下：

```
#define readb(addr) (*(volatile unsigned char *)__io_virt(addr))
#define readw(addr) (*(volatile unsigned short *)__io_virt(addr))
#define readl(addr) (*(volatile unsigned int *)__io_virt(addr))
#define writeb(b,addr) (*(volatile unsigned char *)__io_virt(addr) = (b))
#define writew(b,addr) (*(volatile unsigned short *)__io_virt(addr) = (b))
#define writel(b,addr) (*(volatile unsigned int *)__io_virt(addr) = (b))
#define memset_io(a,b,c) memset(__io_virt(a),(b),(c))
#define memcpy_fromio(a,b,c) memcpy((a),__io_virt(b),(c))
#define memcpy_toio(a,b,c) memcpy(__io_virt(a),(b),(c))
```

最后要特别强调驱动程序中 mmap() 函数的实现方法。用 mmap() 函数映射一个设备，意味着使用户空间的一段地址关联到设备内存上，这使得只要程序在分配的地址范围内进行读取或者写入，实际上就是对设备的访问。

7.2 Linux 设备驱动程序

设计 Linux 设备驱动程序时，需要在编程时间以及驱动程序的灵活性之间选择一个可以接受的折中，换句话说，就是要强调设备驱动程序的功能在于提供机制而不是提供策略。区分机制和策略是 Linux 设计背后隐藏的一种思想。机制指的是需要提供什么功能，策略指的是如何使用这些功能。

在编写驱动程序时，程序员应当特别注意这个基础的概念：编写访问硬件的内核代码时，不要强加特别的策略给用户，因为不同的用户有不同的需求。驱动应当处理如何使硬件可用的问题，而将关于如何使用硬件的事情留给应用程序。一个驱动如果只提供了访问硬件的功能而没有附加任何限制，这个驱动程序就比较灵活。然而，有时也必须在驱动程序中作出一些策略的实现。

Linux 设备驱动程序是内核的一部分，其需要完成以下功能：设备的打开和释放、设备的读/写操作、设备的控制操作、设备的中断和轮询处理等。设备驱动编程是 Linux 程序设计中比较复杂的部分，其原因主要包括如下几方面。

(1) 设备驱动属于 Linux 内核的部分，编写 Linux 设备驱动需要有一定的 Linux 操作系统内核基础。

(2) 编写 Linux 设备驱动需要对硬件的原理有相当的了解，大多数情况下需要针对一个特定的嵌入式硬件平台编写驱动。

(3) Linux 设备驱动中通常涉及多进程并发的同步、互斥等控制，容易出现漏洞。

(4) 由于设备驱动程序属于内核的一部分，Linux 设备驱动的调试也相当复杂。

7.2.1 字符设备驱动程序

Linux 系统中，设备驱动程序是操作系统内核的重要组成部分，它与硬件设备之间建立了标准的抽象接口。通过这个接口，用户可以像处理普通文件一样，对硬件设备进行打开(open)、关闭(close)、读/写(read/write)等操作。Linux 设备分为字符设备、块设备和网络设备。下面讨论字符设备驱动程序的设计。

1. 预定义和必要的头文件

首先，在程序中包含任何头文件前，需要在预定义器中定义符号__KERNEL__，这个符号用于选择使用头文件的内核部分。另一个很重要的符号就是 MODULE，除非要把设备驱动程序编译到内核映像中，否则必须在包含<linux/module.h>前定义此符号。由于本章所涉及的驱动程序都是以模块形式存在的，所以要定义这个符号。

对于连接的每一个不同版本的内核，模块都要相应地编译一次。version.h 定义了整数宏 LINUX_VERSION_CODE。这个宏展开后是内核版本的二进制表示，通过这个信息，可以判断出处理的是哪个版本的内核。

当用户利用类结构加载模块时，在标准输出设备和系统日志上会显示一个坏模块的出错信息。为了消除这条信息，用户需要为 MODULE_LICENSE()宏增加一个示例，如 MODULE_LICENSE("GPL")。这种 2.4 以后的版本内核才引入了宏，可以将模块定义为获得 GPL Version 2 或更新版本许可的模块。

为了确保模块可以安全地卸载，系统为每个模块保留了一个使用计数，驱动程序通过宏 MOD_INC_USE_COUNT 和 MOD_DEC_USE_COUNT 来维持使用计数。当模块的使用计数不为 0 时是不能卸载该模块的。

下面是相关的预定义和头文件的示例代码：

```
#ifndef __KERNEL__
#define __KERNEL__           //按内核模块编译
#endif
#ifndef MODULE
#define MODULE                //设备驱动程序模块编译
#endif


//必要的头文件
#include <linux/module.h>    //最基本的内核模块头文件
#include <linux/kernel.h>    //最基本的内核模块头文件
#include <linux/sched.h>     //包含进行正确性检查的宏
#include <linux/fs.h>        //文件系统所必需的头文件
#include <asm/uaccess.h>     //包含内核空间与用户空间进行数据交换的函数
```

```
MODULE_LICENSE("GPL");    //版本许可
#define MOD_INC_USE_COUNT    //当前模块计数加 1
#define MOD_DEC_USE_COUNT    //当前模块计数减 1
```

2. 模块初始化和终止

驱动程序可以按照两种方式编译，一种是编译进内核(kernel)，另一种是编译成模块(module)。如果编译进内核，则会增加内核的大小，还要改动内核的源文件，而且不能动态卸载，不利于调试，所以一般都编译为模块。

通常一个应用程序是从头到尾完成一个任务的，而模块则是为了以后处理某些请求而注册的，完成这个任务后它的主函数就立即终止了。下面是一个最简单的内核模块初始化和终止的示例代码：

```
static int_init mydriver_init(void)        //模块初始化函数，加载时被调用
{
    printk(KERN_ALERT "Hello, world\n");
    return 0;
}
static void_exit mydriver_exit(void)        //模块清除函数，卸载时被调用
{
    printk(KERN_ALERT "Goodbye, cruel world\n");
}
module_init(mydriver_init);    // module_init 用于声明模块初始化函数，没有这
                               // 个定义，初始化函数就无法被调用
module_exit(mydriver_exit);    // module_exit 用于声明模块清除函数
```

这个模块是最基本的内核模块，只包含模块所必备的一些功能，并没有实现实质性的功能。它定义了两个函数，一个在模块加载到内核时被调用(mydriver_init)，另一个在模块被移除时被调用(mydriver_exit)。module_init 和 module_exit 这两行使用了特别的内核宏来指出这两个函数的角色。函数 printk()是在 Linux 内核中定义的打印输出函数，功能和标准 C 库中的函数 printf() 类似。由这段程序可以看出，编写一个模块并不像想象的那样困难，其实真正的困难在于理解设备对象并最大化其性能。

Linux 提供了两个命令用来加载模块：modprobe 和 insmod。其中 modprobe 可以解决驱动模块的依赖性，即假如正加载的驱动模块引用了其他模块提供的内核符号或者其他资源，则 modprobe 就会自动加载那些模块。不过，使用 modprobe 时，必须把要加载的驱动模块放在当前模块搜索路径中。而 insmod 命令不会考虑驱动模块的依赖性，但它可以加载任意目录下的驱动模块。一般来说，在驱动开发阶段，使用 insmod 比较方便，因为不用将模块放入当前模块搜索路径中。

一旦使用 insmod 加载模块，Linux 内核就会调用 module_init()特殊宏声明模块初始

化函数。此外在用 insmod 加载模块时，还可以给模块提供模块参数，但是这需要在驱动源代码中加入对应的语句，让模块参数对 insmod 和驱动程序可见。例如，在驱动源代码中加入以下代码：

```
static char *whom="world";
static int howmany=10;
```

这样，当使用 insmod mydriver.ko whom="string" howmany=20 这样的命令加载驱动模块 mydriver.ko 时，whom 和 howmany 的值就会传入驱动模块。

旧版本内核下的硬件驱动程序有一个普遍的问题，就是对初始化模块和终止功能的名称进行假设。当开发人员编写旧版本内核下的硬件驱动程序时，如果使用缺省的名称 init_module()和 cleanup_module()，那么就不需要对初始化模块和清除功能的名称进行声明。使用这种方法经常会出现错误，已逐渐被淘汰。现在用户必须使用 module_init()宏和 module_exit()宏对初始化和退出函数的名称进行声明。

3. 装载和卸载设备

Linux 的设备管理和文件系统紧密结合，各种设备都以文件的形式存放在/dev 目录下，称为设备文件。应用程序可以打开、关闭和读/写这些设备文件，完成对设备的操作，就像操作普通的数据文件一样。为了管理这些设备，系统为设备编了号，每个设备号又分为主设备号和从设备号。主设备号用来区分不同种类的设备，而从设备号用来区分同一类型的多个设备。对于常用设备，Linux 有约定俗成的编号，如硬盘的主设备号是 3。

Linux 为所有的设备文件都提供了统一的操作函数接口，方法是使用数据结构 file_operations。这个数据结构中包括许多操作函数的指针，如 open()、close()、read()和 write()等，但由于外设的种类较多，操作方式各不相同。file_operations 结构中的成员为一系列接口函数，如用于读/写的 read/write()函数和用于控制的 ioctl()函数等。

不同类型的文件有不同的 file_operations 成员函数，如普通的磁盘数据文件，接口函数完成磁盘数据块读/写操作；而对于各种设备文件，则最终调用各自驱动程序中的 I/O 函数进行具体设备的操作。这样，应用程序根本不必考虑操作的是设备还是普通文件，可一律当成文件处理，具有非常清晰统一的 I/O 接口。

1) 装载设备

内核利用主设备号将设备与相应的驱动程序对应起来，主设备号标识设备对应的驱动程序，向系统增加一个驱动程序意味着要赋予它一个主设备号，这一赋值过程应该在驱动程序(模块)的初始化过程中完成，它调用定义在 fs.h 中的如下函数：

```
int register_chrdev(unsigned int major,const char *name,
                    struct file_operation *fops)
```

其中，参数 major 是所请求的主设备号，name 是设备的名字，fops 是一个指向跳转表的 file_operations 结构指针，利用这个跳转表即可完成对设备功能函数的调用。该函数出错时返回一个负值，成功时返回零或正值。一旦设备注册到内核表中，无论何时操作与设备驱动程序的主设备号匹配的设备文件，内核都会通过 fops 跳转表索引调用驱动程序中的功能函数。

某些主设备号已经静态地分配给了大部分公用设备,于是需要选择一个不用的设备号作为主设备号。如果调用 register_chrdev 时 major 为零,则这个函数就会选择一个空闲号码并将其作为返回值返回。代码如下:

```
static int major=0;           //动态分配主设备号
char drv_name[]="mydrv";      //设备名称
static int __init mydriver_init(void)
                              //每当装载设备驱动程序时,系统自动调用此函数
{
    int retv;
    retv = register_chrdev(major,drv_name,&hello_fops);
    if(retv < 0)
    {
        printk("register fail!\n");
        return retv;
    }
    if(major == 0)
        major = retv;
    return 0;
}
```

2) 卸载设备

当从系统中卸载一个模块时,应该释放主设备号,该操作可以在模块终止函数中调用如下函数完成:

```
int unregister_chrdev(unsigned int major,const char *name);
```

其中,参数 major 是要释放的主设备号,name 是相应的设备名。

模块清除函数的具体代码如下:

```
static void __exit mydriver_exit(void)  //模块清除函数
{
    int retv;
    retv = unregister_chrdev(major,drv_name);
    if(retv < 0)
    {
        printk("unreginster fail!\n");
        return;
    }
}
```

4. 文件操作

无论哪种类型的设备，Linux 都是通过在内核中维护特殊的设备控制块来与设备驱动程序接口。设备控制块中有重要的数据结构 file_operations，该结构中包含了驱动程序提供给应用程序访问硬件设备的各种方法，内核使用 file_operations 结构访问驱动程序的函数。

file_operations 结构的每个成员的名字都对应着一个系统调用。用户进程利用系统调用在对设备文件进行诸如读/写操作时，系统调用通过设备文件的主设备号找到相应的设备驱动程序，然后读取这个数据结构相应的函数指针，接着把控制权交给该函数。这是 Linux 的设备驱动程序工作的基本原理。

因此，编写设备驱动程序的主要工作就是编写子函数，并填充 file_operations 的各个域。register_chrdev 调用中的最后一个参数是 fops，它就是指向跳转表(file_operations)的指针。这个表的每一项都指向驱动程序定义的处理相应请求的函数，结构赋值的示例代码如下：

```
struct file_operations mydriver_fops = {
    NULL,
    mydriver_read,
    mydriver_write,
    NULL,
    NULL,
    mydriver_ioctl,
    NULL,
    mydriver_open,
    mydriver_release,
};
```

(1) 打开和关闭设备。open 方法是驱动程序用来为以后的操作完成初始化准备工作的。此外，open 方法还会增加设备计数，以防止文件在关闭前模块被卸载出内核。Open 方法的具体实现代码如下：

```
int mydriver_open(struct inode *inode, struct file *file)
{
    //每当应用程序用 open 方法打开设备时，此函数被调用
    MOD_INC_USE_COUNT;      //设备打开期间禁止卸载
    return 0;
}
```

close 方法的作用正好与 open 方法相反，它使设备计数减 1，释放 open 方法所分配的内存，并在最后一次关闭操作时关闭设备。close 方法的具体实现代码如下：

```
static void mydriver_close(struct inode *inode, struct file *file)
{
```

```
        //每当应用程序用close方法关闭设备时，此函数被调用
        MOD_DEC_USE_COUNT;        //引用计数减1
        return;
    }
```
使用计数减1非常重要，因为如果计数不归0，内核是不会卸载模块的。

以上两个函数都是空操作，实际调用发生时什么也不做，仅为mydriver_fops的结构提供函数指针。

(2) 读/写设备。读/写设备主要完成内核空间和用户空间的数据传输。由于指针只能在当前地址空间操作，而驱动程序运行在内核空间，数据缓冲区则在用户空间，因此这一操作不能通过通常的方法(如利用指针或memcpy)完成，而是通过一些内核提供的函数来完成。这些函数定义在include/asm/uaccess.h文件中，代码如下：

```
    unsigned long copy_to_user(void * to, void *from, unsigned long len);
                                //从内核空间复制数据到用户空间
    unsigned long copy_from_user(void * to, void *from, unsigned long len);
                                //从用户空间复制数据到内核空间
    int put_user(expression, address);//expression值写到用户空间的address地址
    int get_user(lvalue, address);   //从地址address取得数据并赋值给lvalue
```

驱动程序读/写设备通常使用以上函数来进行内核空间和用户空间的数据传输，下面是读/写操作的示例代码：

```
    static char Message[]="This is from device driver";
    char *Message_Ptr;
    ssize_t mydriver_read(struct file *f,char *buf,int size,loff_t off)
    {
        //每当应用程序用read函数访问设备时，此函数被调用
        int bytes_read=0;
        if(verify_area(VERIFY_WRITE,buf,size)== -EFAULT)//必须验证buf是否可用
            return -EFAULT;
        Message_Ptr=Message;
        While(size && *Message_Ptr)
        {
            if(put_user(*(Message_Ptr++),buf++))      //写数据到用户空间
                return -EINVAL;
            size --;
            bytes_read++;
        }
        return bytes_read;
    }
```

```
ssize_t mydriver_write (struct file *f,const char *buf, int size,loff_t
off)
{
    //每当应用程序用write函数访问设备时，此函数被调用
    int i;
    unsigned char uc;
    if(verify_area(VERIFY_WRITE,buf,size)==-EFAULT)//必须验证buf是否可用
    return -EFAULT;
    for(i=0;i<size;i++)
       if(!get_user(uc,buf++))   //从用户空间读数据
          printk("%02x ",uc);
    return size;
}
```

(3) ioctl 方法。

最常用的通过设备驱动程序完成控制动作的方法就是 ioctl 方法。与 read 和其他方法不同，ioctl 方法允许应用程序访问被驱动硬件的特殊功能、配置设备以及进入或退出操作模式，示例代码如下：

```
#define OPENTMK 1         //预定义命令符号
#define CLOSETMK 2
int mydriver_ioctl(struct inode *inod,struct file *f,
  unsigned int arg1,unsigned int arg2)
{
    //每当应用程序用ioctl方法访问设备时，此函数被调用
    switch(arg1)
      {
        case OPENTMK:
            //对命令OPENTMK的操作代码
            break;
        case CLOSETMK:
            //对命令CLOSETMK的操作代码
            break;
      }
}
```

如上所示，大多数 ioctl 实现都包含一个 switch 语句来根据 arg1 参数选择正确的操作，不同的命令对应不同的数值。为了简化代码，通常也会使用符号名来代替数值，这些符号都是在预处理中赋值的，不同的驱动程序通常会在它们的头文件中声明这些符号。

5. 其他需要考虑的因素

在 Linux 下，操作系统没有对 I/O 端口屏蔽，也就是说，任何驱动程序都可对任意 I/O 端口操作，这样就很容易引起混乱。每个驱动程序应该自己避免误用端口，函数 check_region()和 request_region()可保证使用空闲的端口。同处理 I/O 端口一样，要使用一个中断，必须使用函数 request_irq()先向系统登记。

此外，设备驱动程序作为内核的一部分，不能使用虚拟内存，必须利用内核提供的 kmalloc()与 kfree()函数来申请和释放内核存储空间。

7.2.2 块设备驱动程序

1. 块设备访问过程

块设备是指只能以块为单位进行访问的设备，可以随机进行访问，但必须使用缓冲区。缓冲区的作用是协调处理器和块设备之间读/写速度的差异。因为当前处理器的处理速度远高于块设备的读/写速度。访问块设备也正是通过访问块设备的缓冲区来完成的。

用户空间访问块设备按图 7-4 所示的过程进行。在用户空间(应用层)，应用程序通过 GNU C 库或者直接通过系统调用接口首先访问虚拟文件系统。通过虚拟文件系统提供给

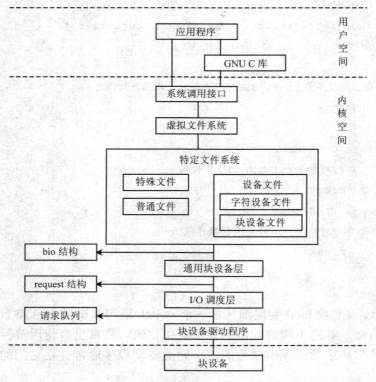

图 7-4　用户空间访问块设备过程

各个特定文件系统的统一接口访问特定的文件系统(例如，在 Linux 下广泛使用的 EXT2 或 EXT3 文件系统)。在该特定文件系统下块设备对应一个设备文件，接着通过特定文件系统的文件访问函数访问块设备文件。访问块设备文件的过程不是直接进行的，而是访问函数将对块设备访问请求初始化为一个 bio 结构。然后由访问函数把该 bio 结构提交给通用块设备层，通用块设备层调用 I/O 调度层的某种 I/O 调度算法处理该 bio 结构。处理过程一般是创建一个新的 request 结构，或合并该 bio 结构到一个已有的 request 结构中。I/O 调度层会将新创建的 request 结构插入该块设备的请求队列中。最后块设备驱动程序处理该请求队列中的请求。

2. 块设备驱动的关键数据结构

(1) gendisk 结构体。在 Linux 内核中使用 block_device 结构体表示一个块设备，块设备主要是硬盘、光盘驱动器等设备。但这些设备常常分区，所以一般使用 block_device 结构体中包含的 gendisk 结构体。gendisk 结构体表示一个独立的分区(或磁盘设备)，该结构体定义在/linux/genhd.h 文件中，它的许多成员必须由驱动程序进行初始化。gendisk 结构体定义如下：

```
struct gendisk{
            int major;         //对应主设备号
            int first_minor;   //对应主设备号下第一个从设备号
            int minors;        //对应最大从设备数，该块设备不可分区时，此值为1
            struct block_device_operations *fops;
            struct request_queue *queue;
            struct kobject *slave_dir;
            …};
```

其重要成员作用如下。

major、first_minor 和 minors：这 3 个参数共同表示一个磁盘的特定分区，属于同一磁盘的各个分区，具有相同的主设备号，但从设备号唯一。

fops：该指针指向块设备操作结构体。

queue：内核用来管理这个设备的 I/O 请求的队列指针。

gendisk 结构体可以被动态地分配，但只有在初始化和注册后才能使用，内核初始化该结构体时使用下述函数：

```
struct gendisk *alloc_disk(int minors)
```

其中，minors 参数对应从设备号个数，通常表示磁盘分区的数目。

该函数执行成功后，接着需注册 gendisk 结构体到 Linux 内核，完成注册后系统才能使用该磁盘。注册通过调用下面的函数完成：

```
void add_disk(struct gendisk *disk)
```

当不再需要一个磁盘时，调用下面的函数卸载磁盘：

```
void del_gendisk(struct gendisk *gp)
```

gendisk 中包含一个 kobject 成员，该成员用来管理该结构体的引用计数。通过

get_disk()和 put_disk()函数来增加和减少引用计数。通常对 del_gendisk()函数的调用会去掉 gendisk 的最终引用计数。

(2) block_device_operations 结构体。块设备驱动中有个 block_device_operations 结构体，该结构体是对块设备进行操作的集合，定义在/include/linux/blkdev.h 文件中，具体内容如下：

```
struct block_device_operations{
    int(*open)(struct block_device *, fmode_t);
    int(*ioctl)(struct block_device *, fmode_t, unsigned, unsigned long);
    int(*locked_ioctl)(struct block_device *, fmode_t, unsigned,
                      unsigned long);
    int(*compat_ioctl)(struct block_device *, fmode_t, unsigned,
                      unsigned long);
    int(*release)(struct gendisk *, fmode_t);
    int(*direct_access)(struct block_device *,sector_t,void **,
                       unsigned long *);
    int(*getgeo)(struct block_device *, struct hd_geometry *);
    int(*media_changed)(struct gendisk *);
    int(*revalidate_disk)(struct gendisk *);
    struct module *owner;
};
```

下面对其成员进行简要说明：

```
int(*open)(struct block_device *, fmode_t)
int(*release)(struct gendisk *, fmode_t)
int(*ioctl)(struct block_device *, fmode_t, unsigned, unsigned long)
int(*locked_ioctl)(struct block_device *, fmode_t, unsigned,
                  unsigned long)
int(*compat_ioctl)(struct block_device *, fmode_t, unsigned,
                  unsigned long)
```

ioctl()函数是实现 ioctl 系统调用的函数。块设备层首先会截取大量的标准请求，因此大多数块设备的 ioctl()函数非常短小。locked_ioctl()函数用于避免竞态，除此之外作用与 ioctl()函数相同。compat_ioctl()函数是为了处理一些未知的控制命令而设置的函数。

```
int(*direct_access)(struct block_device *,sector_t,void **,
                   unsigned long *)
```

该函数用来返回一个指向磁盘某个块的指针。

```
int(*getgeo)(struct block_device *, struct hd_geometry *)
```

该函数用来获取磁盘驱动器的物理信息(如磁盘的磁头、扇区、柱面等)，并用这些信息填充一个 hd_geometry 结构体。

```
int(*media_changed)(struct gendisk *)
```

该函数通常被 CD-ROM 驱动器用来检查驱动器中的光盘是否已经改变,有改变就返回非零值,反之就返回零。
```
int(*revalidate_disk)(struct gendisk *)
```
该函数通常被 CD-ROM 驱动器用来响应插入或退出光盘的动作。

owner 是指向拥有该结构体模块的指针,通常被初始化为 THIS_MODULE。

(3) bio 结构体。特定文件系统会把对块设备的访问请求初始化为一个 bio 结构,通常一个 bio 结构对应一个 I/O 请求,但有时候 I/O 层的调度算法会把类似的连续多个 I/O 请求合并到一个 I/O 请求。bio 结构定义在文件/linux/bio.h 中。该结构定义如下:
```
struct bio{
        sector_t bi_sector;
        struct bio *bi_next;
        unsigned long bi_flags;
        unsigned int bi_phys_segments;
        unsigned int bi_size;
        struct bio_vec *bi_io_vec;
        …};
```
其重要成员说明如下。

bi_sector:该 bio 结构需要传输的第一个扇区(512B)。

bi_flags:该 bio 结构中的一组标志位,其中写请求的最低有效位被置位。

bi_size:需要传输的数据大小(以字节为单位)。

bi_phys_segments:表示包含在该 bio 结构中要处理的不连续物理内存段的个数。

bi_io_vec:该指针指向一个名为 bi_io_vec 的数组,这是 bio 结构的核心。该数组的成员是 bio_vec 结构体,bio_vec 结构体定义如下:
```
struct bio_vec{
    struct page *bv_page;
    unsigned int bv_len;
    unsigned int bv_offset;
};
```

在 bio_vec 结构体中,bv_page 表示指向内存某一页指针;bv_len 表示需要传输的字节数;bv_offset 表示相对 bv_page 指向的内存页开始位置的偏移量。当块设备的 I/O 请求被转换成 bio 结构后,这些请求的数据就被写到内存的多个页上。这些分散在多个内存页面的数据就是块设备的 I/O 请求被转换成 bio 结构后的数据,如图 7-5 所示。

(4) request 结构体。当块设备的 I/O 请求被转换成 bio 结构后,通用块设备层调用 I/O 调度层的某种 I/O 调度算法使 bio 结构转换为 request 结构。内核使用 request 结构来抽象等待中的 I/O 请求。该结构体定义在/include/linux/blkdev.h 文件中。该结构定义如下:
```
struct request{
    struct list_head queuelist;
    sector_t sector;
```

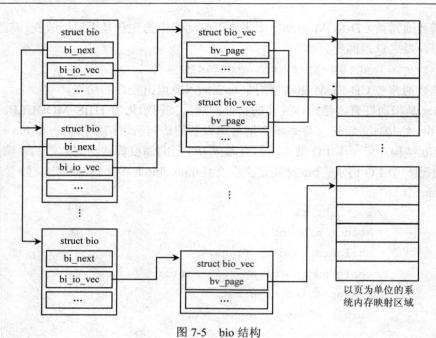

图 7-5 bio 结构

```
        unsigned long nr_sectors;
        unsigned int current_nr_sectors;
        char *buffer;
        struct bio *bio;
        struct bio *biotail;
        struct request_queue *q;
        ...
};
```

其重要成员说明如下。

queuelist：一个内核链表结构，用来把请求链接到请求队列中。

sector：将要传输扇区的开始扇区索引号。

nr_sectors：将要传输扇区的总数。

current_nr_sectors：完成当前这次传输还需要传输的扇区总数。

buffer：要传输的指向数据缓冲区的指针，该指针在内核的虚拟地址中，驱动程序可以直接引用。

bio 和 biotail：分别表示 I/O 请求的 bio 结构链表和链表尾。

q：表示该 request 结构所属的请求队列指针。

(5) request_queue。当块设备的 I/O 请求被转换成 request 结构后，I/O 调度层将 request 结构添加到请求队列中。一个块设备的请求队列就是该设备 I/O 请求的队列，内核使用 request_queue 结构抽象一个块设备的请求队列。request_queue 结构与 request 结构定义在同一文件中，代码如下：

```
struct request_queue{
    struct list_head queue_head;
    struct elevator_queue *elevator;
    unsigned long nr_requests;
    unsigned int max_hw_sectors;
    struct kobject kobj;
    …
};
```

其重要成员说明如下。

queue_head：该结构中包含的 request 结构的链表头。

elevator：该请求队列使用的 I/O 调度器。Linux 内核中实现了 4 个 I/O 调度器：No-op I/O 调度器、Anticipatory I/O 调度器、Deadline I/O 调度器和 CFQ I/O 调度器。其中 No-op I/O 调度器是一个简化的 I/O 调度器，它只是将 I/O 请求进行简单排序与合并。Anticipatory I/O 调度器是 2.6 版本内核默认的 I/O 调度器，该调度器拥有良好的性能，但在系统的数据吞吐量非常大的时候性能下降。Deadline I/O 调度器是针对 Anticipatory I/O 调度器的缺点改进而来的，性能几乎与 Anticipatory I/O 调度器一样，但比 Anticipatory I/O 调度器精巧。CFQ I/O 调度器为系统中的每个任务分配相同的时间片，提供了一个公平的运行环境，比较适合桌面操作系统。

nr_requests：该请求队列的最大请求数量。

max_hw_sectors：该请求队列的最大物理扇区数。

kobj：该结构用于请求队列的引用计数管理。

3. 注册和注销块设备驱动程序函数

注册块设备驱动程序使用 register_blkdev()函数实现，该函数定义如下：

```
int register_blkdev(unsigned int major,const char *name)
```

其中，major 表示块设备的主设备号，name 表示设备名称。如果 major 为 0，则内核会自动分配一个新的设备号。函数执行成功时返回设备的主设备号，失败返回一个负值。在 Linux2.6 内核中，register_blkdev()函数的功能越来越少，主要完成两件事情：①在块设备的主设备号为 0 时，动态申请一个主设备号；②在 proc 文件系统中创建一个设备入口。

块设备的注销函数是 unregister_blkdev()，其定义如下：

```
int unregister_blkdev(unsigned int major, const char *name)
```

这里传递给 unregister_blkdev()函数的参数必须与传递给 register_blkdev()函数的参数匹配，否则 unregister_blkdev()函数返回-EINVAL，不做任何注销工作。

4. 块设备驱动中 I/O 请求处理函数

从对 block_device_operations 结构体的分析可知，该结构体中没有函数负责读/写数据操作。在块设备的 I/O 操作中，块设备驱动对 I/O 请求的处理方法有两种，这两种方法的区别在于是否使用请求队列。使用请求队列时，由驱动程序的 xxx_request()函数完成块设备的 I/O 请求。不使用请求队列时，由驱动程序中的 xxx_make_request()函数完成块设备的 I/O 请求。

1) 使用请求队列处理 I/O 请求

当使用请求队列时，驱动程序的 xxx_request()函数完成块设备的 I/O 请求。xxx_request()函数是块设备驱动程序的核心，该函数在内核中的原型如下：

```
void request(struct request_queue *queue)
```

当内核需要驱动程序处理 I/O 请求时，就会调用该函数。在该函数返回前，xxx_request()函数不必完成所有在队列中的请求。事实上，对大多数真实设备而言，它可能没有完成任何请求，但是它必须启动对请求的响应，并保证所有的请求最终被驱动程序所处理。

一般来说，每个块设备都对应一个请求队列，该请求队列就是块设备 I/O 请求的序列。一个块设备的请求队列可以包含那些实际上并不向磁盘读出或写入数据的请求，这些请求包含获取制造商的信息、底层诊断等操作。大多数块设备不知道如何处理这些请求，只是让这些请求失败而已。

一般情况下，使用请求队列处理一个 I/O 请求的过程如下。

(1) 调用 elv_next_request()函数获取请求队列中的第一个未完成的 I/O 请求，然后调用带参数的宏 blk_fs_request()判断该请求是不是文件系统请求。

(2) 根据上步判断的结果，如果不是文件系统请求，就调用 end_request()函数将该请求直接从请求队列中清除。如果是文件系统请求，就执行下一步。

(3) 调用驱动程序中完成 I/O 操作处理的函数完成该请求。完成请求后，调用 end_request()函数将该请求从请求队列中清除。

2) 不使用请求队列处理 I/O 请求

在块设备中，有另外一些设备(如 RAMDISK、数码相机使用的 SD 卡和软件的 RAID 组等)，这些设备完全可以随机访问。使用请求队列时，不需要对请求的排列或合并等操作，为此内核为这种设备提供了无队列的操作模式。通过在驱动程序中实现的 xxx_make_request()函数完成块设备的 I/O 请求。该函数在内核中的原型如下：

```
static int __make_request(struct request_queue *q, struct bio *bio)
```

该函数的 q 参数是一个请求队列，但该请求队列中不包含实际的任何 I/O 请求。bio 参数表示一个或者多个要传送的缓冲区。在驱动程序的 xxx_make_request()函数中处理 bio 结构体的方法和使用请求队列处理 request 结构的方法相似，具体过程如下。

(1) 调用 elv_next_request()函数获取请求队列中的第一个未完成的 I/O 请求，然后调用带参数的宏 blk_fs_request()判断该请求是不是文件系统请求。

(2) 根据上步判断的结果，如果不是文件系统请求，就调用 bio_endio()函数将该请求直接从 bio 结构链表中清除。如果是文件系统请求，就执行下一步。

(3) 调用驱动程序中完成 I/O 操作处理的函数完成该请求。完成请求后，调用 bio_endio()函数将该请求从 bio 结构链表中清除。

5. RAMDISK 块设备驱动开发示例

通过以上阐述可知,块设备开发的一般方法是:首先设计块设备结构体,然后设计块设备的文件操作结构体并实现文件操作结构体成员函数,最后选择以何种方式处理 I/O 请求,即是否使用请求队列。选择处理 I/O 请求方式后,调用驱动程序中具体的 xxx_request()函数或 xxx_make_request()函数完成 I/O 操作。

RAMDISK 是一种将 RAM 模拟成磁盘的技术,它首先使用一部分内存模拟出一个磁盘,然后以块设备的方式来访问这些内存。设计该驱动时,首先设计该驱动的块设备结构体 ramdisk_dev,然后设计 block_device_operations 结构体并填充其成员函数,最后使用请求队列处理 I/O 请求的方式实现 RAMDISK 驱动的 I/O 处理。

首先设计 ramdisk_dev 结构体。在该结构体中使用 size 成员表示设备的大小;data 指针指向内存的数据,操作这些数据使用的是块设备的操作函数;lock 成员用于各种操作队列的函数互斥访问队列。ramdisk_dev 结构体定义如下:

```
struct myramdisk_dev{
    int size;
    u8 *data;
    short users;
    spinlock_t lock;
    struct request_queue *queue;
    struct gendisk *gd;
};
```

接着设计 block_device_operations 结构体并填充其成员函数,这里实现了 RAMDISK 设备的打开、释放和控制函数。block_device_operations 结构体定义如下:

```
static struct block_device_operations myramdisk_ops =
{
    .open = myramdisk_open,
    .ioctl = myramdisk_ioctl,
    .release = myramdisk_release,
    .owner = THIS_MODULE,
}
```

最后完成 RAMDISK 设备的 I/O 请求处理,具体代码如下:

```
static void myramdisk _request(struct request_queue *q)
{
    struct request *req;
    while((req = elv_next_request(q)) != NULL)
    {
        struct myramdisk _dev *dev = req->rq_disk->private_data;
        if(!blk_fs_request(req))
```

```
        {
            end_request(req, 0);
            continue;
        }
        myramdisk_transfer(dev,
                    req->sector,
                    req->current_nr_sectors,
                    req->buffer,
                    rq_data_dir(req));
        end_request(req, 1);
    }
}
```

7.2.3 网络驱动程序

1. TCP/IP 结构

TCP/IP 已经使用了 40 多年，期间国际标准化组织曾经设计出开放系统互连参考模型试图取代它，但最终没有取得成功。这是因为开放系统互连参考模型虽然具有全面完整的协议和较广的适用范围，但它在使用时控制过于复杂，效率低下。而 TCP/IP 层次设计比较简单、效率高且非常实用，因此整个互联网都基于 TCP/IP 建立。

在 Linux 中完整地实现了 TCP/IP，这部分实现是以 4.4BSD(Berkeley Software Distribution，伯克利软件套件是 UNIX 的一个重要分支)为基础完成。在 UNIX 系统中，BSD 支持不同的网络类型，它是通用的网络接口。Linux 作为一种类 UNIX 系统，支持以下多种类型的套接字(socket)。

INET：对应 Internet 地址族中的 TCP/IP 通信服务。
UNIX：对应 UNIX 域套接字类型。
X25：对应 X25 分组交换协议服务。
AX25：对应无线电通信网中的 X25 协议服务。
IPX：对应互联网分组交换协议服务。
APPLE：对应苹果公司 Appletalk 协议中的数据包传送协议服务。

从整体上讲，Linux 中基于 TCP/IP 的网络体系结构基本可以分为应用层、BSD 套接字层、INET 套接字层、IP 层和硬件设备层/数据链路层。除硬件设备层/数据链路层外，其他部分已由 Linux 内核实现。应用层通过 BSD 套接字与 BSD 套接字层通信。INET 套接字层为 BSD 套接字层提供统一的访问接口，同时实现对 IP 数据包的分组与排序等功能。而 IP 层实现了 TCP/IP 协议栈中互联网层的功能。在 TCP/IP 协议栈中，硬件设备层与数据链路层界限不明显，可以认为硬件设备层包含物理设备和设备的驱动程序。

在应用层，进程通过应用编程接口操作 socket 文件描述符，此时进程由用户态切换到内核态，进程对 socket 文件描述符的操作转化成 BSD 套接字层对 socket{}数据结构的操作，每个 socket{}数据结构对应一个网络连接，根据套接字的类型进入相应的套接字层，如果进入 INET 套接字层，就会根据网络连接建立的类型执行相应的操作，网络连接的类型有两种：TCP(面向连接的)和 UDP(面向无连接的)。在 INET 套接字层，操作的是 socket{}数据结构，而真正的数据保存在 sk_buff{}数据结构中。

由 INET 套接字层向 IP 层发送数据时，根据要到达的目的地址确定要使用的网络接口和下一个要发送到的主机地址。当 INET 套接字层从 IP 层接收数据时，IP 层首先判断数据是进行 IP 转发还是发送给 INET 套接字层，根据判断结果执行相应的动作。最后由网络设备驱动程序负责 IP 层与硬件设备层/数据链路层之间的通信。整个数据的流向见图 7-6。

2. Linux 系统网络设备驱动程序

1) 嵌入式 Linux 网络设备驱动程序架构

现在常见的网络设备有以太网卡、无线网卡、PPP(point to point protocol)拨号设备，以及基于非对称数字用户环路(asymmetric digital subscriber line，ADSL)的调制解调器等。Linux 网络设备驱动程序是网络应用的重要组成部分，其工作于 INET 的体系结构，如图 7-7 所示。

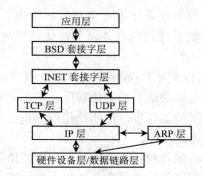

图 7-6 Linux 中基于 TCP/IP 的网络体系结构

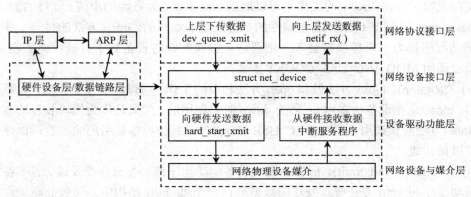

图 7-7 Linux 网络设备驱动程序体系结构

Linux 网络设备驱动程序体系结构从底层到上层分别为网络设备与媒介层、设备驱动功能层、网络设备接口层和网络协议接口层，这 4 层的作用如下。

(1) 网络设备与媒介层。该层是数据包发送和接收的物理实体层，包含网络适配器和具体的传输媒介，设备驱动功能层中的函数在物理上操作网络适配器。某些情况下，网络设备与媒介也可以是虚拟的。

(2) 设备驱动功能层。该层的各个函数是网络设备接口层 net_device 结构体的成员函数实现。通过 hard_start_xmit()函数启动向硬件发送数据操作，通过中断服务程序从硬件接收数据。

(3) 网络设备接口层。该层提供一个用于描述具体网络设备属性和操作的 net_device 结构体，该结构体相当于设备驱动功能层中各个函数的容器，从宏观上规划了设备驱动功能层的结构。

(4) 网络协议接口层。向上层提供统一的数据包发送与接收接口，不论上层是 IP 还是地址解析协议(address resolution protocol，ARP)，都使用 dev_queue_xmit()函数向下层传输数据，并通过 netif_rx()函数向上层发送数据。这一层的存在使得上层协议与具体的网络设备无关。

2) 网络驱动程序的基本方法

网络设备作为一个对象，提供了一些方法供系统访问。正是这些有统一接口的方法掩蔽了硬件的具体细节，让系统对各种网络设备的访问都采用统一的形式，做到硬件无关性。

(1) 初始化(initialize)。驱动程序必须有一个初始化方法，在把驱动程序载入系统的时候会调用这个初始化程序，它主要完成以下几方面的工作。

①检测设备，在初始化程序里根据硬件的特征检查硬件是否存在，然后决定是否启动该驱动程序。

②配置和初始化硬件，配置或协商硬件所占用的资源，并向系统申请这些资源，有些资源可以和别的设备共享，如中断，有些则不能共享，如 I/O、DMA 等。

③初始化 device 结构中的变量。

(2) 打开(open)。open 方法在网络设备驱动程序里在网络设备被激活的时候被调用，所以实际上很多 initialize 中的工作也可以放到这里来做，如资源的申请、硬件的激活等。如果 dev->open 返回非 0(error)，则硬件的状态还是非激活的。open 方法的另一个作用是如果驱动程序作为一个模块被装入，则要防止模块卸载时设备处于打开状态。在 open 方法里要调用 MOD_INC_USE_COUNT 宏。

(3) 关闭(stop)。close 方法做和 open 方法相反的工作，可以释放某些资源，以减轻系统负担。close 是在设备状态由 up 转为 down 时被调用的。如果是作为模块装入的驱动程序，close 方法应该调用 MOD_DEC_USE_COUNT，减少设备被引用的次数，以使驱动程序可以被卸载。

(4) 发送(hard_start_xmit)。所有的网络设备驱动程序都必须有这个发送方法。在系统调用驱动程序的 xmit 方法时，发送的数据放在一个 sk_buff 结构中。一般的驱动程序把数据传给硬件发出去，也有一些特殊的设备(如 loopback)把数据组成一个接收数据再回送系统，或者 dummy 设备直接丢弃数据。如果发送成功，hard_start_xmit 方法释放 sk_buff，返回 0。如果设备暂时无法处理，如硬件忙，则返回 1。这时如果 dev->tbusy 置为非 0，则系统认为硬件忙，要等到 dev->tbusy 置 0 以后才会再次发送。tbusy 的置 0 任务一般由中断完成，硬件在发送结束后产生中断，这时可以把 tbusy 置 0，然后用 mark_bh()调用通知系统可再次发送。在发送不成功的情况下，也可以不置 dev->tbusy 为非 0，这样系统会不断尝试重发。从上层传送下来的 sk_buff 中的数据已经包含硬件需要的帧头，所以在 xmit 发送方法里不需要再填充硬件帧头，数据可以直接提交给硬件发送。sk_buff 是被锁住(locked)的，确保其他程序不会存取它。

(5) 接收(reception)。一般来说，设备收到数据后都会产生一个中断，在中断处理程序中驱动程序申请一块 sk_buff(skb)，从硬件读出数据并放置到申请好的缓冲区里，然后填充 sk_buff 中的一些信息：skb->dev=dev；判断收到帧的协议类型，填入 skb->protocol(多协议的支持)；使指针 skb->mac.raw 指向硬件数据，然后丢弃硬件帧头(skb_pull)；设置 skb->pkt_type，标明第二层(数据链路层)的数据类型。数据链路层数据可以是以下类型。

PACKET_BROADCAST：数据链路层广播。

PACKET_MULTICAST：数据链路层组播。

PACKET_SELF：发给自己的帧。

PACKET_OTHERHOST：发给别人的帧(监听模式时会有这种帧)。

最后调用 netif_rx()把数据传送给协议层。netif_rx()将数据放入处理队列后就返回，真正的处理是在中断返回以后，这样可以减少中断时间。调用 netif_rx()以后，驱动程序就不能再存取数据缓冲区 skb。

(6) 硬件帧头(hard_header)。硬件一般都会在上层数据发送之前加上自己的硬件帧头，例如，以太网(Ethernet)就有 14B 的帧头，这个帧头加在上层 IP、IPX 等数据包的前面。驱动程序提供一个 hard_header 方法，协议层(IP、IPX、ARP 等)在发送数据之前会调用这段程序。硬件帧头的长度必须填在 dev->hard_header_len，这样协议层就会在数据的前面保留好硬件帧头的空间，此后 hard_header 程序只要调用 skb_push 填入硬件帧头即可。

在协议层调用 hard_header 时，传送的参数包括数据的 sk_buff、device 指针、protocol、目的地址(daddr)、源地址(saddr)、数据长度(len)。数据长度不要使用 sk_buff 中的参数，因为调用 hard_header 时数据可能还没完全组织好。如果 saddr 是 NULL，则使用缺省地址(default)。daddr 是 NULL 表明协议层不知道硬件的目的地址。

如果 hard_header 完全填好了硬件帧头，则返回添加的字节数。如果硬件帧头中的信息还不完全(如非 ARP 包的 daddr 为 NULL)，则返回负字节数。hard_header 返回负数的情况下，协议层会做进一步的构建帧头的工作。对 hard_header 的调用在每个协议层的处理程序里，如 ip_output。

(7) 地址解析(xarp)。有些网络(如 Ethernet)有硬件地址，并且在发送硬件帧时需要知道目的硬件地址，这样就需要上层协议地址(IP、IPX)和硬件地址的对应，这个对应是通过 ARP 地址解析完成的，需要做 ARP 的设备在发送之前调用驱动程序的 rebuild_header 方法，调用的主要参数包括指向硬件帧头的指针、协议层地址。如果驱动程序能够解析硬件地址，则返回 1，如果不能，则返回 0。对 rebuild_header 的调用在内核代码 net/core/dev.c 的 do_dev_queue_xmit()中。

(8) 参数设置和统计数据。在驱动程序中还提供了一些方法供系统对设备的参数进行设置和读取信息。一般只有超级用户(root)才能对设备参数进行设置，设置方法如下：

  dev->set_mac_address()

当用户调用 ioctl 类型为 SIOCSIFHWADDR 时要设置这个设备的 MAC 地址，一般对 MAC 地址的设置没有太大意义。

  dev->set_config()

当用户调用 ioctl 的类型为 SIOCSIFMAP 时,系统会调用驱动程序的 set_config 方法。用户会传递一个 ifmap 结构,其中包含需要的 I/O、中断等参数。

```
dev->do_ioctl()
```

如果用户调用 ioctl 时类型在 SIOCDEVPRIVATE~SIOCDEVPRIVATE+15 范围内,系统会调用驱动程序的这个方法,一般是设置设备的专用数据。读取信息也是通过 ioctl 调用进行的。

```
dev->get_stats
```

该方法返回一个 enet_statistics 结构,包含发送/接收的统计信息。

3) 网络驱动程序中用到的数据结构

网络设备 net_device 结构体是网络驱动程序的核心,它描述了网络设备的属性和操作接口。网络设备驱动程序只需填充 net_device 结构体成员并注册 net_device 结构体,就能实现硬件操作函数与内核的挂接。下面列出了其主要成员(详细内容可参看所在的定义文件):

```
struct net_device{
    char name[IFNAMSIZ];
    unsigned char dev_addr[MAX_ADDR_LEN];   //硬件地址
    unsigned char broadcast[MAX_ADDR_LEN];  //硬件广播地址
    int(*init)(struct net_device *dev);
    void(*uninit)(struct net_device *dev);
    int(*open)(struct net_device *dev);      //打开网络接口
    int(*stop)(struct net_device *dev);      //停止网络接口
    int(*hard_start_xmit)(struct sk_buff *skb,struct net_device *dev);
                                             //发送数据函数
    void(*set_multicast_list)(struct net_device *dev); //设置广播列表函数
    int(*do_ioctl)(struct net_device *dev,struct ifreq *ifr, int cmd);
                                             //设备控制函数
    void(*tx_timeout)(struct net_device *dev);    //发送超时函数
    …
};
```

4) 常用的系统支持

(1) 内存申请和释放。kmalloc()函数和 kfree()函数分别用于在内核模式下申请和释放内存,其语法格式如下:

```
void*kmalloc(unsigned int len,int priority);
void kfree(void* _ptr);
```

与用户模式下的 malloc()不同,kmalloc()申请空间有大小限制,长度是 2 的整次方,可以申请的最大长度也有限制。另外 kmalloc()有 priority 参数,通常使用时可以设为 GFP_KERNEL。如果在中断调用中用了 GFP_ATOMIC 参数,则不能设为 GFP_KERNEL,因为调用者可能进入休眠状态,这在处理中断时是不允许的。kmalloc()申请的内存必须由 kfree()释放，如果知道内存的大小，也可以用 kfree_s()释放。

(2) 驱动程序申请中断和释放中断时需调用 request_irq()、free_irq()两个函数，其函数定义如下：
```
int request_irq(unsigned int irq,
    void(*handler)(int irq,void *dev_id,struct pt_regs *regs),
    unsigned long irqflags,
    const char *devname,
    void *dev_id);
void free_irq(unsigned int irq,void *dev_id);
```
其中，irq 是要申请的硬件中断号；handler 是向系统登记的中断处理函数，这是一个回调函数，中断发生时，系统调用这个函数，传入的参数包括硬件中断号、dev_id、寄存器值，其中的 dev_id 也是 request_irq 传递给系统的第五个参数；irqflags 是中断处理的一些属性，例如，设置 SA_INTERRUPT 标明中断处理程序是快速处理程序。dev_id 在中断共享时会用到，中断处理程序可以用 dev_id 找到相应的控制这个中断的设备，或者用 irq2dev_map 找到中断对应的设备。

(3) 时钟。时钟的处理类似于中断，也是登记一个时间回调处理函数，在预定的时间过后，系统会调用这个函数。其数据结构和函数定义如下：
```
struct timer_list{
    struct timer_list *next;
    struct timer_list *prev;
    unsigned long expires;
    unsigned long data;
    void(*function)(unsigned long);
};
void add_timer(struct timer_list *timer);
intdel_timer(struct timer_list *timer);
void init_timer(struct timer_list *timer);
```
使用时钟时，先声明一个 timer_list 结构，调用 init_timer 对它进行初始化。time_list 结构里的 expires 标明这个时钟的周期，单位采用 jiffies。jiffies 是 Linux 的一个全局变量，代表时间，它的单位随硬件平台的不同而不同，系统中定义了一个常数 HZ，代表每秒钟最小时间间隔的数目，这样 jiffies 的单位就是 1/HZ。Intel 平台 jiffies 的单位是 1/100s，这就是系统所能分辨的最小时间间隔了。function 就是时间到了以后的回调函数，它的参数是 timer_list 中的 data。data 在初始化时钟的时候赋值，一般赋给它设备的 device 结构指针。

在预置时间到的时候系统会调用 function，同时把这个 time_list 从定时队列里清除。所以如果需要一直使用定时函数，则要在 function 中再次调用 add_timer()把这个 timer_list 加进定时队列。

(4) I/O 端口的存取使用如下函数：
```
inline unsigned int inb(unsigned short port);
```

```
inline unsigned int inb_p(unsigned short port);
inline void outb(char value,unsigned short port);
inline void outb_p(char value,unsigned short port);
```

inb_p()、outb_p()与 inb()、outb()的不同之处在于前者在存取 I/O 时有等待(pause)，能够适应慢速的 I/O 设备。为了防止存取 I/O 时发生冲突，Linux 提供了对端口使用情况的控制，在使用端口之前，可以检查需要的 I/O 是否正在被使用，如果没有，则把端口标记为正在使用，使用完后再释放。系统提供以下几个函数做这些工作：

```
int check_region(unsigned int from,unsigned int extent);
void request_region(unsigned int from,unsigned int extent,
                    const char* name);
void release_region(unsigned int from,unsigned int extent);
```

其中，from 表示用到的 I/O 端口的起始地址，extent 标明从 from 开始的端口数目，name 为设备名称。

(5) sk_buff。Linux 网络各层之间的数据传送都是通过 sk_buff 来完成的，sk_buff 提供了一套管理缓冲区的方法，是 Linux 系统网络高效运行的关键。每个 sk_buff 包括一些控制方法和一块数据缓冲区，控制方法按功能分为两种类型，一种是控制整个 buffer 链的方法，另一种是控制数据缓冲区的方法。sk_buff 组织成双向链表的形式，根据网络应用的特点，对链表的操作主要是删除链表头和添加链表尾。sk_buff 的控制方法都很短小以尽量减少系统负荷。常用的方法包括以下几个。

alloc_skb()：申请一个 sk_buff 并对它初始化，返回申请到的 sk_buff。

dev_alloc_skb()：与 alloc_skb()类似，在申请好缓冲区后，保留 16B 的帧头空间，主要用于以太网驱动程序。

kfree_skb()：释放一个 sk_buff。

skb_clone()：复制一个 sk_buff，但不复制数据部分。

skb_copy()：完全复制一个 sk_buff。

skb_dequeue()：从一个 sk_buff 链表里取出第一个元素，返回取出的 sk_buff，如果链表空则返回 NULL。

skb_queue_head()：在一个 sk_buff 链表头放入一个元素。

skb_queue_tail()：在一个 sk_buff 链表尾放入一个元素，网络数据的处理主要是对一个先进先出队列的管理，skb_queue_tail()和 skb_dequeue()用于完成这项工作。

skb_insert()：在链表的某个元素前插入一个元素。

skb_append()：在链表的某个元素后插入一个元素。一些协议(如 TCP)对没按顺序到达的数据进行重组时用到 skb_insert()和 skb_append()。

skb_reserve()：在一个申请好的 sk_buff 的缓冲区里保留一块空间，这个空间一般用做下一层协议的头空间。

skb_put()：在一个申请好的 sk_buff 的缓冲区里为数据保留一块空间。在 alloc_skb()以后申请到的 sk_buff 的缓冲区都处于空(free)状态。

skb_reserve()：用于在 free 空间里申请协议头空间。

skb_put()：用于申请数据空间。

skb_push()：把 sk_buff 缓冲区里的数据空间往前移，即把申请协议头空间中的空间移一部分到数据空间。

skb_pull()：把 sk_buff 缓冲区里数据空间中的空间移一部分到申请协议头空间中。

(6) 注册驱动程序。如果使用模块方式加载驱动程序，则需要在模块初始化时把设备注册到系统设备表里。不再使用时，将设备从系统中卸载。注册和卸载网络设备的两个函数定义如下：

```
int register_netdev(struct device *dev);
void unregister_netdev(struct device *dev);
```

其中，dev 就是要注册进系统的设备结构指针。在定义 register_netdev()时，dev 中最重要的是 name 指针和 init 方法。以太网设备有统一的命名格式 eth*，如果 name 指针为空 (NULL)或者内容为'\0'或者 name[0]为空格(space)，则系统也把该设备作为以太网设备处理。init 方法一定要提供，register_netdev()会调用这个方法对硬件进行检测和设置。register_netdev()返回 0 表示成功，非 0 表示不成功。

3. 编写 Linux 网络驱动程序时需要注意的问题

(1) 中断共享。Linux 系统运行几个设备共享同一个中断。如果需要共享，则应在申请的时候指明共享方式。系统提供的 request_irq()调用的定义如下：

```
int request_irq(unsigned int irq,
    void(*handler)(int irq,void *dev_id,struct pt_regs *regs),
    unsigned long irqflags,
    const char *devname,
    void *dev_id);
```

共享中断时，设置 irqflags 为 SA_SHIRQ 属性，这样就允许别的设备申请同一个中断。需要注意的是，所有用到这个中断的设备在调用 request_irq()时都必须设置这个属性。系统在回调每个中断处理程序时，可以用 dev_id 参数找到相应的设备。一般来说，dev_id 就设为 device 结构本身。系统处理共享中断是用各自的 dev_id 参数依次调用每一个中断处理程序。

(2) 硬件发送忙时的处理。主 CPU 的处理能力一般比网络发送要快，所以经常会遇到系统有数据要发，但上一网络数据包设备还没发送完。因为在 Linux 里网络设备驱动程序一般不作数据缓冲存储，不能发送的数据都通知系统发送不成功，所以必须有一个机制在硬件不忙时及时通知系统接着发送下面的数据。一般对发送忙的处理在前面设备的发送方法(hard_start_xmit)中已经描述过，即发送忙，置 tbusy 为 1。处理完发送数据后，在发送结束中断里清 tbusy，同时用 mark_bh()函数调用通知系统继续发送。

(3) 流量控制。网络数据的发送和接收都需要用到流量控制，这些控制是在系统里实现的，不需要驱动程序做工作。每个设备数据结构里都有一个参数 dev->tx_queue_len，这个参数标明发送时最多缓存的数据包。在 Linux 系统中，以太网设备(10/100Mbit/s)tx_queue_len 一般设置为 100。设置了 dev->tx_queue_len 并不是为缓存这些数据申请了空间，这个参数只是在收到协议层的数据包时判断发送队列里的数据是不是到了 tx_queue_len 的限度，以决定这一数据包加不加进发送队列。

发送时另一个方面的流量控制是更高层协议的发送窗口(TCP 里就有发送窗口)。达到了窗口大小，高层协议就不会再发送数据。接收流量控制也分两个层次，netif_rx()缓存的数据包有限制，另外高层协议也会有一个最大的等待处理的数据量。

由于 Internet 已成为社会重要的基础信息设施之一，是信息传递的重要渠道，嵌入式系统无疑也将会与 Internet 结合，给自身提供一个良好的发展前景，嵌入式 Linux 系统具有的网络功能就显得十分重要。同时由于 Linux 内核中已实现了 TCP/IP，再加上本章所述的网络驱动程序，就使得嵌入式 Linux 系统与 Internet 相结合变得比较容易。

参 考 文 献

[1] Compaq et al. Universal Serial Bus Specification (Revision 1.0). 1996.
[2] Compaq et al. Universal Serial Bus Specification (Revision 2.0). 2000.
[3] Hewlett-Packard Company et al. Universal Serial Bus 3.0 Specification (Revision 1.0). 2011.
[4] BOSCH. CAN Specification (Version 2.0). 1991.
[5] Philips Semiconductors. The I^2C-BUS Specification (Version 2.1). 2000.
[6] Samsung Electronics Company. S3C2440A 32-BIT RISC MICROPROCESSOR USER'S MANUAL (Revision 0.13). 2004.
[7] 郭兵. 嵌入式软件开放式集成开发平台体系结构研究. 成都：电子科技大学，2002.
[8] 王建新. 嵌入式系统软硬件协同设计方法研究. 南京：南京邮电大学，2006.
[9] 冉汉正. 嵌入式控制系统实时性分析与设计. 成都：西南交通大学，2003.
[10] 王新勇. 基于 ARM 的 Linux 的驱动开发研究. 南昌：江西理工大学，2011.
[11] 张晨曦. 计算机系统结构. 北京：高等教育出版社，2008.
[12] Steve Furber. ARM SoC 体系结构. 田泽，等译. 北京：北京航空航天大学出版社，2002.
[13] 杜春蕾. ARM 体系结构与编程. 北京：清华大学出版社，2003.
[14] 周立功. ARM 微控制器基础与实战. 北京：北京航空航天大学出版社，2003.
[15] 莫蓉蓉，刘传昌. 学习 vi 编辑器 (第 6 版). 北京：机械工业出版社，2003.
[16] 李善平，刘文峰，王焕龙. Linux 与嵌入式系统. 北京：清华大学出版社，2003.
[17] 王学龙. 嵌入式 Linux 系统设计与应用. 北京：清华大学出版社，2001.
[18] 邱铁，于玉龙，徐子川. Linux 应用与开发典型实例精讲. 北京：清华大学出版社，2010.
[19] 郭凌云. Linux 网络编程. 北京：人民邮电出版社，2004.
[20] Arnold Robbins. Linux 程序设计. 北京：机械工业出版社，2005.
[21] 华清远见培训中心. 嵌入式 LINUX 应用程序开发. 北京：人民邮电出版社，2009.
[22] 符意德. 嵌入式系统设计原理及应用 (第 2 版). 北京：清华大学出版社，2010.
[23] 罗蕾. 嵌入式实时操作系统及应用开发 (第 3 版). 北京：北京航空航天大学出版社，2011.
[24] 章亚明. 嵌入式控制系统应用设计. 北京：北京邮电大学出版社，2010.
[25] 周立功. ARM 嵌入式系统基础教程 (第 2 版). 北京：北京航空航天大学出版社，2008.
[26] 魏永明. Linux 设备驱动程序 (第 3 版). 北京：中国电力出版社，2011.